走向充人居

城乡生态
景观研究

张继刚 著

科学出版社
北京

内 容 简 介

本书内容分为4篇，背景篇介绍全球化与可持续发展视野下的城乡规划背景研究，上篇为城乡生态与景观之路——走向元人居，中篇为城市人居景观风貌研究，下篇为城乡生态与景观研究——以成渝地区为例。

本书适合各层次的城乡规划设计师、城乡规划管理者，高等院校城乡规划专业师生及与城乡规划相关的生态、景观、建筑工作者阅读。

审图号：图川审（2018）17 号

图书在版编目(CIP)数据

走向元人居：城乡生态与景观研究 / 张继刚著. — 北京：科学出版社，2019.3

ISBN 978-7-03-054435-3

Ⅰ.①走… Ⅱ.①张… Ⅲ.①景观生态建设–城乡规划–景观规划–研究–中国 Ⅳ.①TU984.2 ②X171.4

中国版本图书馆 CIP 数据核字（2017）第 220914 号

责任编辑：莫永国 刘莉莉 / 责任校对：江 茂
责任印制：罗 科 / 封面设计：墨创文化

科 学 出 版 社 出版

北京东黄城根北街16 号
邮政编码：100717
http://www.sciencep.com

四川煤田地质制图印刷厂印刷
科学出版社发行 各地新华书店经销
*

2019 年 3 月第 一 版	开本：B5（720×1000）
2019 年 3 月第一次印刷	印张：17 1/2

字数：350 000

定价：119.00 元

（如有印装质量问题，我社负责调换）

序

在我国当今这个充满机遇和挑战的时代，作为一个城市规划工作者，终生都怀着使命感兴致勃勃地投入对这门学科的无止境、不限边界的诸多问题的研究和思考。近四十年来，我国的城市规划和建设的进程日新月异，得失互见，良莠并存。回顾这个历程，我们作为沧海一粟参与其中，边干边学，实践与理论孰先孰后已经交叠难分。改革开放使我国的城市规划得以引进或参照大量欧美以及亚洲国家学者的先进理论，择善而从，再结合对中华传统的人居文化遗产的整理传承，与时俱进，大大加快了掌握城乡规划真谛的学程。吴良镛先生在其巨著《中国人居史》中引用了王国维的一段话，可谓至言：

> 中国今日实无学之患，而非中学、西学偏重之患。余谓中西二学，盛则俱盛，衰则俱衰。风气既开，互相推动，且居今日之世，讲今日之学，未有西学不兴而中学能兴者，亦未有中学不兴而西学能兴者……故一学既兴，他学自从之。此由学问之事，本无中西。彼鳃鳃焉虑二者之不能并立者，真不知世间有学问事者矣。

当然今天的中国和王国维那个于国家和个人都是悲剧的时代已是迥然不同了。现在的中青年学者更多体验到的是国家的蒸蒸日上和个人的意气风发，有条件踏踏实实做学问，下功夫锻造自己的有所创新的理论。尽管学术领域不同，王国维先生的治学精神和卓越见地，为后世留下了永远的典范。这一段话在几近一个世纪之后被吴良镛先生引用，说明两位大师的心灵相通，也为后学者指点迷津。

我用以上所写来切入这篇序言的正题，是有感于作者张继刚博士将他的专著《走向元人居——城乡生态与景观研究》书稿寄来，并请我作序。灯下展卷细读，为文中多处拍案称道，不禁回想起始于20世纪90年代的师生共同治学的经历。从一本书可以看出作者在学术研究中的知识、见解的成长和创造性成果的轨迹。20世纪90年代是我国对生态学和城乡可持续发展、生态城市研究的起步时期。继刚在我作导师读完硕士学业后，又师从黄光宇先生攻读博士学位。我们一起都是在光宇先生领军的山地城市生态规划研究的一个大团队里。他学习十分努力，精研旁涉，学科知识进步神速，取得博士学位后又从事博士后研究，进而将生态学与城乡规划和景观学融贯起来，形成了自己的一套完整的理论和方法体系。在这本书中我们可以看出他多年的探索所获得的理论成果极有价值，理论见解的依据充分而坚实，吸纳了当今国际上学科前缘的先进理念，针对我国地域实际有的放矢，具有很大的应用前景和学术的延伸潜力。

全书清晰地分为四个部分，聚焦城乡建设的生态与景观研究，从当今世界的全球化趋势和可持续发展之道两大背景因素出发（背景篇），提出在多维格局下一致性与有序性的研究路径，即融通创新之途，具体为DC-ACAP的系统方法（上篇）；继而是城市人居景观风貌研究（中篇）和理论的成渝地域应用——城市生态景观研究（下篇）。书中展现了作者许多对于人居环境丰富而深刻的思维和见解，回应这个时代挑战的概念归纳和演绎得出的新构思和新建议来历不凡，迥非一秋一岁之功可及。我的一位治学严谨的老师侯幼彬先生（有名著《中国建筑美学》等）曾训告我学者重在立言。对于一个规划学者来说，宋代大儒张载的"为天地立心，为生民立命，为往圣继绝学，为万世开太平"的宏旨，也就是体现在对人类包括我中华民族生养居住地永续发展的策略和科学技术的孜孜以求，有所建树。继刚这本书可说是体现了这种精神。中共十八届五中全会提出"创新、协调、绿色、开放、共享"的发展理念，高度概括了今天人类亟须明白的事理。这本著作堪称是一位中国学者在此伟大旗帜下的又一力作。

吴良镛先生在世纪之交完成以《人居环境科学导论》为标志的我国人居环境科学体系以来，我国人居环境的研究除了他所领导的清华大学人居环境研究中心以外，国内各地各校组成了以实现绿色生态或着重地域特点的人居为方向的研究团队，作为众多人居环境科学的后继者，这门学科的理论研究和应用实践正在神州大地上不断深入推进，开花结果。试把每一门学科，特别是新学科比作一大排书架，上面排列着已有的书之间总有许多空位需要后继者去填充。我认为《走向元人居——城乡生态与景观研究》这本书的学术水平足以放入人居环境科学的大书架上，同时也就意味着学科内涵的更加充实。

谨为序。

二〇一七年二月十三日于重大榕庐

目　　录

中篇
城市人居景观风貌研究

下篇
城乡生态与景观研究——以成渝地区为例

背景篇

全球化与可持续发展视野下的
城乡规划背景研究

第一章 全球化背景下城乡规划的未来之路探讨

第一节 全球化背景对我国城乡发展的影响

一、全球化及其带来的第二次现代化

如果说花园城市和有机疏散等一系列理论，是对早期西方国家工人阶级恶劣的居住条件及其大工业生产带来城市病的第一次现代化思考，那么，当今全球化背景下的城市规划理论创新，应该是对全球不平衡发展中，城市不尽完善的人居环境问题、信息、智能、效率的又一次现代化思考。全球化及其带来的更发达的现代化，是一次更高品质的现代化，而我们，决不能仅仅停留在第一次现代化中将现代化简单狭隘地理解为"展示新技术"。贝尔格莱德大学建筑学院的Aleksandra Stupar 在《科技力量的表达：城市的挑战，全球的时尚还是可持续性的必要性?》（"Expressing the Power of Technology：Urban Challenge，Global Fashion or Imperative of Sustainability?"）一文中认为，在全球竞争的游戏规则下，21 世纪的城市正成为当代独特的拼贴画，（反）乌托邦的追求与沿袭传承的范式一起改变和演化着新的城市景观。全球化在城市规划、城市设计及其建成环境中的反映，通常以技术的奇迹为主要代表。然而，在展示技术潜力的同时，我们正面临着许多问题和矛盾，甚至威胁。因此，作者负责任地提出："应明确并重新分析最近那些，宣布在'可持续发展'的框架下明确或暗示使用现代技术的城市和建筑干预措施的真正结果和真正效果"。

二、全球化及其带来的全球坐标系

全球化几乎已经波及地球人类聚居的所有角落，在这样的背景下，其必然对研讨城市的策划、计划与规划，构成一个整体的经纬网格。因此"google earth"不仅仅是地形地图，更重要的是一种方向和全球观念。全球化缩小了彼此的信息距离，现实已经将所有地球聚落置于一张更加统一和清晰的坐标之上，任何空间质点都不再是盲点。城市(镇)作为全球化地理不平衡发展中的特别象征，其发展就无可回避地面临着这样的问题：在全球化的推动下，由于多元思潮的影响，城市(镇)的发展路途走向何方，如何走。这一问题不但基础性地影响着城市宏大层

面的战略思考，也影响并决定着城市不同侧面的发展，尤其是大城市地区与特大城市的发展问题。

三、全球化对我国城乡规划的影响

其一，全球化的发展将极大地提高城乡规划对于城乡统筹发展的重要性，并充实城乡规划的内涵和提高城乡规划的技术水平。在全球化背景下，城乡规划无论作为调控土地供给和使用的技术依据，还是作为体现调节社会和谐以及环境保护的公共政策，它的重要性和地位都将大大提高。其二，全球化推动和提升了规划动态实施的重要性。全球化背景下城市发展的外部性增多，这种外部性包括区域的、国家政策的、世界前沿技术的，等等。其三，客观上城市已融入全球化的浪潮，必须考虑全球化的对比分析，进行更大范围的同时自相似与同时差别研究。其四，全球化加强了对城市与城市群地域特色的关注。全球化中，技术性细分与技术性统一是同时存在的，也就是说全球化中的"小型化、细分化、灵活化"与"大规模项目的国际技术化"倾向是同时存在的。也因此，在全球化的浪潮中，城市与城市群的地域特色不但不会被湮没，反而会更加地受到关注，因为城市与城市群地域的特色元生产①将有助于推动地域经济和综合实力的提升。这方面的重视和研究，如华盛顿特区乔治敦大学麦克多诺商学院（McDonough School of Business）的 Romanelli 和 Khessina 在《区域工业可识别性：集群配置与经济发展》（"Regional Industrial Identity：Cluster Configurations and Economic Development"）中，在分析区域共享、区域外部受众、历史投资积累的基础上提出了一种社会的区域工业可识别（或身份）代码新概念（the concept of regional industrial identity as a social code），研究内容包括跨区域资源流动的区域集群配置、集群关联性、集群优势、区域特色产业集群配置的诱导等。

第二节　经由多维走向一致性与有序性的研究
——融通创新

一、从多维走向一致与有序性研究的有关现状

早在三十多年前，吴良镛先生在中国城市科学研究会首届年会上（1984），就明确指出了城市研究的多学科综合发展策略及其学科复杂性特征。吴先生提出的

---

①元生产：是相对于传统的物质产品生产而言的，其内容更倾向于策划产业、创新产品、形象品牌、新产品开发，往往具有唯一性、独创性等特点。更详细的分类如文化资源创意与策划产业、自然资源创意与策划产业、科技产品创意与策划产业等。

译介、编史、建库和设馆的城市科学研究工作的"基础设施"，至今仍给我们许多启迪，并促进和推动着城市科学研究的持续发展。如果说《人居环境科学导论》(2001)为人居环境科学的研究建立了理论基础和理论框架，那么《中国人居史》(2014)的出版，同样是我国人居科学研究领域的一个重要事件。欲去明日，问道昨天，其为我国人居研究与人居实践长远发展的一致性和有序性建立了基础。

对城市未来的研究，一直是城乡规划及其他各相关城市问题的学科共同关心的问题。在不同的历史阶段，研究的特点也处于变化中。如前文所述，由于现阶段人类所面对问题的整体性和复杂性，各个学科开始跨越自身学科的藩篱，将触角伸向社会发展的最前沿，开始走到一起共同整合地审视、预测并修正解决问题的传统方法，于是，顺其自然地出现了经由多维走向一致性与有序性的研究趋势。

面对日益紧迫的城市能源问题，日本 Toyohashi 大学建筑与土木工程学院的 Fong，Matsumoto 和 Kimura 与日本 Tohoku 大学结构与建筑系的 Lun 利用系统动力学模型开始动态地预测城市的能源消费趋势。而在进一步结合城市的空间形态研究方面，墨尔本皇家理工大学的 Buxton 在《城市形态和城市效率》("Urban Form and Urban Efficiency")中对于紧凑的形态、高密度的城市、混合功能、阶层分区、运输预测与导向、限制城市的外部发展等热潮，结合并综合考虑拥挤成本(健康、心理、环境质量下降、热岛、单位时间内的旅行总量等)、环境成本、基础设施和能源、社会成本、扩张成本、旅游模式等，提出了更为审慎和综合的思路，以及多组能效数据的综合对比分析。相同的研究也如是认为，如格里菲斯大学的 Gray 和 Gleeson 在《城市生活的能源需求：规划的作用是什么？》("Energy Demands of Urban Living：What Role for Planning?")中对城市规划影响能源需求的分析认为，渐进的城市抗分散和合并，从而可以带来家庭能源需求减少的证据是不完整和不一致的。实际上，渐进的城市紧凑与合并不大可能减少家庭能源的需求，而规划的重要作用之一，是积极鼓励住区选择有利于节能的生活方式，以及在能源需求方面超越物理需求影响(physical influences on energy demand)的能源政策解决方案。对于城市发展的能源政策与法制治理，规划也不是可以功其一役的。在谈到可持续发展的法规功效问题时，澳大利亚布里斯班的昆士兰科技大学法学的 Fisher 在其《可持续性、居住环境和法律制度》("Sustainability, the Built Environment and the Legal System")中认为法律制度不能完全保证可持续性。可持续建筑环境，是一系列过程的结果，因此，在建设和使用之前，可持续性，充其量只是一种预测。如果考虑环境法律体系的不完整性和复杂性，所有的现实并非都是受法律系统完全影响和控制。所以，对于相关的程序和结果有必要进行可持续性整合，并且有责任鼓励和激励建立可以执行的规则，虽然这些规则并不一定能保证综合的环境结果是可持续的。于是，正如这一整合思路所提倡的，韩国国立 Chungbuk 大学城市工程系的 Ban 在 "Strategies to Connect and Integrate Urban Planning and Environmental Planning through

Focusing on Sustainability：Case Study of Cheongju City，Korea"中提出了整合城市发展与环境保护两个方面的规划内容，可以在 20 年的期限内进行协调和重置，并在整合这两个内容的基础上提出整合城市可持续发展的法规和条例。虽然，这种整合的作用相对于可持续发展的后果和绩效是很难预测和准确计算的，但这无疑是一种责任和方向。进一步的探索综合了城市与环境、经济策划与社会发展等诸多研究，如 Mott 和 Hendler 提出了一个进展协同假说指导下的进展协同规划模型（progress on the collaborative planning model），其宗旨主要是发扬合作规划与团队精神，通过合作、执行和重新规划，试图将不同的规划理论统一在一个符合一致性与共同性的模式和更科学合理的框架程序中。除此之外，更多相似的理论研究也反映了这一趋势。这里，提出融通、融通运算与融通创新的概念。

二、融通、融通创新与融通运算

1. 融通

融通的观点认为，世界是单元、二元、三元和多元的混合体，区别产生的根源在于站在怎样的角度和时域上分析对象。世界本来并不存在单元、二元、三元的独立状态，这些是人为归结出来的，站在不同的侧面和距离，便会有差异甚至迥异的认识。本书试图回到事物的本来状态和本来现象，既不放大也不缩小。融通是一种在本来状态与本来现象前提下分析事物的发展变化，分析其经由多维（一维、二维、三维，……）多侧面而走向一致性混沌状态的认识方法和创新方法。

2. 融通创新

客观事物的存在状态本身是一致的、一体的、循环的，但由于人为的作用（如学科深入研究的需要、社会分工的需要、行业管理的需要等）将原本一致与一体的对象分裂开来。现在，仅仅从研究和学术的角度，使对象重新回到原点，回到事物的最一般状态，回到一致与一体的状态，即让被分裂的事物重新回到融通的一体化状态，进行融通创新和元生产，并由此发现新的发展路途，在回归中前进，在融通中创新。

融通创新的特点：①开放性，融通首先是一种对外部性的开放；②交叉性，融通是一种动态的多维交叉、多维互动与多维调适；③一致性与和谐态，融通是一种动态的一致性或和谐态，是一种研究经由多维交叉走向动态一致性与和谐态的方法。

3. 融通运算

城市"三划"（城市策划、城市规划、行动计划）增加了传统城市规划的内容，要完成这些新任务和新功能，就必须修改和完善一定的运行机制与程序，如同 386 的计算机无法运行 486 的程序一样，软件与硬件两者必须相协调。如果把城市比作一个大的机器，其依据不同的机制，运算不同的程序，就会输出不同的"计算"结果，当然，这个运算过程是一个类似仿生运算的混沌过程，或称"融通运算"。

三、城乡规划的大势所趋——融通创新

近些年来，城市规划从理论创新到实践引导和机制配合，都有了积极的变化，如由定值和静值规划引导向动值规划引导转变、由无限性规划向有限性规划转变、由内部性策略向外部性策略转化、由硬规划向软规划转变、由专业规划向复合规划转变，等等。了解融通的思想，有利于在全球化形势下从容应对，一方面避免保守、排斥新技术与新知识，另一方面，对于新技术和新思潮，避免激进的夸大和偏激追求。未来的路，在于融通创新，回到事物的最本来状态，在回归中前进，在共赢与共生中选择战略性方向。

融通的本质即将两种或多种不同性质的内容，破除人为的、专业学科的限制，创造性地融通在一起，形成一个具有创新功能的新生命结构与和谐态。结合城市的发展，与城市"三划"相关的融通内容，可以继之做如下探讨。

1. 公共政策与城市"三划"的融通

对于城市"三划"向公共政策方向融通的趋势，基本已成共识。城市规划作为一种公共政策，既要适应市场，体现商品化、市场化、效率化，又要体现礼物化、计划化、公益化与公平化，如同必须正视自由与秩序、个人与整体的关系一样，城市规划要正视未来与现实、核心价值与复合价值、公平与效益、市场与计划等。针对这些矛盾的基本国策和最新的政策研究成果就是贯穿在城市"三划"实现向公共政策转化中的重要依据。

公共政策与城市"三划"的融通，或者说，城市规划向公共政策的转化和提升，大致要经历三个阶段。第一个阶段，城市规划作为公共政策的执行工具，配合落实社会与经济发展计划。第二个阶段，城市规划与公共政策的互动，实际上是行为主体之间的互动，即城市规划相关单位与政府及其机构之间的互动。公共政策的制定开始尊重和体现城市规划的需要和要求，反过来，城市规划也要反映和体现公共政策的指导作用。在这个过程中，政府相关局委机构以及大型与特大型的城市建设项目管理主体开始参与到城市规划工作中来，城市规划的成果开始借公共政策实施的机制得以有效实施。城市规划的实施具有"借壳上市"的倾向，但这是一种巨大的进步，因为本质上这是一种较高级别的"公众参与"形式，实施的有效性大大提高。目前，我国大部分城市规划的调整和改革工作大体上或前或后地处于这一阶段。第三个阶段，城市规划本身开始作为真正意义上的

公共政策，并自始至终参与到城市建设政策的立项、决策、计划、设计、实施与评价调整的所有过程。城市规划真正实现转化为公共政策的前提和基础是各层次完善的公众参与制度，所以，城市规划向公共政策的转变是与公众参与的发展同时进行、和谐进行的，否则，城市规划作为公共政策的基础就不存在。人民代表大会制是目前级别最高，也是最重要的公众参与形式，所以城市规划向公共政策的转变就转化为人民代表对城市规划的参与问题，于是问题又深化为公众参与的另外一个议题，即城市规划知识和法制的教育与普及问题。目前的情况下，考虑到城市规划的专业性和行业特征，城市规划的参与主要是在定期的人民代表大会制基础和前提下（除总体规划和重要的大型项目之外），一般是采取更加灵活的多专家、多单位、多行业参与的形式（如规委会的形式等），而对于更加局部的规划与建设，如果与居民的切身利益直接相关，也应该让当事人参与讨论，听取并了解当事人的困难、愿望和建议，以便于形成更完善与更合理的建设决策。

就目前而言，城市规划作为一个共识和共同认可的准公共政策，其面临的主要发展瓶颈是：规划很多时候只是作为一种技术工具，没有上升到政府运行操作体系的一个有机部分。也就是说，还没有真正上升到公共政策或准公共政策的层面，因此，只有城市"三划"与政策相融通，才能具备实施的有效性、稳定性，并真正获得机制上的支持并对机制的创新和完善产生影响。在规划向公共政策融通的过程中，政策计划完全包揽空间规划项目的安排实践是不适宜的，完全不做具体安排也不对，只有实现融通，即形成年度的预期与互动，才能在预期与互动中解决其内的矛盾。目前国内如深圳和广州等，已做了一些行之有效的探讨和实践。随着城市"三划"与公共政策融通的进一步深化，还有许多更细致的协调性方法需要创新。

城市规划作为准公共政策的特殊性，由于较强的技术要求，其不是一般的公共政策，具有很强的技术延续性与建设时序性。因此，城市规划的实施常常寄希望于核心领导的认同和支持，任届期满，下任领导又有一套新的思路。如何面对这种尴尬，问题的核心是动态一致性机制的建立和完善，可以使城市规划的各项工作具有延续性、时序性与科学性，于是转入下一个问题：城市"三划"与机制完善的融通。

2. 城市"三划"与机制的融通

蚂蚁自然智慧的启示——蚂蚁天然具有协作的本能，那些小东西通过有条不紊的分工配合，忙碌而有序，在雨水来临前，可以完成浩浩荡荡的"蚂蚁大搬家"。

城市"三划"担负的任务、功能以及运行程序应与运行程序的机制相适应。如果将城市"三划"担负的任务和行使的功能理解为"道"，那么，与城市规划相对应的机制，包括决策机制、编制机制、实施机制、评价与调整机制，就是与任务和功能等内容相对应的"器"。按照东方文化的习惯，"道"与"器"应该和谐并统一，才能保持并促进事物的和谐、健康与发展。国外的相关研究表明，灵活的机制策划可以为具体项目的城市规划开辟创新空间，譬如谈论较多的"创立灵活伙伴关系"的机制，即在政府、NGO和个人之间建立灵活的伙伴模式。

城市"三划"的提出在很大程度上扩充了传统城市规划的内涵，为城市规划增添了更多的新内容。那么首先，应该根据城市规划的新功能与新内涵进行合理分类，才能为确定对应的机构和机制保障建立前提。根据城市"三划"进行分析，传统单纯的法定规划体系是不甚完善的，建议总体上可分为"实施性规划"（属于硬规划，相对强调实施的依据性、操作性、地方性、规范性、技术性等）和"实施辅助性规划"（属于软规划，相对强调政策研究性、概念创新性、动态发展性、前瞻预案性、多可能性等）。在此基础上，再根据规划的内容和对象，将"实施性规划"进一步分为"法定规划"和"非法定规划"两类，"实施辅助性规划"依据其重要性和必要性也分为"法定规划"和"非法定规划"。这样，将在总体上形成城市"三划"的完整类别，通过建立在"三划"基础上的规划分类与定位，确定对应的行为主体、协作模式与互动程序，以及相关约定、守则和行为边界，那么，其对应的合理机制才有条件和基础进一步完善与创新。规划的分类分级非常重要，有的是软的（如策划、战略规划、概念、计划等），有的是硬的，有的是法定的，有的是非法定的，不存在孰轻孰重，而是相互表里，相互依持。未来的规划只有实现软硬规划的融通、法定与非法定规划的融通，才能真正有利于实现决策的科学性、实施的有序性、部门的协调性、结果的实效性，实现融通的叠加效应。

另外，规划行业中近几年出现了很多以"非"字开首的概念，如"非建设用地规划""非建成区规划""非正式规划""非法定规划"等，这说明原有的规划体系与机制，某些方面已不能承载社会发展的需要，于是就有了很多"非"。我们思考良久的规划机制创新，其主要任务就在于"明确研究对象与参与主体、明确主体互动融通的机制"，这其中具有很多创新机会。譬如，对于行动计划而言，城市规划机制的所有过程，本身就内孕了一个从宏观到微观的分工协作的行动计划载体。因而，对于一个科学合理的规划机制而言，其本身就应该包含行动计划的统筹与研讨内容，否则，规划机制就不是一个实效和科学的规划机制，因此，也不存在一个独立于规划机制之外的行动计划，融合了行动计划的规划机制也将变得更具务实性、开放性。总之，行动计划本应该是规划机制的内部性，而规划机制本应该是行动计划的外部性，各就各位，这一关系使行动计划能够更好地融入现行和未来的管理机制，更顺利地实施。

3. 社会、经济和环境等综合问题与城市"三划"的融通

社会、经济和环境等综合问题开始向城市"三划"融通，并进一步实现一致性创新，经过城市"三划"向空间规划的融通创新，从而实现传统城市规划的与

时俱进与发展。目前而言，传统的空间规划依然是三划合一的核心和归宿，这种核心性与归宿性，一方面由土地资源的稀缺性决定，在政府对建设的两大调控手段(土地供给与财政计划)中，土地更具有支配性与主动性(陈宏军 等，2007)。因此，对土地和自然资源的利用和开发使用，绝不能任由市场规律左右，从这个意义上讲，政府对土地和自然资源的空间规划远比政府对财政的规划更具战略意义，因为市场的财力甚至已远远超出了一个地方城市的年度财政供给能力。所以，在市场经济体制下，政府已经不能完全依靠财政手段来主使或衡量一些具有战略意义的项目，而土地和自然资源的空间规划可以体现政府的战略意图，所以三划合一正是这种发展要求的体现。另一方面，由于土地资源独有的承载特征，无论社会、经济还是环境问题，最后都要叠合"投影"到空间规划上来，所以"正是这种'整合'赋予城市空间发展规划特别重要的意义，即从结果来看，城市空间规划超过了社会、经济、环境等单方面的影响，成为带有全局性的甚至决定全局的战略意义。"(吴良镛 等，2003)

4. 城市"三划"中目标与过程的融通

鸽子自然智慧的启示——不断重复从起点远距离到达目的地的飞行，鸽群不会选择固定和相同的路径，而是在无限可能和随机的路线选择中，根据风向、地势地貌、人类干扰等，分阶段地积极渐进式地接近一致性的目标。

没有终点的"飞行"。城市的发展，比鸽群的飞行更为复杂，因为鸽群的目标和归宿是固定的，而城市的目标是脉变的，或者说是移动靶，因此从更长远的时域审视城市与城市的目标，城市的发展目标只是实现过程和调节过程的一种方式。城市永远不可能实现自己的既定目标，因为随着现实物质条件的改变、环境条件的出乎意料、技术的进步、新矛盾的不断产生、理念的嬗变，城市的目标也永将处于阶段性的修正与调整中，有时，调整的强度是出乎意料的。一个阶段的完美设想往往为新的未知出现的变化所影响和干扰，这样的例子不胜枚举。城市的远期策划，更重要的不是设定一个固定目标(目标其实如同过程一样，是一个过程式的目标，或称连续的目标)，而是建立科学的、动态的、适应未知变化能力的机制，有了这样的机制，也就可以从容地应对各种新矛盾、新窘境、新问题。因此，对于城市的发展，追求一个科学合理的过程，也就顺其自然地拥有了一个更加完美的未来，也就是说，未来不是现在或某一段时间的未来，未来是一个合理过程的未来。因此，就城市的未来发展而言，一方面，不可能没有方向、目标和理想；另一方面，也必须清醒，城市发展其实是一次没有终点的"飞行"。

阶段性的动态适应与评价调整许可制度。对于有限可知的未来，只能做有限的策划和有限的设定目标。有限性首先表现在内部性近期变化综合结果的难以预测，更勿说长期变化的复杂性，其次，是外部性变化的难以掌控，也更难以预料和预估。有限的策划应为以后的变化留有制度性的调整接口，但是为了预防变更的随意性，变更许可应设定较高的技术评定门槛和制度性的保障。行动计划如果是长期的安排，那么就必须具有弹性，可设置多种可能，也可预留修正的接口，即建立制度性的调整许可制度(图 1.1)。否则，长期的行动计划会随着实践的变化成为未来行动的桎梏，它的合理性会逐渐被新的发现和新情况所扬弃。于是，这里提出连续规划与连续修编的概念(或称动态规划与动态修编)。城市建设是一个连续的过程，编制也应该是连续的。实行联动机制和连续管理需要机制上的保证，譬如设立稳定的研究、评价机构与队伍，同时实行广泛的公众参与和信息共享。

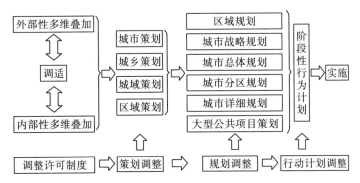

图 1.1　阶段性动态适应与评价许可制度程序图

对于城市"三划"实现由目标向过程的融通，已有很多经验，其核心内容依然是"阶段性的动态适应与评价调整许可制度"的建立与相关技术手段的支持和配合。理论和技术上的研究如美国明尼苏达圣克劳德州立大学地理系的 Hochmair 于 2007 年提出的动态路线规划，其思想基础在于：一个随机事件，使原先规划的唯一完美的计划受到临时性更改或不断的更改过程中，应该如何在计划路线的基础上，提供多途径的互动的选择机会和选择资源来渐近式地灵活地趋于目标并不断地调适目标。相似的和更详细的研究，如美国马里兰大学计算机科学系与高等计算机研究学院的 Ayan 等于 2008 年提出了如下关于行动计划的思想：传统计划的假设之一为环境是静态的，即规划是唯一可诱导实体环境变化的因素。而更现实的假设为环境是动态的，也就是说，现实中有其他实体因素的影响会导致规划者的行动走向失败。研究者提出了 HOTRiDE 规划技术系统(动态环境中的分层有序任务再规划)，其包括为针对特定情况下顺利工作的计划生成、执行和修复调适的交错运用。进一步地，在动态处理应急局部事件的研究上，美国加州理工学院工程和应用科学系的 Wongpiromsarn 和 Murray 于 2008 年提出了一种使任务与应急管理分布并动态结合在一起，而无须通过多个软件模块进行中央控制的方法，其主要包括两个要素，一个是任务管理子系统，另一个是嵌入式 CSA(典型软件结构，canonical software architecture)规划子系统，CSA 在其中发挥着特别的作用。

　　总体上归结起来，任何一个复杂系统的内部合理性都是以外部性为条件的，即内部性规定着系统的功能和作用，而外部性规定着系统存在的合理性、存在状态甚至存亡。所以，内部合理性的过于完善、完美和独立，必然使系统丧失长期存在的合理性，并导致丧失大量的外部性潜在机会、潜在资源和发展空间。我们目前的城市规划，从理论研究到法规形成乃至实践探索，都偏重于内部性和保守性，并有意无意中形成了巨大的外部性缺憾和损失，并漠然自足。以法规为例，在法规规定的合法性（内部合理性）之外，依然存在着大量与合法性并不矛盾的合理性（外部性的随机合理性），而这一部分实际存在的隐性资源、珍贵机会、不确定性财富，甚至是巨大的发展空间等，却被严重地忽视了。根据这一思路，需要进一步补充和重视外部性规律的研究。这里，仅结合城市"三划"，应用外部性规律，提出 ON 研究①结合 OFF 研究②的多可能性动态路径策略。事实和实践表明，一个随机的外部性变化，就有可能影响和改变一个城市的发展轨迹（或者称为切线效应），因此，最具适应性的行动计划是多可能的弹性阶段型目标与计划的组合，多可能的阶段性序列及其弹性更有益于多维交叉、互补而走向一致，从而更具适应性、创新性。面对未来，如果具备多可能性动态路径策略，在战略构想的前提下，进一步提出多可能性的目标和多可能性的阶段计划作为辅助策略，则应付未来的随机性以及不期而遇的困扰，就更有利于发挥和体现融通运算与创新适应的理念。

第三节　未来之路探讨

一、我国城乡规划近期走过的路——从哪里来

　　1958~1976 年，城乡规划工作一度进入非正常阶段。进入 20 世纪 80 年代，我国迎来城乡建设的春天，也迎来了城乡规划恢复编制的第一轮高潮。1992 年联合国环境与发展大会通过的《里约宣言》，其作为重要的外部性因素，促进了我国的城市规划工作向着协调经济社会环境发展的方向转变。1993 年《关于建立社会主义市场经济体制若干问题的决定》，使规划行业开始探索市场经济体制下的城市规划工作。1996 年，国务院下发《关于加强城市规划工作的通告》，开始整顿城市规划建设中出现的个别偏差与局部问题（王亚男 等，2005）。进入 21 世纪之后，随着十六大（2002 年）和十六届三中（2003 年）、四中（2004 年）全会的召开，党中央提出全面建设小康社会、完善社会主义市场经济体制、建设和谐社

---

　　①ON 研究：即严格按照既定目标的确定性内容、法规规定的合法性内容、政策或地方规定限定的内容所确定的研究，具有较强的内部性特征。

　　②OFF 研究：即参考并预测动态目标的非确定性内容、法规规定的合法性内容之外的非确定内容、政策或地方规定限定的内容之外的非确定内容所预测的研究，具有较强的外部性特征。

会的战略目标，以及坚持科学发展观和协调五个统筹的发展指导思想。十七大（2007年）总结出改革开放"十个结合"的宝贵经验。十七大三中全会（2008年）提出城乡经济社会发展一体化体制机制的要求和目标。顺其自然，这些大政方针成为各个阶段城市规划实践和发展的重要外部性框架，同时也为城市规划的实施提供了强有力的保障和依据，并形成各个阶段城市规划的总体倾向和总体特色。

二、我国城乡规划的未来之路——到哪里去

面对全球化的外部环境，中国传承上下五千年的文化积淀和智慧，找到并发展了一条中国特色式的道路，即吸收人类所有文明的有益成果，有所鉴别，不保守（坚定地改革开放），也不极端（统筹自由与秩序等），与时俱进，科学发展。中国的国土规划、区域规划、城乡乃至城镇规划的研究与工作内容，如果扩充和上升并作为公共政策来认识和理解，那么顺其自然地，这些政策的立项、策划和实施机制等具体工作，也就必须与这条中国特色式发展道路相吻合，即各项城市策划、城市计划与城市规划的工作应运行在坚持科学发展观指导下的中国特色式发展道路上。

现在的城市规划急需完善类别，并在机制设置上能够实现良好的对位和协调，形成"实施辅助性规划"（如城市策划、概念规划等）与"实施性规划"、"法定规划"与"非法定规划"的完整类别，并融解形成一体化的互动和协调的工作机制，也就是通过融解创新，实现动态的一致性和"三划"合一。总上，城市"三划"的发展方向应该是：

（1）与时俱进。城市"三划"在全球化背景下，通过探索全球化与地域化的融解并走向动态一致性，以引导和实现一个"发展的过程和未来"。

（2）继往开来。城市"三划"通过实现人的内在价值与自然内在价值的融解并走向动态一致性，以引导和实现一个"知识有限"[①]的"共生的过程和未来"。

（3）统筹兼顾。城市"三划"通过体现政府、NGO与个人以及社会各阶层的权利并走向动态一致性，以引导和实现一个"共赢的过程和未来"。

宏观上，全球融解的趋势在特大城市一级的相关性联系中已渐呈脉络，地球聚落的联系也更加紧密。因此，城市的发展需要超越地区、超越国界的合作，其意义就显得越来越重要。超区域模式将是未来城市发展的主要模式，互补互惠的合作模式将更加普及，任何保守禁锢的模式只能是自戕并走向绝路。回望历史，中国文化中的"大染缸"效应就内蕴了"融解创新"的生存和可持续智慧，战国

---

①知识有限：肆意地发展和应用技术、肆意地发展市场化措施、肆意地应用版权所有和信息所有等，容易使人类陷入"知识的陷阱"和未知的"外部性陷阱"，所以，对于人类的才智和知识，只能采取有限的使用。

七雄，融解创新之后，走出了秦国；三国与两晋、十六国、南北朝，融解创新之后，经过短暂的隋，走出了唐朝；五代十国，融解之后，相继走出了宋元。全球化环境下，历史迎来又一次大融解。面向未来的图景，有必要探讨一下"融解创新并走向动态一致性"，以资有利于促进和实现城市规划事业长期、稳定、可持续的繁荣和发展。本书抛砖引玉，期获更多探讨和指正。

参 考 文 献

陈宏军，施源. 2007. 城市规划实施机制的逻辑自洽与制度保证——深圳市近期建设规划年度实施计划的实践[J]. 城市规划，31(4)：20-25.

顾朝林，于涛方，陈金永. 2002. 大都市伸展区：全球化时代中国大都市地区发展新特征[J]. 规划师，18(2)：16-20.

毛其智. 2000. 规划是否掌握了真理？[J]. 规划师，(4)：18.

王亚男，史育龙. 2005. 从计划的延续到积极的综合调控——论新时期城乡规划在城乡发展和建设中的作用[J]. 城市发展研究，12(6)：58-63.

吴良镛. 1986. 关于城市科学研究[J]. 城市规划，(1)：5-7.

吴良镛. 1994. 迎接新世纪的来临——论中国城市规划的学术发展[J]. 城市规划，(01).

吴良镛. 2001. 人居环境科学导论[M]. 北京：中国建筑工业出版社.

吴良镛. 2003. 建筑·城市·人居环境[M]. 石家庄：河北教育出版社.

吴良镛. 2009. 中国城乡发展模式转型的思考[M]. 北京：清华大学出版社.

吴良镛. 2011. 人居环境科学研究进展：2002-2010[M]. 北京：中国建筑工业出版社.

吴良镛. 2011. 广义建筑学[M]. 北京：清华大学出版社.

吴良镛. 2014. 中国人居史[M]. 北京：中国建筑工业出版社.

吴良镛. 2014. 人居科学的未来：第三届人居科学国际研讨会论文集[M]. 北京：中国建筑工业出版社.

吴良镛. 2016. 良镛求索[M]. 北京：清华大学出版社.

吴良镛，武廷海. 2003. 从战略规划到行动计划——中国城市规划体制初论[J]. 城市规划，27(12)：13-17.

吴志强. 1998. "全球化理论"提出的背景及其理论框架[J]. 城市规划学刊，(2)：1-6.

吴志强. 1999. 论二十一世纪中国城市面临的严峻挑战及其准备[J]. 建筑师，(4).

赵万民. 2000. 新时代要有新思路[J]. 城市规划，(1)：37.

Fisher D E. 2003. Sustainability, the Built Environment and the Legal System[M]. Smart & Sustainable Built Environments. OAI.

Fong W K, Matsumoto H, Lun Y F, et al. 2007. Influences of indirect lifestyle aspects and climate on household energy consumption [J]. Journal of Asian Architecture & Building Engineering, 6(2)：395-402.

Gray R A, Gleeson B J. 2007. Energy demands of urban living: what role for planning? [C]. Urban Research Program, Griffith University.

Romanelli E, Khessina O M. 2005. Regional industrial identity: cluster configurations and economic development[J]. Organization Science, 16(4)：344-358.

上 篇

城乡生态与景观之路——走向元人居

第二章　元人居及元城市化的必然机遇

第一节　城乡可持续发展的潜在基础设施

本节立足我国 21 世纪近十多年城乡规划行业的理论开拓和实践探索，从产业变革与产业革命制约并推动社会全面发展的历史唯物主义角度，通过分析目前全球化在内部性和外部性两个方面所呈现的时代特征，结合追溯城市生态学研究的思想渊源，从动态一致性的视角，提出可持续发展的潜在基础设施（DC-ACAP）概念。并且认为，目前我国城乡规划发展的基本指向和任务，在于重视和培育可持续发展的潜在基础设施，从而确保走向一个动态一致性创新的战略安全的未来。

一、导言

1. 城乡规划发展面临的基本路径

从 18 世纪中叶英国第一个开始城镇化进程以来，世界城镇化先后经历了三个阶段：城镇化初期阶段（1760~1850 年）、城镇化局部发展阶段（1851~1950 年）、城镇化普及阶段（1950 年至今）。1950 年，世界的城镇化水平达到 29.2%，之后每隔十年达到的城镇化水平分别是 34.2%（1960 年）、37.1%（1970 年）、39.6%（1980 年）、42.6%（1990 年）、46.6%（2000 年）、51.8%（2010 年）。21 世纪的第一个十年，世界人口已经超过 60 亿，城市化水平超过 50%。中国的城镇化水平在 2011 年达到了 50%。2012 年，中国的城镇化水平达到 52.6%，美国是 78.5%，德国是 80%，日本是 76%。同年的文章 "The Urban Challenge"（*Science*，2012-06）中，作者担忧 "城市化继续在世界各地蔓延，有时会削弱而不是加强社会和环境资本"，并且 "全球城市数据的一项研究发出警告，随着城市人口的增长，为避免停滞、崩溃并维持增长，城市将不断加速到更新更快的运行周期，城镇居民在这一无法停止的过程中将不得喘息"（Fisk，2012）。对于中国的发展方式，潘家华在文章 "From Industrial Toward Ecological in China" 中认为 "1992 年里约首脑会议以来，中国一直在走快速工业化和城市化的发展道路，从一个低收入的发展中国家过渡到世界第二大经济体。" 并且 "在许多方面，中国正在加快从工业向生态文明过渡"，"虽然中国已经达到减贫的千年发展目标，但是富人与穷人、农村和城市、沿海和内陆地区之间的差距在加大，水的供应和污染，土地的退化，资源的枯竭，也越来越多地受到关注。中国别无选择，只能选择一个新的范式，即可持续发展的方式。"（Pan，2012）由于中国庞大的人口基数和辽阔的农村，并且东西部发展不平衡，中国的城镇化任务繁重，但不能盲目追求城镇化率。从 20 世纪 90 年代以来，中国的城乡发展大致经历了"城乡统筹和城乡一体化""建设社会主义新农村"和"新型城镇化"三个阶段。中国未来的城乡发展和城镇化过程，需要探索一条适合中国自身国情的战略路径。

2. 从内部问题的解决到更大外部性问题的产生

城乡规划学科发展到目前，已经无法长远地解决本学科的一些基本问题。譬如，城市学无法有效解决城市的四大基本功能，对于发达的特大城市而言，似乎越来越糟糕并越来越相去甚远。由于客观问题的原真性和综合性，即任何哪怕是微小的问题本身都不是一个纯粹的专业性问题，客观事实是，任何一个专业性问题本身绝不是依据专业产生的，而是依据复杂背景和综合环境条件。因此实质上，专业性问题并不专业，任何问题都是综合条件的属性，这才是世界的本真性和原真性特点，对于正确认识事物的综合发展变化和基本功能而言，这一观点尤其重要。文章"Systems Science for Policy Evaluation"中强调"狭隘的、单一学科的科学，不能充分巩固政策和方案，以解决重大的可持续发展的挑战。虽然单一学科的科学在解决里约宣言中绿色增长、可持续发展的挑战以及联合国千年发展目标方面发挥了举足轻重的作用，但我们必须迅速重新调整，走向多尺度、综合性、跨学科的路径，考虑社会、经济和环境方面的知识和经济投资，在政策或管理决策做出之前，必须洞察其在跨边界和部门之间产生的鉴别、反馈和合作效益的影响"（Kabat，2012）。分科之学和与之对应的方法论，使我们在小的、局部的、侧面性的角度上解决了诸多问题，而在综合的更高层次上，却产生了更严重的问题。在某种程度上，解决问题的手段本身已经成为产生和累积更大、更未知危机的途径，这个痼疾如果不能有效遏制，那么更多问题的积累就如同滚雪球一般，并将引发更复杂的内部性不平衡和外部性不确定，从而使问题变得越来越严重。面对单纯技术方式对于全球性窘境的无奈，我们必须重建信心，且有必要重新回到客观事物自身发展变化的最基本状态，修正和重建我们的哲学视角和方法论基础。在这一过程中，我们也许会发现许多先人"近自然的旧方式"和"低成本方式"（如都江堰工程、坎儿井工程等）等古老生态智慧的价值，但这只是重要的一部分，而不是全部。我们需要在总结古老生态智慧的基础上，结合现代技术，推动和实现一次回归式的系统升级，与时俱进，走向新范式。

3. 建立新观念和开拓新实践路途

就全球而言，文章"Creating the New Development Ecosystem"认为，里约

首脑会议 20 年后，"虽然已经产生了巨大的成就，这还不足以扭转我们的环境继续恶化，或克服根深蒂固的问题。宏大的机会变成大挑战，我们必须充分利用整个地球的创造力，以促进新的解决方案。"并且认为"我们这个星球的未来，很大程度上将取决于所有发展中国家是否可以协同工作，跨越 200 多年的工业化，利用科学和技术力量，创建一个新的以知识为基础的革命"（Dehgan，2012）。近些年，《欧洲景观公约》（2001 年 11 月）、《国际景观设计教育宪章》（2005 年 8 月，IFLA 和 UNESCO）、《世界景观公约》建议稿（2010 年 5 月，IFLA）等，因为面对问题的复杂性，都明确了建立新观念和推广教育普及新价值判断的重要性。在理论创新和实践探索中，public participation（公众参与）、governance of biodiversity（生物多样性管理）、urban agriculture（城市农业）、sixth industry（六次产业）、city efficiency evaluation（城市效能评价）、law of back to nature（近自然法则）、EW（生态智慧，Eco-Wisdom）、空间综合人文的研究和实践、HPC 三元空间（人类社会 H+物理世界 P+信息世界 C）、space justice（空间正义）等探索性工作已经开始。我们的许多传统观念，尤其是传统价值判断下的所谓生态工程多半是"greenwashing"，这种虚假的生态工程遍布全球，不但耗费了大量的资源和物力人力，为环境改善增加了新的压力，并且延误着改善环境的时间。具体而言，城乡规划的任务不再是完成一个项目所在地的工程，而必须被视为共同参与地球表面的改造和演化工作，从这一角度审视，所有地球表面的建设和改造工程，都是千年工程。因此，所有的城乡规划任务都存在一个内在的动态一致性，即必须顺应以新的知识为基础的可持续发展的新范式。

4. 千年机遇与历史选择——走向元人居

近现代之前，中国数千年来传统的城乡之间，城乡发展所依据的农业生产力物质基础是一致和稳定的。近现代之后，由于城市型工业的发展，城市的物质生产力水平大幅提高，从而为城乡分野和城市化快速发展提供了强有力的物质基础。目前，由于信息社会催生的新技术革命和新经济形式的出现，城乡发展所依据的生产力分布形式也在发生巨变，中国的城乡建设不可避免地进入一个千年一遇的关键发展阶段，顺其自然，形成新时期城乡规划理论的条件已经具备。内部性条件是基于数千年的中国历史文化基础，特别是近三十年改革开放的快速积淀，外部性条件是新产业革命及其必然导致的元人居和元城市化趋势。建立新时期元人居学的基础，需要紧密结合全球化的时代背景，建立符合中国地域历史过程与中国地理过程、中国市场与技术经济过程、中国社会文化过程与社会治理过程的人居学。在此基础上，建立具有中国特色的元人居理论体系，将是未来二十到三十年内中国城乡规划理论发展的重要依据和重要内容。归结起来，这些工作内容的核心任务，主要是通过整体上动态一致性的行动，协助整个人居系统实现回归式的系统升级。这是一个升级过程，同时也是一个回归式元化的过程。通过这个过程，走向更高阶段的发展基态，走向元人居。面对这样一次机遇，我们或者选择走向更美好的新秩序和新基态，或者继续老路，延误时机并不断累积和加深内部性与外部性的更大危机和尴尬。

二、我国城乡规划发展的基本指向和任务

城乡规划的理论和实践在不同的国家、社会背景和历史阶段中担负不同的使命和任务，并呈现不同的指向和倾向，即"城市规划实践基础和关注焦点的转移"（吴志强，2007）。目前"中国城市担负着重大的任务和历史使命"（邹德慈，2005）。那么，针对我国面临的实践基础与背景："经济全球化带来的竞争；资源短缺带来的制约；快速城镇化带来的压力；大量城市问题带来的困惑"的挑战，"经济体制的转型必然会牵动政治机构、机制、管理方法、模式及社会、文化、教育等各个方面的变革，尤其深刻的是观念上的变化。这些变化，一定会影响城市规划从理念、原则到方法的变革。当前我国的城市规划正在经历这个过程。"（邹德慈，2005）中国城市规划不可避免地"一定可以走到一个转折点"（吴志强，2007）。今天，驻足21世纪开端的十余年，瞻前顾后，在这个攸关未来的关键时期，目前我国城乡规划理论和实践的基本指向和任务是什么？本书分析后认为，目前我国城乡规划发展的基本指向和任务可以建议为：在数千年一遇的城乡发展关键阶段，通过动态一致性的行动，走向回归式系统升级的可持续未来。确立这一基本指向和任务，已经成为我国城乡规划理论开拓与实践发展的重要机遇和重要突破口。

三、城乡可持续发展的潜在基础设施"DC-ACAP"模式

第一次产业革命到第二次产业革命的时间大致是110年（18世纪60年代—19世纪70年代），第二次产业革命到第三次产业革命的时间大致是80年（19世纪70年代—20世纪40~50年代）。按照技术与产业文明发展的加速特点，目前我们又处在第四次产业革命的前夜，即到21世纪中叶的未来20~40年，甚至更短的时间内，我们将面临产业的又一次根本性变革。回顾历史，前三次产业革命在推动技术文明发展的同时，引起了环境的严重倒退，所以在进入第三次产业革命的第一个十年，即20世纪整个60年代，几乎是在振聋发聩的反思与诘问声中度过的，如1962年《寂静的春天》、1966年《宇宙飞船理论》、1968年《增长的极限》等。总体而言，生态学的产生和发展与社会历史背景相因承，发展变化的社会需要赋予了促进生态学研究走向更广阔空间的重要意义。回顾从生态学到可持续发展的提出，最早在Darvin、Humboldt等积淀的基础上，Haeckel于1866年首次提出生态学（Ecology），Tansley于1935年提出生态系统（Ecosystem），

Linderman 于 1942 年提出营养动力学的定量化研究方法，Odum 于 1953 年进一步将生态学发展为一门系统的学科，即系统生态学。这期间，大致经历了一个世纪，"但直到 20 世纪中叶以前，生态学仍然是生物科学中的一门不受人们注意的学科，甚至对这一学科存在的必要性都有一些争议"（李文华 等，2004）。然而，20 世纪 60 年代社会需求的强劲呐喊，为这一争议做了最好的注解和回答，从而促成生态学发生了一个重要的转折。于是，以 20 世纪 60 年代为契机，国际科学理事会（ICSU）首先发起国际生物学计划（IBP）(1964~1974)，标志着人类开始大规模地研究自然生态系统。20 世纪 70 年代初，突破传统生物学科的视野，联系人类的活动，生态学走向更加宽阔的跨学科一致性行动，如联合国教科文组织（United Nations Educational，Scientific and Cultural Organization，UNESCO）提出人与生物圈计划（Man and Biosphere Programme，MAB）(1971 年)，联合国人类环境会议通过《联合国人类环境宣言》(1972 年)。20 世纪 80 年代，以布兰特夫人为代表，全世界的知名生态学研究工作者明确提出了可持续发展的思想（1987 年）。由此，可持续成为促进各个国家与地区、各个行业与阶层走向一致的共识和责任。回顾可持续思想产生与提出的宏观社会背景，可持续思想重要认识来源和基础的生态学发展经历了由局部认识到系统认识进而到全球性行动，由学科分支到多学科支撑进而到自然科学与社会过程的融合。面对当代迫切的社会需要和复杂的社会过程，"生态学的作用不单纯是作为一个学科参与过程的探索，其作用还在于它为自然科学和社会之间架起了一道桥梁"（Odum，1972，1997；李文华 等，2004）。生态学为自然科学和社会科学走向一致提供了契机，其不断开阔的研究视角反映了可持续发展的新要求，为可持续发展提供了重要的认识论支撑，同时，也开拓和提供了可持续发展方法论创新的巨大空间。

在全球化的层面，为应对可持续发展问题，国际上已建立了不少对应的机构，并促成了一系列一致性行动的协约。核心的国际机构包括联合国环境规划署（United Nations Environment Programme，UNEP）和联合国可持续发展委员会（Commission on Sustainable Development，CSD）等，同时，还有一些外围机构和组织，包括联合国大会（UN General Assembly）、（联合国）国际法院（International Court of Justice，ICJ）、（联合国）经济与社会理事会（Economic and Social Council，ECOSOC）、世界贸易组织（World Trade Organization，WTO）、世界卫生组织（World Health Organization，WHO）、（联合国）粮食及农业组织（Food and Agriculture Organization，FAO）等。全球化行动的协约成果包括《保护珍稀野生动物公约》《生物安全议定书》《蒙特利尔议定书》《联合国气候变化框架公约》《京都议定书》等，这些协约总体上称为多边环境协定（陈迎，2004）。多边环境协定机制下的共同未来，虽然前途光明，但由于发展的不平衡性和不确定性，道路依然曲折。结合可持续发展，从全球范围综合分析，目前全球最突出的内部性特征是不平衡性（imbalance），最重要的外部性特征是不确定性(uncertainty)。不平衡和不确定构成了这个时代所有复杂问题根深蒂固的内在渊源和外部诱因。于是，促成动态一致性的关系(relationship of dynamic consistency)可视为可持续发展中促成新型生产关系的重要内容，而可持续视角下的科学技术创新、评判与应用体系、生产生活方式等，则可视为可持续视角下新型生产力的主要内容。根据可持续发展的要求，调适内部性不平衡性，减少外部不确定性，整体上走向动态一致性，就必然成为很长时期内可持续发展的核心内容。从获得生产关系与生产力支持的整体角度而言，一方面，在不同层次上，建立与促成动态一致性的共同协约与机制，调适生产关系；另一方面，推动科学技术评判与应用的行动调整与实践过程，创新生产力。通过生产关系与生产力的调适，促使两者相辅相成，相互依持，将成为未来可持续发展唯一可靠的潜在基础设施。

近年来，《联合国气候变化框架公约》和《京都议定书》在环境措施中引入市场化的三个机制：排放贸易(ET)、联合履行(JI)和清洁发展机制(CDM)，以及各种分类更丰富的碳基金(carbon fund，CF)项目，对引导清洁技术发展、减少碳排放、延缓温室效应起了较大促进作用。但总体上而言，全球的环境治理依然存在消极和不足的一面，如全球范围内采取集体行动的一致性并不理想，甚至有些悲观，有研究者称这一现象为碎片化(fragmentation)。基于这一背景和现实，本书从生产关系调适，并结合生产力调整，整体上走向一致性的角度，提出DC-ACAP模式，即动态一致性(dynamic consistency，DC)基础上的ACAP模式，以期对可持续发展在城乡规划中的应用提供一个探讨的基本视角。

DC-ACAP包括四个阶段的工作，如图2.1。

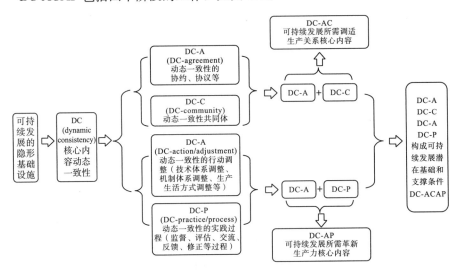

图2.1　可持续发展潜在基础设施DC-ACAP分析图

（1）第一阶段工作：建立灵活的动态一致性协议(agreement of dynamic consistency，DC-A)。

（2）第二阶段工作：创建动态一致性共同体（community of dynamic consistency，DC-C）。

（3）第三阶段工作：促进动态一致性的行动和行动调整（action/adjustment of dynamic consistency，DC-A）；

（4）第四阶段工作：常态化的动态一致性的实践过程（practice/process of dynamic consistency，DC-P）。

（1）和（2）在城乡规划领域中的应用，主要涉及城乡规划的科学性研究与城乡规划的社会过程研究（即两个S研究：science+society）。

（3）和（4）在城乡规划领域中的应用，主要涉及城乡规划的技术性与城乡规划的社会过程研究（即T+S研究：technology+society）。

阶段（1）～（4），总称为DC-ACAP模式。其意义在于，对任何处于不平衡状态的区域、城市和城乡混沌系统，从不同的侧面和层面，通过DC-ACAP的灵活协商、共同创新、调整行动和连续实践的过程，引导其逐渐走向减少内部不平衡和外部不确定的新发展模式。

回顾全球范围内21世纪走过的第一个十余年，整体上，在社会—经济—环境的复合链条中，从持续不断的恐怖袭击和局部战争（社会的侧面），到华尔街自由市场引发的全球性金融海啸（经济的侧面），再到哥本哈根会议的僵持（环境的侧面），世界发展的整体链条处于非平衡与非一致的波动中。如何实现动态的一致性过程，依然任重道远。目前，我国正处在改革开放的关键时刻，面临着在各个层面内部与外部之间的流动性增加和各个侧面发展的不断创新。因此，如何在巨变中稳步走向动态的一致性过程，已成为实现可持续发展的重要潜在基础设施。这一命题，同样成为新时期中国特色城乡规划理论形成的机遇、前提和基础。

四、城乡规划领域DC-ACAP模式与传统STS模式的一致性协同

目前关于可持续发展的城乡学研究，最为火热的是生态城市，但这并不是一个新名词，其长期夹杂并存于城市的综合问题之中。近代早期，"Geddes P强调区域调查（regional survey），最早推动了区域规划的研究；他也提出了生态的问题；还提出过城市进化理论、生活图式（notation of life）等"，"在他所处的时代，面对着产业革命的挑战，他是在单枪匹马地奋斗着，因而被人称为'个人十字军'（One Man Crusade）"（吴良镛，2007）。无奈，只有当历史迎来了可持续发展的转机，由于全球性的不平衡发展及其产生的不确定外部性结果，社会才开始第一次把传统的各个行业和学科，如此直接地推到了发展的最前沿并联系在一起，各个学科开始第一次将触角伸向人类面对的复杂问题和必须正视的共同命运，且如此刻不容缓，也迫使城乡规划与其他学科一样，开始将自身的研究与人类的整体发展问题相结合。城乡规划为适应这一新的任务，一方面需要突破原有

学科的限制，关注和联系更多外部性的变化，另一方面，又必须回归到城乡规划最现实和最本位的问题上来。外部性的宏远视野与内部性的回归调适应走向动态一致，才能促进"以人居空间研究为核心研究对象，建构新一代'规划本位理论(theory of planning)'为主线的理论体系创新的新的历史性时期"。但"目前的规划理论依然处在'引用'阶段，在'放出去'的同时，'收回来'的观念却远远不够。如果不及时纠正，城市规划核心思想边缘化的局面将伴随着学科低层次的扩张而更加严重"（吴志强 等，2005）。所以，"外与内""放与收"，走向动态一致性，立足和反映中国的地域特点和国情，将是很长时期内中国特色的城乡规划理论形成和积淀必然面对的任务和过程。走向动态一致性行动的思想渊源可以追溯到 20 世纪 30 年代美国的 STS(science，technology and society)研究，其第一次走出了把科学作为认知过程、把技术作为生产过程的狭隘认识，进一步把两者作为一种社会实证过程和三个过程的统一和有机互馈。贝尔纳的《科学的社会功能》和默顿的《十七世纪英国的科学、技术与社会》就是从科学、技术和社会三个方面研究其相互关系、规律和应用的较早思考。

近代城乡规划理论的开拓，从埃比尼泽·霍华德(Ebenezer Howard，1850～1928)、帕特里克·盖迪斯(Patrick Geddes，1854～1932)、刘易斯·芒福德(Lewis Munford，1895～1990)，一直到简·雅各布斯(Jane Jacobs，1916～2006)等，就已经从早期分析中预知了环境危机的严重后果及资本社会的根源，却无力遏制。于是，近代城乡规划各种理想与措施的诸多努力，在应对和解决早期工业化城市病的同时，又无可避免地逐渐面临着更复杂更深刻的新城市病。"现代的城市规划，由于现代城市本身功能、要素的日趋复杂、规模和形态的很大变化，规划内容比过去复杂得多。""应该承认，我们的认识是大大滞后于实践的。"(邹德慈，2003；2005a；2005b)所以，城乡规划乃至区域规划的新任务之一，必须站在社会发展的最前沿，进行关于社会整体技术评判应用体系认识与实践的跨界思考，进一步推动和建立人类生产、生活的限制性和选择性新模式，从源头上预见城市病，从过程上修复城市病。在城乡规划领域中，结合城乡规划的可持续发展研究，无论国内还是国外都有了极为丰富的探索。根据查阅的相关结果，国外的城乡可持续发展研究，总体上具有科学研究紧密结合社会实践过程的特点，如 Campbell，1996；Satterthwaite，1997；Vos et al.，1999；Berke et al.，2000；Grossmann，2000；Fleming et al.，2001；Godschalk，2004；Valencia-Sandoval et al.，2010，等等。国内知名学者的见解有"建立开发建设和生态可持续发展的平衡关系"(张庭伟，2003)、"精明增长"(梁鹤年，2005)、"可持续发展：遏制城市建设中的'公地'和'反公地'现象"(朱介鸣，2008)、"城市规划在可持续中国城市发展中的作用"(朱介鸣，2010)，等等。国内结合城乡规划的可持续发展研究，与国外相比，城乡规划的主题内容由于较多倾向于城乡规划科学和城乡规划技术，而紧密结合社会过程的内容，与时代的变化和需求相比则略显不足，城乡规划转型期依然面临着一些困境，如①"科学性困惑、体制不契合、角色不对位、国外不参照"（姚秀利 等，2006）；②"经过对制度转型中城市建设的观察，发现良好的城市建设都是规划制约与市场制约相互作用的结果，缺少其中任何一个都会造成不良建设，发展规划的提出旨在强调建设实施，推动规划和市场相互制约的城市建设，在战略上建立城市规划在建设制度中的地位"（朱介鸣，2008）；③"结论是转型期的中国城市规划运作过程是一个有限理性的过程"（柳意云 等，2008）。那么，DC-ACAP潜在基础设施对城乡可持续发展的重要意义和作用至少有以下三个方面：①DC-ACAP潜在基础设施有助于将城乡规划科学、城乡规划技术与城乡规划的社会过程三者有机地结合在一个动态一致的过程当中。②DC-ACAP潜在基础设施有助于将生产关系（即"agreement of dynamic consistency""community of dynamic consistency"）和生产力（即"action/adjustment of dynamic consistency""practice/process of dynamic consistency"）结合在一个动态一致的过程当中，从而有助于改善和支撑整个社会的良性发展和可持续发展。③DC-ACAP潜在基础设施有助于在实践中灵活地结合任何建设工程，对整个社会的稳定发展和可持续发展，起到基础性的连续改善和调适。

五、思考

近现代之前，中国数千年来传统的城乡之间，城乡发展所依据的农业生产力物质基础是相对稳定的。近现代之后，由于城市型工业的发展，城市的物质生产力水平大幅提高，从而为城乡分野和城市化快速发展，提供了强有力的物质基础。目前，由于信息社会催生的新技术革命和新经济形式的出现，城乡发展所依据的生产力分布形式也在发生巨变，中国的城乡建设不可避免地进入一个千年一遇的关键发展阶段。对于一个数千年的农业大国，经过短暂的工业化过程，迅速面临信息化升级的巨变，城市和乡村如何走向动态的一致性发展，东部、中部和西部不同发展层次的地区如何走向动态的一致性发展，不但是中国未来可持续发展的责任所在，更是中国未来可持续发展的潜力和动力所在。总体上，通过培育和巩固DC-ACAP潜在基础设施，不断融汇和调动更多的资源走向动态一致性创新，必然能开创出一条崭新且具有中国特色的城乡发展道路。

第二节　城乡规划中DC-ACAP模式的应用与创新

我国城乡建设正处于千年一遇的关键发展阶段，培育城乡可持续发展的潜在基础设施DC-ACAP，是城乡发展关键阶段的基本工作。本节通过对DC-ACAP模式（即基于动态一致性理念"dynamic consistency"的"agreement、community、 action/adjustment 和 practice/process")的分步解析,提出在影响城乡规划的多侧面,如"全球化与地方化"之间,以及"计划和市场""政府和 NGO""城市和乡村""研究性规划与实施性规划""建设性策略与非建设性策略""发展策略与非发展策略""法定规划与非法定规划"等之间,须经由进一步的融通而走向动态一致性的过程,才能切实推动一个城乡可持续发展的稳步创新模式,并不断地发现新机会和开拓新出路。

一、我国城乡规划面临的发展背景浅析

(一)正在出现的一致性人居环境坐标系——区域城和世界城

随着 Internet、RS、GPS、GIS、CHGIS、IT-DT、LUCCS、PPGIS、Google-Earth、WTO 等的不断覆盖和更新,信息化、数字化与网络化的全球概念已经波及地球表面人居环境的几乎所有角落。在这样的背景下,其必然对人居环境的发展构成一个整体的经纬网格。城市作为全球化地理不平衡发展中的特别象征,其发展无可回避地面临着这样的问题:在全球化的背景下,城市的发展路途走向何方,如何走?这一问题不但基础性地影响着城市宏大层面的战略思考,也影响并决定着城市不同侧面的发展,尤其是大城市地区与特大城市的发展问题、全球均质化问题、新地域主义的发展走向问题等。也因之,城市的区域性特征、地域的生态策略、基础资源特征、可识别性特征等,成为全球化带来的突出问题,并迫切需要给以回答。类似的研究已经开始,譬如,为了增加城市及其产业的可识别性,华盛顿特区乔治敦大学麦克多诺商学院(McDonough School of Business)的 Romanelli 和 Khessina,在分析区域共享、区域外部受众和历史投资积累的基础上,提出了一种基于区域工业可识别(或身份)的社会代码新概念(the concept of regional industrial identity as a social code)(Romanelli et al.,2005)。而对大城市而言,其超越区域的全球意义就更加突出。从某种意义上讲,大城市与特大城市已经是实质上的世界城市(于涛方 等,2006)。随着全球化的激烈推进,世界城及其带来的变化正在改变并渗透进越来越多的城市日常生活。正如《自下而上的全球化:全球移民城市排名》中所指出的"不研究城市就不可能理解全球化的进程,因为城市是全球化的中心场所……看起来是一致同意城市和都市化的动态已经被全球化的激烈所改变。那些最重要的城市——那些全球经济、政治和文化的指挥和控制中心——被称为世界城"(Benton-Short et al.,2005)。

(二)全球化及其带来的城乡二次现代化——转变城乡发展方式

如果说花园城市等一系列传统城乡规划理论和实践,是对早期西方国家工人阶级恶劣的居住条件及其大工业生产带来城市病的第一次现代化,那么,当今全球化背景下的城乡规划理论创新,应该是对全球不平衡发展中,解决新城市病的又一次现代化。面对全球化及其带来的更发达现代化，人居环境建设和发展不能还停留在第一次现代化中对城乡发展模式的狭隘理解。城乡二次现代化的核心问题，已不再仅仅是着眼于人居环境的局部和表层问题，而更多的是解决城乡的整体性和基础性困境。而其中至关重要的核心问题，是整体环境发展的外部不确定性，这一视角的转换，从根本上对传统的城乡规划技术体系提出了更高的要求，甚至是一次悄然的技术革命。基于这样的认识，贝尔格莱德大学建筑学院的 Aleksandra Stupar 深刻认识到了"悄然技术革命"的迫切和现实意义。他认为，在全球竞争的游戏规则下，21 世纪的城市正在成为当代独特的拼贴画，（反）乌托邦的追求与沿袭传承的范式一起改变和演化着新的城市景观。全球化在城市规划、城市设计及其建成环境中的反映，通常以现代技术创造的感官奇迹为主要代表。然而，在展示技术潜力的同时，我们正面临着许多问题和矛盾，甚至是不可逆转的威胁。因此，他负责任地指出：应明确并重新分析最近那些，宣布在"可持续发展"的框架下明确或暗示使用现代技术的城市和建筑干预措施的真正结果和真正效果。

（三）城乡发展中的跨界融合——走向动态一致性

城乡发展多维融合与跨界的最终结果必然是走向一致性，从而引起城乡发展方式的质变和跃升，符合并反映着事物发展的张弛规律。在城乡不平衡的发展过程中，只有实现不同行业、条块、阶层之间的壁垒破解并融通创新，才能为实现可持续发展建立前提。这一认识观点在城乡规划实践中的应用，譬如，英国伯明翰大学的 Donovan 等探讨了大规模城市可持续再生障碍的各种类型，如知觉障碍（perceptual barriers）、体制障碍（institutional barriers）和经济壁垒（economic barriers），并进一步深入分析和研讨了如何打破内部性壁垒、实现可持续再生的集中难点、主要挑战、创新伙伴关系、不确定因素与潜在的机会，等等（Donovan et al.，2005）。目前在我国，成渝经济区、关中天水经济区等跨行政区概念的提出，推进了资源整合发展与协同发展的研究和实践（王莉莉 等，2010）。而进一步地，将这种跨界和融合思维应用到地区以外乃至涉及跨国行政区域的范例。譬如，Lengauer 探讨了在一个涉及欧盟地缘政治的位置实施的促进经济发挥活力和区域协调发展的举措，以及在双边和多边项目评估及策划上为引进外部性的统筹安排和促成外部性合作创新所做出的努力（Lengauer，2007）。

总结以上三个方面的分析后认为传统城乡规划：①在内容上，实施性规划应向实施辅助性规划融通并走向动态的一致性过程，法定规划应向非法定规划融通并走向动态的一致性过程；②在机制上，部门内应向部门外融通，渐进推动一个城市的治理不断完善，并走向动态一致的和谐过程；③在空间层级上，全球化应向地域化融通，渐进推动一个全球性地域化的动态一致性过程；④在时间计划和行动上，目标策划应向过程策划融通，渐进推动适应更长远要求以

及开启更多创新机会的动态一致性过程。而在促进以上四个方面的走向一致性
创新过程中,本书提出的城乡 DC-ACAP 潜在基础设施模式可以起到稳定的推
动和支撑作用。

二、我国城乡规划发展的基本指向和行动路径——走向动态一致性创新的可持续过程

(一)城乡规划走向动态一致性创新的相关可持续研究

由于现阶段全球所面对问题的共同性和复杂性,城乡规划已经出现了经由多维走
向一致性与有序性的创新研究,在相关城乡学的研究领域,也产生了显著的反映。

首先,在基本的城市空间形态结合城市效能研究方面,墨尔本皇家理工大学
的 Michael Buxton 对紧凑的形态、高密度的城市、混合功能、廊道与板块、阶
层与分区、运输预测与导向、限制城市的外部发展等热点问题,结合并综合考虑
拥挤成本(健康、心理、环境质量下降、热岛、单位时间内的流动性总量等)、环
境成本、基础设施和能源、社会成本、扩张成本、旅游模式等,提出了更为综合
和审慎的思路,以及多组能效数据的综合对比分析。类似的审慎研究,如 2007 年
格里菲斯大学的 Gray 和 Gleeson 对城市规划影响能源需求的对比分析后认为,
渐进的城市抗分散和合并,从而可以带来家庭能源需求减少的证据是不完整和不
一致的。实际上,渐进的城市紧凑与合并不大可能减少家庭能源的需求,而规划
的重要作用之一是积极鼓励住区选择有利于节能的生活方式,以及在能源需求方
面更应重视超越物理需求影响(physical influences on energy demand)的能源政策
解决方案。我们的规划研究、设计与政策指导的最终建成环境,必然是以不能超
越人类以及其他生物生存的物理基本需求(physical basic demand of life)为前提,
而其中,满足和促进人类的健康就成为前提中的基础(谭少华 等,2010)。所以
应提倡适度的、符合基本物理需求的紧凑,即适应区域性和地域性条件的紧凑,
结合当地的地理、气候、经济技术、人口、生产力等综合分析,探讨适宜的动态
的紧凑度。进一步的宏观研究认为,即使在清洁与低碳的生产技术和生活方式基
础上,城市发展的能源政策与管治治理也不是可以功其一役的。在谈到可持续发
展的政策与法规功效问题时,澳大利亚布里斯班昆士兰科技大学的 Fisher(2003)
认为,法律制度不能完全保证可持续性,可持续建成环境是一系列过程的结果,
因此在建设和使用之前,可持续性充其量也只是一种预测。如果再考虑环境法律
体系的不完整性和复杂性,所有的现实并非都是受法律系统所完全影响和控制
的。所以,对相关的程序和结果有必要进行可持续性整合,并且有责任鼓励和激
励建立可以执行的规则,虽然这些规则并不一定能保证综合的环境结果是可持续
的。在应对措施的实践探索方面,韩国国立 Chungbuk 大学的 Ban 于 2007 年提
出了整合城市发展与环境保护两个方面的规划内容,且可以在 20 年的期限内进

行协调和重置，并在整合两个内容的基础上提出整合的城市可持续发展的法规和条例。与此思路相类似，我国生态城市规划专家黄光宇先生和陈勇博士，早在1999年就提出了生态城市建设的耦合理论。除此之外，还有"规划环境影响评价及城市规划的应对"（沈清基，2004），"城市规划生态化探讨——生态规划与城市规划的融合"（吕斌 等，2006），"城市规划与规划环评融合的思考与实践"（舒廷飞 等，2006），等等。虽然，以上各种"整合""耦合""融合"的作用，相对于可持续发展的后果和绩效是很难预测和准确计算的，但这无疑是唯一走向一致性的方向。进一步视野更加开阔的探索，则是综合了城市与环境、经济策划与社会发展等的多维研究，如 Mott 和 Hendler 于2013年提出了一个进展协同假说指导下的"progress on the collaborative planning model"，即"进展协同规划模型"，其宗旨主要是一致性规划精神的发扬，通过合作、执行、调整和重新规划，试图将规划不同的涉及内容、层面、阶段、理念等统一在一个符合一致性与共同性的模式和更科学合理的框架性互动程序中。

（二）走向动态一致性创新的可持续过程——DC-ACAP 的应用解析

在 DC-ACAP 模式中，DC（dynamic consistency）即动态一致性，是整个 ACAP 过程的基础。DC-A（agreement of dynamic consistency，即动态一致性的协议或契约）和 DC-C（community of dynamic consistency，即动态一致性的共同体）构成在不同层面和不同角度对应调适生产关系的结构性内容；相应地，DC-A（action/adjustment of dynamic consistency，即动态一致性的行动调整）和 DC-P（practice/process of dynamic consistency，即动态一致性的实践过程）构成在不同层面和不同角度对应调适生产力的结构性内容。于是，DC-ACAP 模式构成了一个基于动态一致性的生产关系结合生产力的一般性调适工具。将其具体应用在城乡规划领域，融入城乡规划科学、城乡规划技术、城乡规划社会过程的全部内容，可持续发展的潜在基础设施 DC-ACAP 模式与城乡规划科学、技术与社会（STS）之间，便实现了对接、融合。由于城乡规划研究内容的综合性、广泛性和复杂性，DC-ACAP 模式可以根据不同的研究对象，可宏观可微观，适合在不同的层次和角度上灵活应用。

下文以城乡规划为核心，探讨与之相关的多侧面如何走向动态的一致性创新过程，即 DC-ACAP 分析。以下分 DC-agreement、DC-community、DC-action/adjustment、DC-practice/process 四个部分，逐项分析在城乡规划中的应用与创新，目的在于推动 DC-ACAP 模式在城乡规划中持续稳定地发挥潜在基础设施的功能。

1. "DC-A（agreement of dynamic consistency）"在城乡规划中的应用与分析

Agreement 本质上象征并体现着一致性，其重要性在于，从社会契约、法规法律、政策，乃至广义的习俗风俗、文化与宗教，都是以一致性为基础的，即都具有 agreement 的特征。Agreement 内容的不断创新和丰富构成了人类社会文明发展的重要保障和重要依据之一。"DC-A（agreement of dynamic consistency）"反映着不同层面社会化的共识，其不但是一种约定、契约，更象征着一致性和理性的追求和倾向，因此 DC-A 是从非秩序状态植入秩序要求、从非理性状态植入理性要求、从一般契约走向超契约性规范（如制度、法规、管治等）社会实践的前提。"DC-A"在城乡规划中的反映，表现在公众参与、城市治理、城市和谐等各个侧面，而最终集中体现在公共政策与城乡规划走向动态的一致性过程，反映"谋求利益平衡的规则或程序应当成为城市规划向公共政策转型的核心"（魏立华，2007），推动中国城乡规划不断充实理性的内涵（孙施文，2007），并最终实现"城市规划是一种具有综合目标，以空间为载体，过程开放、衍生效应极强、刚柔相济的公共政策"（何流，2007）。

在城乡规划领域，根据公共利益的还原理论，城乡规划公共政策或准公共政策回归 agreement 将是一种必然。这一过程中，公众参与、城市策划、城乡治理等对传统城乡规划的补充具有极其重要的意义，成为完成这一转变的助推剂。实践中，公共政策与"agreement"走向一致性，或言城乡规划经由"agreement"向公共政策的转化和提升，是一个渐进的过程，大致要经历三个阶段：第一个阶段，城乡规划作为公共政策的执行工具，配合落实社会与经济发展计划。第二个阶段，城乡规划行业与行业外公私机构之间的互动。城乡规划的制定开始更具针对性地体现整体战略和自由市场的双重需要，这个过程中，政府相关局委机构的计划以及大型与特大型的城市建设项目主体开始参与到城乡规划工作中来，城乡规划的成果开始借以公共政策的执行机制得以有效实施。城乡规划的实施具有"借壳上市"的倾向，但这是一种进步，因为本质上，这是较高级别和较粗放"公众参与"形式下的"agreement"。于是"不同的观点、利益和价值彼此冲突和妥协，最后就会指向一种最大限度的全面客观"（姜梅 等，2008），实施的有效性也开始大大提高。我国现阶段大部分城乡规划管理的调整和改革工作，大体上都或前或后地处于这一阶段，如近几年的深圳和广州等，从战略规划到年度项目安排，已做了一些大胆开拓和行之有效的探讨和实践，且已经深入到年度计划的动态一致性预期与行动（陈宏军 等，2007；吕传廷 等，2010）。进一步地，在近两年的新农村建设探索实践中，广东珠三角推进"三旧"改造中的"土地整合模式""利益共同体"和分散工业点的"整合规划"的经验。这些创新性的开拓，从另一个角度，也可以理解为是一种 DC-agreement 模式的前沿探索，这些不同层面和侧面的 DC-agreement 创新措施，将有利于土地整合、社会和谐与产业集约，并为推动我国的两型社会战略做出贡献。第三个阶段，城乡规划本身开始作为真正意义上的公共政策。城乡规划实现真正转化为公共政策的前提和基础，是各层次公众参与制度下真正实现和体现 DC-agreement 的诉求和理想。"弗里德曼认为：发达的公民社会参与城市建设和社会管理，将是人类城市发展的必然趋势"(张庭伟，2005)。但是，公众参与发展的过程也必然是循序渐进和与时俱进的(张继刚，2011；胡毅 等，2010；等等)。整体上，城乡规划向公共政策的转变是和公众参与的发展、DC-A(agreement)模式的创新同时并和谐进行的，否则，城乡规划作为公共政策的前提和基础就将不存在。如此，才能使作为城乡公共政策的城乡规划，更倾向于"超契约性规范"(criterion beyond contract)，更具稳定性和可操作性(孟庆，2010)。

从规划公示、公众参与、公众听证到城乡规划的公共政策，这是一个不断实现 agreement 的过程，这一过程总体上可纳入城市管治(urban governance)的研究范畴(顾朝林，2000)。对城市管治的理解，在西方倾向于法理的基础，而在东方，则倾向于情理的基础。目前，适应作为准公共政策的呼声，传统城乡规划既要适应市场规律，体现商品化、市场化、效率化，又要适应整体统筹，体现礼物化、公益化与和谐化。前者倾向于法理的需要，对应着理性、效率、市场、法治、契约的措施和工具；而后者倾向于情理的需要，对应着非理性、公平、计划、策划、谋划的措施和工具。东西方文化的互补，反映着事物普遍"局部清晰，而整体混沌"的规律，所以不难理解，东方文化的向整体性特点在公共政策中的反映必然是一种有限理性，对于这一结论和认识的佐证，《论城市规划公共政策中的"协调原则"》(梁晓农 等，2007)、《中国城市规划的理性思维的困境》(孙施文，2007)、《转型时期我国城市规划运作过程中的规划理性问题》(柳意云 等，2008)等都阐述了相似和相近的观点。中国国情与传统文化的向整体性特征带有倾向非理性的特点，而目前，起始于 19 世纪后半叶以后的非理性思潮，其根本渊源就是向整体的，因而也是向东方的，这与可持续发展的发端和要求如出一辙，是由世界发展的外部整体不确定性引起的。我国城乡规划的未来发展必然是以继承和发展传统文化特点为主线，同时大量吸收西方理性实践的经验和成果。所以"单就中国城市规划的状况而言，城市规划迫切需要的仍然是理性化，而不是反理性化"(孙施文，2007)。中国传统文化具有向整体、向非理性的特点，倾向于"谋划"和"谋略"，而不是"社会契约"和"公共理性"。另外，梁启超先生从"私德"与"公德"的角度，认为中国传统文化道德"偏于私德，而公德殆阙如"。且认为，中国的传统道德经典论著所授"私德居十之九，而公德不及其一焉"，也因此，他在《新民丛报》发刊词中写道："中国所以不振，由于国民公德缺乏，智慧不开。"中华人民共和国的成立，使中国的社会文化和文化道德发生了质的飞跃。目前，进一步地从整体上结合全球化和可持续发展的机会，有理由和条件在这一过程中，发现"理性和非理性""私德和公德""社会契约与仁伦礼乐"走向一致性的更多契机和广角，通过引入"agreement"措施，使传统城乡规划更多地增加理性、公德和外部性，并为城乡规划的未来发展开启机会和空间。

目前，由于受到物质技术条件、教育条件和地区不平衡发展等制约，城乡规划向公共政策的转变必然是一个循序渐进的长期过程。如果说一致性的协约、守则、规定、法规，乃至公共政策是一种超契约的"agreement"，那么，实现超契约必需的一致性共同体、协会、组织、机构，乃至公共机制就是一种创新的"community"，而动态一致性"community"的建立和完善，可以使城乡规划的各项工作更具创新性、延续性、时序性与机制保障，于是转入下一个问题：DC-C在城乡规划中的应用与分析。

2. "DC-C(community of dynamic consistency)"在城乡规划中的应用与分析

DC-C(community of dynamic consistency)的核心内容是不同层面、不同形式的机制创新和结构创新。这样的机制和结构，可以是固定的也可以是动态的，可以是常设的也可以是临时的，可以是编制的也可是非编制的，因应于 agreement 不同的要求和目的，community 具有不同灵活的形式。

建立在动态一致性基础上的 community，即"DC-C(community of dynamic consistency)"，是"DC-A(agreement of dynamic consistency)"进一步走向动态一致性行动和实践过程的延续，象征着动态一致性行动和实践的行为主体，或联盟行为的主体。这样的组织或主体(譬如后文提到的"政府、企业和研究机构形成的创新性伙伴关系"等)是一种创意的实践，在城乡规划实践中，其可以应用在城乡规划实践的各个层面、各个部分和各个环节。

从形式与功能的对应关系而言，城市规划担负的任务、功能以及运行的程序应与运行程序的机制相适应。如果将城乡规划担负的任务和行使的功能理解为"道"，那么，与城乡规划相对应的机制，就是与任务和功能等内容相对应的"器"。"由于我国政府的运作在行政管理体制和运作机制以及管理方式和手段等方面存在的缺陷，使城市规划在城市的建设和发展过程中难以发挥有效的作用"(孙施文，2007)。我国转型期出现的"科学不清晰、机制不契合、角色不对位、国外不参照"(姚秀利 等，2006)，原因皆在于城市规划没有形成一个完整和有效的"DC-C(community of dynamic consistency)"，我们甚至难以廓清城市规划的对象和行为主体究竟是什么？并在这些前提性的基本问题和基本概念上建立共识和基础(周一星 等，1995，1997，2006；邹德慈 等，2005，2006，2010)。而且，进一步地，管制机制的合理设置和运作还涉及诸如"①科学和法规的关系；②科学和社会的关系；③理论和实践的关系；④学习和创新的关系"，并且理论和实践中存在"①以法规代替科学标准的倾向；②关注视野狭窄，抓住一点，拼命发挥，不及其余；③以案例介绍代替理论研究而导致真正的理论研究缺失"等现象(李建军，2006)。随着近几年学科的不断融通，新概念的不断纳新，以及实践的与时俱进，呈现出认识和实践上的五花八门，城乡规划开始出现"空心化"(邹德慈，2006)的倾向，而恰恰，"城市规划的基本原理是常识"(张庭伟，2008)。这种常识的广泛性尤其反映在，不同角度和不同阶层基本需要和诉求得以公平合理地表达，而不是规划师所做出的"专业"的价值判断(Jacobs，

2012)。规划师所做出的专业判断无疑是 DC-C (community of dynamic consistency)的重要支撑和引导因素，但不是全部，在这里，DC-C 基本模式同时也是促进城乡和谐与城乡治理的重要保证。因此，如何形成一个承前启后、纳善创新和与时俱进的，有助于认识和实践走向动态一致的"DC-C(community of dynamic consistency)"就显得尤为重要。

　　DC-C 的实践和探索已见端倪，且卓有成效。首先，在城乡规划的外部领域，动态一致性的 community 形式，在更广泛的社会实践中，已经长期存在，且积累了许多成功的经验。譬如，在可持续领域，2010 年底在墨西哥坎昆(Cancun)召开的《联合国气候变化框架公约》第十六次缔约方会议(COP16)和《京都协议书》第六次缔约方会议的成功，一方面针对形成最终 agreement 的问题上，坚持了原则和灵活相结合的创新，另一方面会前所举行的部长级预备会、专家预备会等各种形式的 community 创新的充分准备，为会议的召开奠定了一个比较好的基础。其次，在城乡规划领域中，相关 community 的研究和关注也比较多，国外如"Planner's Triangle"(Campbell, 1996)，"多目标中的一致性"(Satterthwaite, 1997)，"Users, Researchers and Decision Makers to Enhance Interaction and Understanding"(Vos et al., 1999)，"Community-Based Ecological Monitoring"(Fleming et al., 2001)，"Participatory Landscape Planning"(Valencia-Sandoval et al., 2010)等，以及国内如深圳和广州近几年出现的"社区自治""整合规划""利益共同体"等例子。然而目前，在城乡规划领域中，针对 community 的研究还存在不足之处，主要在于：一方面没有充分认识到动态一致性的 community 创新对于城乡规划实践的重要意义和协助作用，另一方面没有将动态一致性的 community 提升并置入到一个整体的 DC-ACAP 的完整结构中以发挥更广泛和更持续的作用。

　　3. "DC-A(action/adjustment of dynamic consistency)"在城乡规划中的应用与分析

　　(1)横向角度的分析：从"社会文化＋自然环境＋经济技术"，即"三原色"(社会文化＝黄色、自然环境＝绿色、经济技术＝红色)对城乡规划行动调整的支撑和推动作用的角度分析(张继刚，2007)。社会、经济和环境三者的协调发展与城乡规划走向一致性，并实现一致性融通创新，不但体现了可持续发展的要求，并引起传统规划方式的行动调整(action/adjustment)，即"环境、社会与经济"的交叉动力，将推动"政府、NGO 与个人""城市、郊区和乡村""城市策划、城市规划与行动计划""研究性规划与实施性规划""法定规划与非法定规划""生产性功能、生活性功能与旅游休闲功能"等的开放和融通，并走向动态一致性，不断推动一个有机且不断创新和有序提高的城乡可持续发展过程，不断地获得新机会和开拓新出路。但须注意的是，行动调整的基础，是一致性。因为，

"首先，城市规划是一个交叉的综合学科，涉及领域包括经济、社会、环境、地理、艺术、政治……其中，城市规划活动第一位的影响者是政治。第二，城市规划的核心理论不能抛弃掉。城市规划的根本所在，仍然是要给城市制定发展目标、进行空间布局和功能区划，安排交通、绿化、基础设施建设等等——这是'规划自身的理论'"（邹德慈，2010）。从这一角度认识，传统的基于空间要素的规划，依然是一致性行动的核心和归宿。这种核心性与归宿性，一方面是由土地资源的稀缺性决定的，在政府对建设的两大调控手段（土地供给与财政计划）（陈宏军 等，2007）中，土地更具有支配性与主动性。因此，对土地和自然资源的利用和开发使用，不能全部任由市场规律左右，从这个角度分析，政府对土地和自然资源的空间规划要远比政府对财政的支配更具战略意义。因为，市场的财力甚至已远远超出了一个地方政府的年度财政供给能力。所以，在市场经济体制下，政府已经不能完全依靠财政手段来主使或衡量一些具有战略意义的项目，反而，土地和自然资源的规划更能体现政府的战略意图。另一方面，由于土地资源独有的承载特征，无论社会、经济还是环境问题，最后都要叠合并"投影"到空间规划上来。结合我国现状，社会、经济和环境等综合要求与城乡规划走向动态的一致性行动创新，必然是以城市空间规划为载体的整合创新，"正是这种'整合'赋予城市空间发展规划特别重要的意义，即从结果来看，城市空间规划超过了社会、经济、环境等单方面的影响，成为带有全局性的甚至决定全局的战略意义"（吴良镛 等，2003）。

（2）纵向角度的分析：从"科学发现＋技术更新＋社会前进"，即"STS"对城乡规划行动调整的支撑和推动作用角度分析。在 DC-agreement 和 DC-community 的准备和基础上，进一步开展城乡规划的行动调整，即 DC-A（action/adjustment）是顺其自然的工作。城乡规划的行动调整，涉及城乡规划自身的基本内容和不断发展的外部性环境。一方面，不断革新的科学发现和技术更新过程，会持续地促进动态一致性行动的调整；另一方面，不断开放和文明的社会过程，会持续提供城乡规划连续变化的外部性环境。两者的共同作用，将推动城乡规划的管理、策划、设计、实施、监督和反馈的各阶段行为，不断地走出传统守旧的程式，与时俱进。

根据产业革命的加速发展趋势，我们已经处在下一次产业革命的前夜。在21世纪中叶之前，中国迫切地面临着大致二十二项重大科技战略工程、八大类基本体系建设、六个全球性重大战略科技问题、七个可持续战略科技问题等（中国科学院，2009）。这些都会渐次影响、融合并成为推动城乡发展的重要支撑力量。城乡规划与科学技术与时俱进地融合，并实现行动的一致性，是不可逆转的发展方向，多年来，城乡规划研究与实践的总体趋势也说明了这一点。也因此，"科学发现＋技术更新＋社会前进"领域的科学认识和技术更新能否融入城乡规划的行动调整中，是衡量 STS 是否走向一致性的重要证据。综合起来，在"科学发现+技术更新+社会前进"走向一致性行动实践的创新过程中，必须紧密结合我国现阶段的具体条件，即在轻重主次的把握上，必须与我国城乡规划的国情、我国城乡规划的现实性和地域性紧密结合，走中国特色的城乡规划之路。

4. "DC-P(practice/process of dynamic consistency)"在城乡规划中的应用与分析

1) 城乡规划实践的过程与目标走向动态一致性

从长远的时域审视城乡的发展变化，城乡建设的目标是脉变的，或曰移动靶。宏观上，城乡永远不可能实现自己的目标，因为随着现实物质条件的改变、环境条件的出乎意料、技术的进步、新矛盾的不断产生、理念的嬗变，城乡的发展目标也永将处于阶段性的修正与调整中，有时，调整的强度是出乎意料的。整体上而言，未来不是现在或某一时间的未来，未来是一个动态一致性过程的未来。因此，城乡人居共性的积淀与延续，城乡人居个性的脉变与重构，总能从这一过程中得到真切和生动的解读（马武定，1990；金广君，1990；余柏春，1991；杨宇振，2005；李旭 等，2010；等等）。就城乡的未来发展而言，一方面，城乡发展存在着一定的扬弃序替规律，城乡需要目标和理想；另一方面，也必须清醒，城乡发展其实是动态变化中的一致性过程，是一次永远也没有终点的人居旅行。

2) 城乡规划实践中的动态适应与评价调整

对于有限可知的未来，只能选择有限的策略和有限的设定目标。有限性首先表现在内部性近期变化综合结果的难以预测，更勿说长期变化的复杂性，其次，是外部性变化的难以掌控。有限的规划应为今后的变化留有制度性的调整接口，但是，为了预防变更的随意性，变更许可应设定较高的技术评定门槛和制度性的保障。行动计划如果是长期的安排，那么行动计划就必须具有弹性，弹性表现在或者设置多种可能，或者预留修正的接口，即建立制度性的调整许可制度。否则，长期的行动计划，随着实践的变化会成为未来行动的桎梏，它的合理性会逐渐被新的发现和新情况所扬弃。

对于城乡规划目标与过程如何走向动态一致性，虽然已有很多经验，然而，其核心的方法论途径依然是"阶段性的动态适应与评价调整许可制度"的建立，以及相关技术手段的支持和配合。理论和技术上的研究如美国明尼苏达圣克劳德州立大学 Hochmair 于 2007 年提出的动态路线规划的思考。动态路线规划的思想基础在于，一个随机的事件使原先规划的唯一完美的计划受到临时性更改后，或受到不断的更改过程中，应该如何在计划路线的基础上，提供多途径的互动的选择机会和选择资源来渐近式地灵活地趋于目标，并不断地调适目标。而相似的和更详细的研究如美国马里兰大学的 Ayan 等提出了关于行动计划的思想：传统计划的假设之一为"环境是静态的"，即规划是唯一可诱导实体环境变化的因素。而更现实的假设为"环境是动态的"，也就是说，因为现实中有其他实体因素的影响和由于这些因素的影响导致规划者的行动走向失败。研究者提出了一个规划技术系统，被称为 HOTRiDE(动态环境中的分层有序任务再规划)，其中包括为针对特定情况下顺利工作的计划生成、执行和修复调适的交错运用。进一步地，在动态处理应急局部事件的研究上，美国加州理工学院的 Wongpiromsarn 和 Murray 提出了一种使任务与应急管理分布动态结合在一起，而无须通过多个软件模块进行中央控制的方法，其主要包括两个要素，一个是任务管理子系统，一个是嵌入式 CSA（典型软件结构，canonical software architecture)规划子系统，CSA 在其中发挥着特别的即时修正作用。

非建设用地分级保护规划　　　非建设用地分类保护规划

非建设用地分期实施规划　　　相邻建设用地使用导引与控制

城市内部性的空间生态格局

⬇

非建设用地分级控制规划　　　非建设用地分类保护规划

城镇建设用地使用　　　水环境保护及水陆交
导引与控制　　　　　错带土地使用规划

城市市域外部性的空间生态格局

⬇

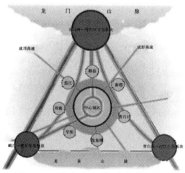

图 2.2　城市空间生态格局走向
内外部动态一致性举例

5. 城乡规划走向动态一致性过程的 DC-ACAP 整体应用分析

1)内部性与外部性走向动态的一致性——在不确定变化中应用"DC-ACAP"

文章"重大事件对城市规划学科发展的意义和启示"（吴志强，2008)中揭示了城市发展的"底波率原理"，即"一个城市的发展由内生的动力和外部的流动要素驱动"，并且"'底波率'的本质是城市发展本身的内部动力和外部间发性事件的刺激，构成了城市发展的综合动力"。从"底波率"原理的角度，审视目前的城乡规划，从理论研究到实践探索，整体上还是偏重于内部性，并有意无意中形成了巨大的外部性缺憾，这一点，在城乡规划的空间解读与管理解读上都有明确的反映。一方面，在城市空间分析的宏观层面上，没有充分认识到外部不确定性深刻和广泛的影响。目前，现代的城市问题分析越来越倾向于重视和弥补城市外部性的长期缺憾，从全球的角度进行区域概念的解读越来越受到重视（吴志强，2005；于涛方 等，2006；唐子来 等，2009)，和从区域的角度分析城市问题（崔功豪，2010)。以成都非建设用地规划（黄光宇 等，2006)为例，有助于阐释从区域角度规划城市的思想(图 2.2)。

另外，在城市空间分析的微观层面，针对目前大量出现的封闭社区、高尚社区、庄园化社区等，封闭社区的原因(宋伟轩，2010；徐苗 等，2010)，即封闭社区的大量形成，与宏观上外部不确定的大背景相一致，是外部环境不确定在内部平衡上的需要和反作用。另一方面，在城市治理分析上，针对城市管控，在法规规定的合法性(内部性确定合理性)之外，依然存在着大量与合法性并不矛盾的合理性(外部性随机合理性)，而这一部分实际存在的隐性资源、珍贵机会，甚至是巨大的发展空间等，却被严重地忽视了。根据这一思路，目标与过程走向动态一致性的研究，一方面，需要借鉴类似资源基础理论(resource-based theory，RBT)等方法对内部性展开分析，另一方面，需要配合补充和重视外部性资源的研究。这里，应用内外部性规律，提出"ON 研究结合 OFF 研究的动态一致性过程示意"(图 2.3)。事实和实践表明，一个极微量的随机外部性变化，就有可能影响和改变一个城市的发展轨迹(或者称为外部性随机效应)。因此，最具适应性的行动计划是多可能的阶段性目标与计划的组合，多可能的阶段性序列及其弹性，更有益于多维交叉、互补而走向一致，从而更具适应性、创新性。回顾城市的发展，几乎所有城市经历的过程和事实都证明了以上观点，规划师以这样的视角研究城市，将获得更多的方法论支持，并增加对外部不确定性适变和应变的准备，以丰富应对的措施。

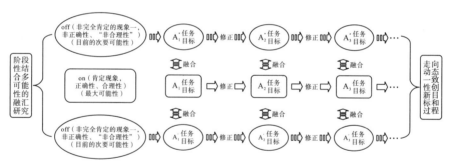

图 2.3　ON 研究结合 OFF 研究的动态一致性过程

2)全球化与地域化走向动态的一致性——在因地制宜中应用"DC-ACAP"

面对全球化的趋势，关于全球范围内渐趋动态一致性的理论研究和方法论探讨已经开始，跨国界的区域一致化实践和跨区域超意识形态的灵活伙伴关系的建立正是全球渐进走向动态一致性的努力(张庭伟，2006；周珂 等，2007；王雅娟等，2007)。对于这一趋势，Gotham(2005)从"tourism"的角度，罗列了如下一些相关研究和概念："global-local nexus" "glocalization" "global meets the local" "grobalization"和"indigenization"。然而，由于全球发展的不平衡和地域文化的差异等因素，实际的发展参差不齐，甚至坎坷跌宕。面对可持续发展的窘境，整体上的未来状况正如许多研究机构和个人所表明的观点，未来结果存在太多的外部性和不确定性，甚至有碎片化的倾向。所以，结合地域的独特条件，包括地域的自然环境、社会文化、经济技术条件等，开展和推动地域的人居学和城乡学研究是一种切实推动全球和地域走向一致性的力量，因为地域性是最稳固地镶嵌在地理整体性之上的，因此，符合地域条件的人居学和城乡学研究必然具有整体性的意义。目前，几乎所有的特大城市或大城市地区，都在进行着一场关于地域可持续途径、策略和政策的实践。地域条件不同，DC-ACAP 实践的过程和结果也各有侧重，有的侧重于能源与资源措施(资源匮乏型)，有的侧重于工业工艺的技术改造(工业污染型)，有的侧重于交通措施(交通枢纽型)，有的侧重于农业科技措施(农业主导型)，有的侧重于功能改造措施(用地紧凑型)等，不一而足，从而表现出可持续特色的各有侧重，或者是地域发展生态策略的因地制宜。

动态一致性理念下的城乡发展对地域的政治经济、历史文化、地理条件、经济技术，以及各个方面的内部和外部性条件基础进行分析，这些分析可以概括为：①地理气候与地理物理环境分析，②社会与文化分析，③技术与产业经济分析等。以上三个方面相互交叉和嵌套，并形成复杂性结果(方锦清，2002；钱欣等，2009)。进一步地，在不同的交叉方向上又产生新的研究领域，如地理与历史形成 CHGIS(中国历史地理信息系统)、土地利用与覆被变化形成 LUCCS(土地利用与土地覆被变化系统)、公众参与和地理形成 PPGIS(公众参与和地理信息系统)等，这些研究平台成为城乡规划的重要依据和重要支撑。综上，基于动态一致性理念的 DC-ACAP 模式，如果紧密结合地域性研究，可以不断创新出更具可持续意义的城乡发展路径。

第三节　走向元人居与元城市化

本节从实证分析的角度，探讨中国城乡发展在复杂条件下的实践创新。在实践创新分析的基础上，进一步在理论展望中尝试，根据社会发展依据的内部性和外部性条件，应用动态一致性可持续发展的视角，逻辑地分析并提出以"元生产生活"方式为基础的"元始"新社会的客观发展要求和必然发展趋势，具体到人居领域，进而提出走向"元城市化"乃至"元人居"的未来必然发展阶段，供研讨。

一、中国特色城乡规划的实践创新——走向动态一致性的可持续发展

即来的十年，"世界开始进入全球化时代的一个新时期——全球性的结构性变革开始"(崔立如，2009)。根据世界综合发展的现实背景，结合世界历史发展的阶段性规律，全球化的各个侧面和不同层面都面临着全球性结构变革，面临着回归式前进的蓄势待发和螺旋式上升的机遇，因此，对于攸关整体的可持续发展任务而言，充满了挑战，并伴随着随机性和不确定性。凡事"预则立，不预则废"，在目前的全球背景下，立足本行业，做好我国城乡规划领域自身的动态一致性创新研究，提高应变和适变的能力、内力和实力就显得越来越重要。

　　城乡规划的依据性往往被解释为城乡规划科学性的重要证明，但是通常，某个或某几个侧面的完美证明所推导的城乡规划策略，在整体的外部性结果上，也许存在不完善甚或可能导致失误。审视可持续发展的潜在基础设施 DC-ACAP 模式，其具有将城乡规划的科学理论、技术依据、社会过程三个方面统一在一起，并实现一致性互动和创新的特点，从而为城乡规划千差万别的实践创新提供方法论支持。并且，DC-ACAP 模式具有持续推动生产力变革和生产关系调适两者实现动态一致性的内生动力，所以，这一模式必然长远服务于可持续发展的总体目标。同时，紧密结合我国国情的 DC-ACAP 实践过程，也必然产生中国特色的城乡规划理论与实践成果。可持续的潜在基础设施（DC-ACAP 模式）有助于城乡规划在科学理论、技术研究、设计分析、管治辅助、公众参与、实施管理等不同阶段或层面，不断纳新和创新，并为整体上实现可持续的过程提供借鉴。近几年，国内频繁发生的城市灾害，从局部因素看是偶然，但从综合因素的动态一致性分析看，则具有一定的必然性，所以，建立城乡规划综合因素分析的一致性思维和评价模式是极其重要的（图2.4）。实践中，基于可持续潜在基础设施（DC-ACAP模式）的实践探索，不但有利于推进实践的创新，并且为整体地审视事物的复杂变化和发展提供条件。

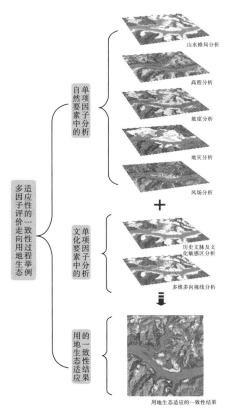

图2.4　多因子评价走向用地适应性的一致性分析举例

二、中国特色城乡规划的理论创新——走向元人居与元城市化

回顾可持续发展思想产生的背景和实际面对的窘境，联系资本主义的工业化过程，正如从古典自由主义（classical liberalism）到新自由主义（new liberalism），再到"新"自由主义（neo liberalism）（也有"后新自由主义 post neo-liberalism"的提法，张庭伟 等，2009）所呈现的，像自由主义不断遗传和变异一样，"新"自由主义不断寻找出路和不断调适，其本质依然是缓和以资本为核心价值追求而引起的整体内部不平衡，是调节手段和形式更高阶段的适应性变异。但如果，以资本为核心价值追求的立足点和出发点不变，以"他们个人主义与私利至上"（梁鹤年，2009）的倾向性为理论基础的特点不变，旧的不平衡减弱了，又必然会产生新的更大的内部不平衡和外部不确定。具体到城乡规划领域，一个重要的基本问题是，虽然在不同社会发展阶段，城乡发展具有不同的愿景和理想，但在目前，处在可持续发展的窘境与转机中，我们应该选择怎样的长远路途，创造一个怎样的地球表面未来图景，或说怎样的地球表面人居环境，这显然不是一个纯粹的方法论问题，而是一个出发点和归宿问题，或者说价值严肃选择的方向性问题。以下，粗略摘录 20 世纪 90 年代以来一些在城乡规划行业关于可持续发展路径的思考。密歇根大学的 Campbell（1996）从城市规划与可持续的矛盾角度出发，提出"绿色的城市，发展的城市，公平的城市？"的思考。其认为，因为并没有一个固有的或具有说服力的准则要求规划师在环境保护、经济发展和社会公平之间优先或特别倾向于某一个价值判断上做出最恰当或最具说服力的选择，可持续正好处于这样一个"planner's triangle"的中心，导致实现可持续必然不是直接的、简单的和浪漫的，其道路必然是一个曲折的不断解决"triangle's conflicts"的过程。这个过程是一个不断从社会理论和环境思想中受益，综合并运用解决社会冲突的技巧去处理和协调经济与环境不公的实践过程。Satterthwaite（1997）从评估城市环境行动实效的角度，提出环境目标如何与社会目标、经济目标和政治目标相适应和一致的问题，以及国际背景、国际倡议、国家框架如何鼓励以城市为基础的消费者、企业和地方政府在实现这些目标方面能在多大程度上取得实际进展。Vos 和 Meekes（1999）对欧洲的文化景观，从可持续的角度进行分析和展望，认为现代社会不断增长的种类繁多的土地使用方式和更加多样的使用目的对文化景观构成了复杂的压力，威胁着景观的品质，并且现代的农业实践、城市化和娱乐时尚都威胁着宝贵文化景观的存在。面对众多不同的观点和从各自角度阐发的焦点，来自欧洲的科学家在荷兰为未来的景观制定优先发展的策略，具体是：重视学科之间的整合，使用者、研究人员和决策者应因时因地制宜地加强交流沟通、了解和调适。Berke 和 Conroy（2000）意识到了可持续结果预判的复杂性，于是关心"我们是否在为可持续而规划"，并提出了评估和测定可持续发展

的六个具有可操作性的原则，同时指出综合计划在满足和支持六个原则上，往往支持其中的部分原则，并在整体上存在明显的差异性和不平衡性。Grossmann（2000）从"自然±人类"生态系统（nature±human ecosystem）的整体分析着眼，阐述了以信息为基础的新经济（the new information-based economy）对可持续发展的重要性，强调避免资源和土地按传统产业方式的低效使用，并且使自然能够在地区的新经济增长中，按增长规模和速度成比例地受益和接受有益的回馈。然而，这一切有赖于新经济和自然之间建立良性的信息关联，有赖于区域和城市项目的综合与集成以及管理咨询和系统科学的有效配合。Fleming 和 Henkel（2001）提出了一种以"自然资源连续监测"（continuous natural resources monitoring）和"基于社区生态监测"（community-based ecological monitoring）为特点的，及时、成本低、科学可信、分析详细、以社区为基础、参与性高的"快速评估方法"。Godschalk（2004）从应对可持续发展和宜居社区冲突的视角分析土地利用规划挑战，认为可持续和宜居社区作为现代城市规划的愿景，其真实的实践过程将遭遇无法避免的冲突。为了应对和综合这些冲突导致的可持续瓶颈，他提出了一个解决和协调冲突的"sustainability/livability prism"概念，并将如何化解"development conflict""resource conflict"和"property conflict"的具体设想和建议实际应用在丹佛地区的土地规划中。在"Denver's ecology plans"中，分别对"regional level""city level"和"small area level"制定了"vision plans"（远景规划）和"implemented plans"（实施计划），这一思路，与黄光宇先生 2004 年主持的成都市非建设用地规划中三个层次的生态控制策略的思路多有共同之处。加拿大英属哥伦比亚大学的 Valencia-Sandoval 等（2010）提出"参与式景观规划和社区可持续发展"的观点。该观点的基本内容为：通过社区参与、景观的分析、分类、描绘，结合划分景观单元，联系环境和社会经济等问题，组织利益相关各方进行采访、访谈、研讨，将各种潜在的问题汇总起来体现在立法和实施中。对农村地区而言，因补充了景观规划之外的内容而使规划更加完善，弥补了为改善地方快速开发对适宜程度和适宜规模的斟酌以及对经济发展指导的针对性和实用性。

通过以上关于借由城乡规划体现可持续思考的罗列，无论是"planner's triangle""环境目标"与"社会经济政治目标"调适化、多学科整合、可持续测定与评估原则、新经济措施、资源连续监测措施、可持续内核化的动态三角形、可持续与宜居的三棱镜折合（三个主要冲突协调）、参与式规划，还是政府专家使用者的三方对话式规划等，对于可持续发展而言，以上的解决途径及其导致的结果，是否就一定是可持续的，答案可能未必，譬如，政府专家和使用者达成共识的方案，以及三个冲突协调的方案等。以上的思考、开拓和实践结合不同的规划案例，不断拓宽着借由规划的手段所能融通的影响因素和触接范围，因此，可以在一定程度上缓解可持续发展的矛盾和压力。正如许多研究所指出的，由于可持续涉及内涵的巨大外部性和动态性，可持续发展的结果客观上是无法预知的。因此，我们必须从更宏大、更本质、更整体的角度进一步认识和分析可持续发展所遵循的深层规律和所依据的根本条件，从社会进程与发展所依据的内外部条件和整体的规律中，发现和重新审视对未来预判的正确性，并且从追求更加全面和完善的价值内涵的立足点出发，思考应该以怎样的视角重新认识过去和发现未来的路途。这不是一个新问题，但是不断地拷问这个根本性问题，其重大意义在于，根据社会生产和实践的不断发展，从而不断地检讨和重新认识过去，不断地修整和重新发现未来的路途，并因之不断地调适和重新修整我们的实践方式，实现目的与过程走向动态的一致性。

从动态一致性创新的角度分析近代三次产业革命的整体历程。目前，一方面，从产业革命发展的内部性而言，已经过两次变异（即第一次由蒸汽机过渡到电力的使用，第二次由电力过渡到分子和原子、航天和遗传技术等）。另一方面，从产业革命发展的外部性而言，同样，也经过了两次人类生存方式的变异（第一次从采集和狩猎业到农业，第二次从农业到工业）。根据辩证唯物主义关于扬弃的一般规律，扬弃在第三次变异时必将面临一次回归式的系统升级，也是扬弃规律中最艰难的一次跃升。所以，目前人类生产生活的方式和社会方式，也必然面临着一次回归式的跃升，即与自然融合的更高级的生产生活方式，本书称其为"元业"（"original-industry" or "Odustry"）的生产生活方式和与之相对应的新"元始社会"（"original-society" 或 "Ociety"，original 意即"原始的、原本的"，具有"本来、正本、原本、原著、新颖、超脱"的含义，即人类社会本应该具有的状态，以区别于"原始社会""primitive society"）（张继刚，2011）（图 2.5）。

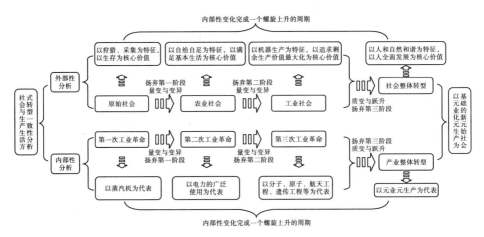

图 2.5　走向元始新社会与元业化生产方式分析图

"元业"化的核心内容是"元生产"（"original-production" or "Oduction"）。"元生产"的重要特征是："建立在人与自然和谐基础上的人的全面发展"，以彻底区别于工业化的生产方式，彻底扬弃工业化所依据的核心价值判断（注：采集和狩猎业以"人的生存"为核心价值；农业生产以"自给自足的生存"为核心价值；工业生产是在解决基本生存问题的基础上，以"追求剩余资本最大化"为核心价值；而元业化生产，以建立在人与自然和谐基础上的"人的全面发展"为核心价值）。元业化的生产方式必然会协助人类完成一次新的升华，"建立在人与自然和谐基础上的人的全面发展"，必将深刻地影响到所有生产与生活方式的更新，并产生更可持续、更具人性化、更具创新性和原创性、更强大和更高级的生产力水平。并且，"以人为中心的全面发展"并不是无视自然环境的片面价值观，因为"从本质上来说，人本主义'humanism'并不是狭义地指以人类为中心，而是包括人与自然和人与人关系的一个广义概念"（康艳红 等，2006；邹德慈，2006；邹德慈，2010）。因此，建立在"以人为中心的全面发展"核心价值判断基础上的行动，必然具有可持续的整体特征，而动态一致性的潜在基础设施可以有力支撑和促进可持续发展，从而必然推动和带来元业化和元生产，从而进入一个回归式的高级发展阶段，即元化的阶段。

　　元人居与元城市化本质上是一次回归式的系统升级，是基于新范式的创新升级过程，是以新知识和新技术作为支撑的升级过程。纵观全球，这样致力于实现动态一致性的系统升级行为已露端倪。譬如，Abreu（2012）认为，1992 年地球首脑会议通过的《21 世纪议程》进展一直严重不足，并且对于这样一项涉及私人、公共和非营利部门，需要决策者、投资者和其他利益相关者在设计、实施和沟通中加强研究和合作的关键的可持续发展和绿色经济议题，从一开始就必须参与并作为这一尝试中的一部分，收集现有的相关知识，并协调和沟通相关研究。Brito（2012）建议借助成立团队以共同参与的方式指导 2015 年后的千年发展目标，但在缺乏所有利益相关者深入的对话之前，抢着确定目标，将是一个严重的错误。Duflo（2012）提倡推动一个科学与发展政策之间合作的新领域，把经济学、心理学、社会学的观点纳入设计和试验分析。随机对照试验可以在不是很明显的价值之外，判别找出什么可行和什么不可行，并且可以不受个人行为的影响。这个试验使人们有可能用以前没有的严格程度来测试科学假说，这对科学评判是有益的，且对于政策的人性化设计同样是必不可少的，是科学与发展政策之间合作的新领域。O'Grady 等提出了"环境智能"的概念，促使在每个人和他们生活的环境之间建立内在联系，通过适当的奖惩措施实现以更节约能源的方式响应所有个人的需求。虽然这一思路面临着艰巨的技术挑战和社会规则挑战，但这无疑是应用技术手段以最普遍的方式，实现动态一致性的重要开拓。目前，恰逢我国城乡规划的快速转型期，是千载难逢的机遇，所以，从价值判断的最基本角度出发进行城乡规划分析的先声已见端倪，如"从规划价值观、规划调查分析方法和规划分析三个方面探讨城市规划借鉴都市人类学的领域"（沈清基 等，2007），"构建创意城市——21 世纪上海城市发展的核心价值"（诸大建 等，2007）。进一步地，放大到全国和千年发展的角度，这是一次千年机遇，同时需要时代的创意，所以"强调应抓紧历史机遇，遵循产业转移的客观规律，推进全国的新型工业化和城市化"（胡序威，2007）。吴志强等（2008）、吴缚龙（2008）等从不同角度对新时期我国城乡整体发展特点和变革机遇进行了探讨。

走向"元人居"和"元城市化"同样也是对东西方文化走向动态一致性融汇创新的实践。东方行为模式中的"情理""谋略"方式与西方行为模式中的"法理""契约"方式，与东西方整体性与局部性的不同文化方式相一致，整体性文化方式对应着非理性、随机性、共性，局部性文化方式对应着理性、逻辑性、个性。东方的"阴在阳之内，不在阳之对"观点就是典型的整体论，也可视为非理性的哲学渊源。所以，一部东方文化史就是一部以非理性为主旋律的历史，理性从来都是作为辅助甚至工具而存在。西方19世纪后半叶出现的以反黑格尔为代表的非理性思潮，是第二次世界大战伤痛和生态问题综合促使西方文化向东方倾斜所做出的深刻反思。因此，处在目前全球化的复杂形势下，须认清我国近期改革开放和发展的重点不在于向西方学习非理性，而应该学习和借鉴西方的理性成就，即逻辑、科学、契约的理性成果，同时发扬传统固有的非理性成就。因此，中国未来的发展趋势将以非理性为主，同时吸收更多西方理性主义成果，这种以非理性为特征的趋势反映着整体性、共生性等共性的价值特征，与元生产生活方式、元始新社会的总特征相一致，同时大量吸收反映局部性与尊重个性的理性成果，以期实现东西方文化走向动态一致性。中国形成新时期城乡规划理论的条件已基本具备，内部性条件是基于数千年的中国历史文化基础，特别是近三十年改革开放的快速积淀，外部性条件是新产业革命及其必然导致的元人居与元城市化发展趋势。新时期城乡规划理论基础的建立需要紧密结合全球化的时代背景。建立符合中国地域过程与中国地理过程、符合中国市场经济过程与技术过程、符合中国社会文化过程与社会治理过程的城乡规划学，以最终建立具有中国新时期元人居特点的城乡规划学，将是未来二三十年内中国城乡规划理论发展的重要依据和重要内容。

对于一个农业大国在面临第三次技术革命的巨变前，城乡如何走向动态的一致性发展，东中西部如何走向动态的一致性发展，不但是历史发展关键阶段的紧迫需要，同时也是可持续发展的需要。广大的农村与村镇地区、荒漠与荒原地区、不发达和欠发达地区等，不但是中国未来可持续发展的责任所在，更是中国未来可持续发展的潜力所在。综上，通过在可持续发展中培育潜在的基础设施DC-ACAP，不断借鉴和融入更多的思路，中国必然能在千年发展的关键阶段，走出一条崭新且具有中国特色的城乡战略之路。面对复杂的现实，本节内容希望读者关注一个问题，即：目前我国城乡规划理论和实践的基本指向是什么？因为这个问题代表着一个出发点，是"中国的城市规划原理一定可以走到一个转折点，从被国外文献支撑，转变为作为全世界城市规划学科的支撑"，从而"为世界城市规划理论做出贡献"(吴志强，2007)的落脚点。按照东方文化关于健康发展的观念，事物的新陈代谢需要外气(风寒暑湿燥火)、宗气(呼吸饮食或光合作用)和先天遗传之气，三者相化育而生产元气。中国城乡规划理论与实践的创新发展同样需要不断地化育元气，通过推进"元人居"和"元城市化"过程持续地发掘潜力并增进动力。诚如本书所给出的探讨性思考，根据前文关于动态一致性的宏观内外部性分析，我国的产业与社会发展恰逢一个螺旋上升的飞跃机遇。因此，城乡发展正面临着前所未有的全面挑战和跃升，历史的帷幕正在徐徐拉开，需要有备而待，我们是否可以将之理解为：城乡发展正逐渐面临"元人居"和"元城市化"进程。

参 考 文 献

陈宏军，施源. 2007. 城市规划实施机制的逻辑自洽与制度保证——深圳市近期建设规划年度实施计划的实践[J]. 城市规划，31(04)：20-25.

陈迎. 2004. 国际环境制度的发展与改革[J]. 世界经济与政治，(04)：44-49.

崔功豪. 2010. 城市问题就是区域问题——中国城市规划区域观的确立和发展[J]. 城市规划学刊，(01)：30-34.

崔立如. 2009. 全球化时代与国际秩序转变[J]. 现代国际关系，(4).

方锦清. 2002. 令人关注的复杂性科学和复杂性研究[J]. 自然杂志，24(1)：7-15.

顾朝林. 2000. 论城市管治研究[J]. 城市规划，24(09)：7-10.

何流. 2007. 城市规划的公共政策属性解析[J]. 城市规划学刊，(06)：36-41.

何子张，李渊. 2008. 城市规划的政策属性[J]. 城市问题，(11)：93-96.

胡序威. 2007. 经济全球化与中国城市化[J]. 城市规划学刊，(04)：53-55.

胡毅，张京祥. 2010. 论网络语境下的城市规划公众参与[J]. 规划师，26(06)：75-79.

黄光宇，张继刚. 2000. 我国城市管治研究与思考[J]. 城市规划，24(9)：13-18.

黄光宇，邢忠，乔欣. 2006. 基于土地资源与环境保护的城市非建设用地规划控制技术及应用[C]. 国际生态城市建设论坛.

姜梅，姜涛. 2008. "规划中的沟通"与"作为沟通的规划"——当代西方沟通规划理论概述[J]. 城市规划学刊，(02)：31-38.

金广君. 1990. 城市特色的物质构成[J]. 城市规划，(5)：14-17.

康艳红，张京祥. 2006. 人本主义城市规划反思[J]. 城市规划学刊，(01)：56-59.

李建军. 2006. 保持我国城市规划学的科学本质——有感于当前我国城市规划实践的若干现象[J]. 城市规划学刊，(04)：8-14.

李文华，赵景柱. 2004. 生态学研究回顾与展望[M]. 北京：气象出版社.

李旭，赵万民. 2010. 从演进规律看城市特色的衰微与重构——以西南地区城市为例[J]. 城市规划学刊，(02)：101-105.

梁鹤年. 2005. 北京的"行"：一个以人为本的观察[J]. 北京规划建设，(4)：132-133.

梁鹤年. 2009. 中国城市规划理论的开发：一些随想[J]. 城市规划学刊，(01)：14-17.

梁晓农，赵民. 2007. 论城市规划公共政策中的"协调原则"[J]. 城市规划学刊，(05)：47-52.

柳意云，冯满，闫小培. 2008. 转型时期我国城市规划运作过程中的规划理性问题[J]. 城市规划学刊，(05)：85-89.

吕斌, 佘高红. 2006. 城市规划生态化探讨——论生态规划与城市规划的融合[J]. 城市规划学刊, (04): 29-29.

吕传廷, 吴超, 严明昆. 2010. 探索以实施为导向、以公共政策为引导手段的战略规划——以《广州2020: 城市总体发展战略规划》为例[J]. 城市规划学刊, (04): 5-14.

马武定. 1990. 论城市特色[J]. 城市规划, (01): 31-33.

孟庆. 2010. 影响城乡规划适应性的文化基因和法理基础[C]. 中国城市规划年会: 77-81.

钱欣, 王德, 孙烨. 2009. 交叉影响分析在战略规划决策研究中的应用——以 TM 软件在南京战略规划研究应用为例[J]. 城市规划学刊, (02): 69-74.

沈清基. 2004. 规划环境影响评价及城市规划的应对[J]. 城市规划, 28(02): 52-56.

沈清基, 刘波. 2007. 都市人类学与城市规划[J]. 城市规划学刊, (5): 40-46.

舒廷飞, 霍莉, 蒋丙南, 等. 2006. 城市规划与规划环评融合的思考与实践[J]. 城市规划学刊, (04): 29-34.

宋伟轩. 2010. 转型期中国城市封闭社区研究——以南京为例[D]. 南京: 南京大学.

孙施文. 2007. 中国城市规划的理性思维的困境[J]. 城市规划学刊, (02): 1-8.

谭少华, 郭剑锋, 江毅. 2010. 人居环境对健康的主动式干预: 城市规划学科新趋势[J]. 城市规划学刊, (04): 70-74.

唐子来, 赵渺希. 2009. 长三角区域的经济全球化进程的时空演化格局[J]. 城市规划学刊, (01): 42-49.

王莉莉, 史怀昱, 杨晓娟, 等. 2010. 关中-天水经济区的城镇协同发展[J]. 城市规划学刊, (02): 27-34.

王雅娟, 黄建中. 2007. 在全球化背景中认识中国城市发展的独特性——Peter Hall 教授访谈[J]. 城市规划学刊, (05): 25-27.

王亚男, 史育龙. 2005. 从计划的延续到积极的综合调控——论新时期城乡规划在城乡发展和建设中的作用[J]. 城市发展研究, 12(6): 58-63.

魏立华. 2007. 城市规划向公共政策转型应澄清的若干问题[J]. 城市规划学刊, (06): 42-46.

吴缚龙. 2008. 超越渐进主义: 中国的城市革命与崛起的城市[J]. 城市规划学刊, (01): 22-26.

吴良镛, 武廷海. 2003. 从战略规划到行动计划——中国城市规划体制初论[J]. 城市规划, 27(12): 13-17.

吴良镛. 2007. 多学科综合发展——城市研究的必由之路[J]. 北京城市学院学报, (5): 7-11.

吴志强. 2007. 对规划原理的思考[J]. 城市规划学刊, (6): 7-12.

吴志强. 2008. 重大事件对城市规划学科发展的意义及启示[J]. 城市规划学刊, (06): 16-19.

吴志强, 于泓. 2005. 城市规划学科的发展方向[J]. 城市规划学刊, (06): 2-10.

吴志强, 王伟. 2008. 新时期我国城市与区域规划研究展望[J]. 城市规划学刊, (01): 23-29.

徐苗, 杨震. 2010. 超级街区+门禁社区: 城市公共空间的死亡[J]. 建筑学报, (3): 12-15.

阳建强, 邹德慈, 汤海孺, 等. 2007. 快速城市化浪潮下的文化复兴[J]. 城市规划, 31(12): 41-46.

杨宇振. 2005. 人居环境科学中的"区域综合研究"[J]. 土木建筑与环境工程, 27(03): 5-8.

姚秀利, 王红扬. 2006. 转型时期中国城市规划所处的困境与出路[J]. 城市规划学刊, (01): 80-86.

于涛方, 吴志强. 2006. "Global Region"结构与重构研究——以长三角地区为例[J]. 城市规划学刊, (02): 4-11.

余柏春. 1991. 文化·环境·街特色——鄂西来凤土家族自治县县城川鄂路规划设计构思[J]. 城市规划, (05): 52-54.

俞孔坚. 2008. 城市景观之路——通向生态与人文理想[J]. 新湘评论, (2): 54-58.

张继刚. 2007. 城市景观风貌的研究对象、体系结构与方法浅谈——兼谈城市风貌特色[J]. 规划师, 23(08): 14-18.

张继刚. 2011. 城市规划中DC-ACAP模式的应用与创新——献给我国城市规划新世纪开端的第一个十年（二）[C]. 2011中国城市规划年会：504-516.

张继刚. 2011. 可持续发展的潜在基础设施——献给我国城市规划新世纪开端的第一个十年（一）[C]. 2011中国城市规划年会：495-503.

张继刚. 2011. 走向元人居与元城市化，推进中国特色城市规划理论和实践——献给我国城市规划新世纪开端的第一个十年（三）[C]. 2011中国城市规划年会：517-526.

张庭伟. 2003. 构筑21世纪的城市规划法规——介绍当代美国"精明地增长的城市规划立法指南"[J]. 城市规划，27(03)：49-52.

张庭伟. 2005. 闻道则喜——读约翰·弗里德曼规划著作的一些心得[J]. 国际城市规划，24(05)：1-3.

张庭伟. 2006. 解读全球化：全球评价及地方对策[J]. 城市规划学刊，(05)：1-8.

张庭伟. 2008. 转型时期中国的规划理论和规划改革[J]. 城市规划，(03)：15-24.

张庭伟，Richard LeGates. 2009. 后新自由主义时代中国规划理论的范式转变[J]. 城市规划学刊，(05)：1-13.

赵万民. 2000. 新时代要有新思路[J]. 城市规划，(1)：37.

中国科学院. 2009. 科技革命与中国的现代化：关于中国面向2050年科技发展战略的思考[M]. 北京：科学出版社.

周珂，王雅娟. 2007. 全球知识背景下中国城市规划理论体系的本土化——John Friedmann教授访谈[J]. 城市规划学刊，(05)：22-30.

周一星. 2006. 城市研究的第一科学问题是基本概念的正确性[J]. 城市规划学刊，(01)：64-64.

周一星，史育龙. 1995. 建立中国城市的实体地域概念[J]. 地理学报，62(4)：289-301.

周一星，孙则昕. 1997. 再论中国城市的职能分类[J]. 地理研究，16(1)：11-22.

朱介鸣. 2008. 发展规划：强化规划塑造城市的机制[J]. 城市规划学刊，(05)：7-14.

朱介鸣. 2010. 城市规划在可持续中国城市发展中的作用[J]. 城市规划学刊，(02)：1-7.

朱介鸣，罗赤. 2008. 可持续发展：遏制城市建设中的"公地"和"反公地"现象[J]. 城市规划学刊，(01)：30-36.

诸大建，王红兵. 2007. 构建创意城市——21世纪上海城市发展的核心价值[J]. 城市规划学刊，(03)：20-24.

邹德慈. 2003. 论城市规划的科学性[J]. 城市规划，27(02)：77-79.

邹德慈. 2005. 什么是城市规划?[J]. 城市规划，29(11)：23-27.

邹德慈. 2005. 新时期的中国城市发展和城市规划[J]. 规划师，(12)：5-7.

邹德慈. 2006. 人性化的城市公共空间[J]. 城市规划学刊，(05)：15-18.

邹德慈. 2006. 再论城市规划[J]. 城市规划，(11)：60-64.

邹德慈. 2010. 发展中的城市规划[J]. 城市规划，(01)：24-28.

邹德慈. 2010. 中国城镇化发展要求与挑战[J]. 城市规划学刊，(4)：1-4.

邹德慈，石楠，张兵，等. 2005. 什么是城市规划?[J]. 城市规划，29(11)：23-27.

Abreu A. 2012. Harnessing new scientific capacity[J]. Science，336(6087)：1397.

Benton-Short L，Price M D，Friedman S. 2005. Globalization from below：The ranking of global immigrant cities[J]. International Journal of Urban & Regional Research，29(4)：945-959.

Berke P R，Conroy M M. 2000. Are we planning for sustainable development? [J]. Journal of the American Planning Association，66(1)：21-33.

Brito L. 2012. Analyzing sustainable development goals[J]. Science，336(6087)：1396.

Campbell S. 1996. Green cities, growing cities, just cities? Urban planning and the contradictions of sustainable development[J]. Journal of the American Planning Association.

Dehgan A. 2012. Creating the new development ecosystem[J]. Science, 336(6087): 1397.

Donovan R, Evans J, Bryson J, et al. 2005. Large-scale urban regeneration and sustainability: Reflections on the "barriers" typology [J]. Cert Working Paper/01 School of Geography Earth & Environmental Sciences.

Duflo E. 2012. Rigorous evaluation of human behavior[J]. Science, 336(6087): 1398.

Fisher D E. 2003. Sustainability, the built environment and the legal system[M]. Smart & Sustainable Built Environments. OAI: 245-260.

Fisk D. 2012. The Urban Challenge[J]. Science, 336(6087): 1396-1397.

Fleming B, Henkel D. 2001. Community-based ecological monitoring: A rapid appraisal approach[J]. Journal of the American Planning Association, 67(4): 456-465.

Godschalk D R. 2004. Land use planning challenges: coping with conflicts in visions of sustainable development and livable communities[J]. Journal of the American Planning Association, 70(1): 5-13.

Gotham K F. 2005. Theorizing urban spectacles[J]. City, 9(2): 225-246.

Grossmann W D. 2000. Realising sustainable development with the information society—the holistic Double Gain-Link approach[J]. Landscape & Urban Planning, 50(1-3): 179-193.

Jacobs J. 2012. The nature of economies[J]. Canadian Geographer Geographe Canadien, 46(4): 370-371.

Kabat P. 2012. Systems science for policy evaluation[J]. Science, 336: 1398.

Lengauer L. 2007. Cross-border cooperation in the Vienna Bratislava-Region-A contribution to sustainable regional development? [J]. 2nd Central European Conference in Regional Science-CERS: 569-584.

Odum H W. 1953. Folk sociology as a subject field for the historical study of total human society and the empirical study of group behavior[J]. Social Forces, 31(3): 193-223.

Odum J, Lefevre P A, Tittensor S, et al. 1997. The rodent uterotrophic assay: critical protocol features, studies with nonyl phenols, and comparison with a yeast estrogenicity assay[J]. Regulatory Toxicology & Pharmacology Rtp, 25(2): 176.

O'Grady M, O'Hare G. 2012. How smart is your city? [J]. Science, 335(6076): 1581-1582.

Pan J. 2012. From industrial toward ecological in China[J]. Science, 336(6087): 1397.

Romanelli E, Khessina O M. 2005. Regional industrial identity: cluster configurations and economic development[J]. Organization Science, 16(4): 344-358.

Satterthwaite D. 1997. Sustainable cities or cities that contribute to sustainable development? [J]. Urban Studies, 34(10): 1667-1691.

Valencia-Sandoval C, Flanders D N, Kozak R A. 2010. Participatory landscape planning and sustainable community development: Methodological observations from a case study in rural Mexico[J]. Landscape & Urban Planning, 94(1): 63-70.

Vos W, Meekes H. 1999. Trends in European cultural landscape development: perspectives for a sustainable future. Landsc Urban Plan[J]. Landscape & Urban Planning, 46(1): 3-14.

Zhang J, Deng M, Zhou B, et al. 2016. Potential infrastructure of dynamic consistency for sustainable development of urban and rural-strategic path of urban and rural planning with Chinese characteristics[C]. International Conference on Politics, Economics and Law.

第三章　城乡生态与景观——走向地域特色人居

第一节　地域特色人居环境——山地城市学理论与实践整理及启示

　　本章回顾和整理了黄光宇先生1954年9月~2006年10月在重庆建筑工程学院(1954.09~1994.01)、重庆建筑大学(1994.01~2000.05)、重庆大学(2000.05~2006.10)共52年的经历中,从求学、工作到发起并推动山地城市学和生态城市规划理论与实践历程的相关资料。对黄光宇先生的文章研习后认为:①山地城市学和生态城市规划理论与实践取得的成就是长期自觉坚持科学发展观的结果;②山地城市学和生态城市规划作为西南地域城市学研究的主要内容和特色内容之一,丰富了地域城市学的研究内涵,而地域城市学的丰富研究将有助于促进我国现阶段整个人居学研究的内生动力,并为发展具有中国特色的人居建设新范式和新路径做出贡献;③山地城市学和生态城市规划长达半个多世纪的理论和实践探索,及其在国际上取得的显著影响,一方面有助于推进当前新型城镇化和可持续发展理念在地域实践中因地制宜地贯彻和创新,另一方面有助于在国际范围内进一步的交流并发挥一定的启示作用;④山地城市学与生态城市规划的长期理论和实践探索,启示了目前建立全球山地人居学理论及地域人居动力机制研究对于丰富可持续发展的重要意义。

　　黄光宇先生(1935.11.29~2006.10.15)离开我们转瞬已十多年了。手拿黄先生《山地城市学》出版时的厚厚初稿,逐节翻阅,如同回放先生治学艰辛的历程,掩卷沉思,往事如幕如映,于是随感、随思而漫散记述,参陈年、考旧事以叙微。20世纪40~50年代是黄先生早年求学时期,从温州白鹤寺(1948.09~1951.07,乐清中学;1951.09~1952.07,浙江省立温州高级职业中学)到杭州云栖寺(1952.09~1953.07,浙江省立杭州土木工程学校),从上海到重庆(1953.09~1954.07,上海建筑工程学校;1954.09~1959.07,重庆建筑工程学院建筑系)辗转求学。大学毕业后,1959年留校工作,黄先生从此扎根山城重庆,开始了在重庆建筑工程学院、重庆建筑大学、重庆大学,至2006年共47年(注:47年为工作时间,加上读书时间,在重庆共经历52年)教书育人以及为了开拓和推动

"山地城市学和生态城市规划"①，风雨耕耘的人生历程。以下作简要回顾、整理和研习。

一、"山地城市学与生态城市规划"理论与实践的简要回顾

(1)20 世纪 60～70 年代：留校任教，献身教育事业。年轻的黄光宇先生热爱教育事业，作为重庆大学城市规划专业的创始人之一，他和同事们参加了 20 世纪 60 年代我国城市规划专业高校教材的编写工作（"城乡规划"教材选编小组选，1961）。由于工作在我国西南部多山多丘多高原的自然环境和多民族多习俗的人文环境中，出于对生态灾害的忧虑和对生态安全的远虑，以及对地域人文的保护，尤其受到山地城镇原生结构、多样形态、丰富文化因子和复杂气候等特点的触动，黄先生对一些先进的城市规划思想较容易进行生动的阐释。因此，可以推断，他关于"山地城市学和生态城市规划"的思想渊源，一方面，来自霍华德的花园城市理论、芒福德的地理人文思想和城市应有合理规模与结构的建议，以及依利尔·沙里宁的有机疏散等经典城市规划理论；同时，也受到中国数千年传统山水文化以及近代梁思成先生等前辈建城思想的影响，特别是受到我国大西南多山多水多民族环境中，自然本底资源与人文遗产的启悟。20 世纪 60 年代，黄光宇先生和他的同事们开始进行诸多有益的实践探索和创新。譬如，在 1960 年"重庆城市总体规划"（编制时间：1960.02～1960.12）中，黄光宇先生提出"大分散、小集中、多中心、组团式"的空间结构，和立体交通、立体绿化、立体利用地下空间的构思，以及将行政中心、解放碑等进行步行化设计和将天然气民用的规划意见等，以上的规划思想至今依然有其积极的意义。在 20 世纪 60 年代的重庆总体规划中，黄光宇先生汲取梁思成先生建城思想和依利尔·沙里宁有机疏散理论的影响②。20 世纪 70 年代的拨乱反正，使中国社会各项事业重新走上正轨。回顾 20 世纪 70 年代末期，城市规划行业迎来了喜人的春天。1976 年高等院校恢复城市规划专业，1978 年 8 月在兰州恢复重建原于 1956 年在北京成立的中国建筑学会城乡规划学术委员会（后经中国科学技术协会批准，于 1986 年 1 月改称中国城市规划学会）。此后，黄光宇先生自始至终积极参加和支持学会的工作，积极宣传和参加学会的活动。鉴于黄光宇先生在山地城市与生态城市规划研究和实践中的长期努力和贡献，在 2002 年成立的中国城市规划学会城市生态规划建设专业学术委员会中，他被推荐为首届主任委员。

---

①"山地城市学和生态城市规划"引自《城市规划》2006 年第 11 期第 8 页，卜告原文局部"黄光宇教授是重庆大学城市规划专业的创始人之一，一生致力于城市规划教育事业，开创了我国山地城市学和生态城市规划研究领域，促进了我国山地城市规划研究工作的发展，对我国城市规划理论的发展和人才培养作出了卓越的贡献"。

②《重庆大都市的城市结构形态、布局特点与发展前景》黄光宇(1989 年)一文中，讲到梁思成先生 1945 年"曾在当时重庆的'大公报'上发表了《论市镇的体系与秩序》一文，专门介绍了他(指 Eliel Saarinen)的城市学说"，参见黄光宇. 山地城市学[M]. 北京：中国建筑工业出版社，2002.

　　(2)20世纪80年代：迎接春天，奋蹄开拓。这一时期，乘着改革开放的东风，怀着建设美好未来的满腔热情，黄光宇先生关于城市规划理论与实践的突出特点可以概括为两个方面：对城市规划科学性的思考和对城市规划实践创新的推动。

　　一方面，他执着于对城市规划科学性的探索和思考。1984年1月，中国城市科学研究会(Chinese Society for Urban Studies，CSUS)正式成立。1985年，重庆建筑工程学院在全国高等学校中较先成立了城市科学研究会。1986年8月30日，中国城市科学研究会在天津市召开首届年会。黄光宇先生撰写了论文《论我国城市的分类和类型》。随后他于1987年10月5日在汉诺威大学中德合作研究项目"居住与城市发展"学术交流年会上的发言《中国城市科学研究之动向》，可视为他进行山地城市规划科学性思考与开拓的发端，成为他后来(即1992年)明确提出建立"山地城市学"理论的端倪，也是他发起与中国科学院水利部成都山地灾害与环境研究所(简称"中科院成都山地所")共同创立"中国科学院、建设部山地城镇与区域环境研究中心"的伏笔，更是他艰苦开创"山地城市学与生态城市规划"研究与实践工作思想动力的源泉。追根溯源，这一思想动力的源泉即：自觉在"科学发展观"的指导下进行城市发展科学性的积极探索。

　　另一方面，他坚持城市规划理论研究必须联系实际，在实践中创新和发展。在他完成《中国城市科学研究之动向》的几乎同时，他撰写的《城市规划的教学必须面向"四化"、联系实际》(《城市规划》1987年第4期)也可视为他对城市规划教育必须理论联系实践，用实践检验真理的宣言。当时，全国思想尚处在禁锢与萌动的变革中，与这篇宣言性的文章相呼应，他率先发起成立了重庆建筑工程学院城市规划与设计研究所(重庆大学城市规划与设计研究院的前身)，并成为当时全国建筑高校中的一个亮点，以此为平台开展的实践活动也带有鲜明的科学研究色彩，譬如他这一时期的作品："丽江县城总体规划"(1983.03~1983.07)(黄光宇，1986)和"乐山市总体规划"(1987.03~1987.12)，"New in the World——磁器口更新规划"(1987，国际设计竞赛获优秀奖)，"国家星火计划——官渡新镇规划"，等等。这些项目都带有鲜明的理论联系实践的创新色彩，譬如，以乐山绿心总体规划研究和实践为例，其在理论和方法应用上的突破，在当时及以后的国际建筑和规划学界获得了广泛的好评。20世纪90年代初，在德国举行的"居住与城市发展"学术研讨会上，这一新的规划构想得到了与会专家的赞誉，被认为黄光宇教授及其课题组所强调的城市生态与环境质量问题，正是西方学者在城市与区域研究领域中普遍关注的问题。之后，黄光宇先生以"乐山绿心环形生态型城市结构"新模式研究为基础，于1992年6月以"天人合一——乐山绿心环形生态城市的新构想"和"论生态城市的概念与评判标准"为题，参加了在巴西召开的由联合国世界环境与发展大会举办的"未来生态城市——全球高峰论坛和规划设计竞赛展览"，会上黄光宇先生提出的这一结构模式得到了大会组织者、原国际建筑协会主席、国际建筑学院执委会主席斯特伊洛夫（Georgi Stoilov）教授的高度评价，被认为是对本次高峰论坛的"一个重要的贡献"。并且，会议组委会向黄先生课题组颁发了荣誉证书。1994年，该研究项目又获得了联合国技术信息促进系统中国国家分部"发明创造科技之星奖"。1997年，"乐山绿心环型生态城市结构新模式规划研究"入选《世界优秀专利技术精选》（中国卷）。2000年10月，乐山市成为中国第一个加入联合国亚太地区城镇管理咨询的城市。

20世纪80年代中期，与他的实践活动相平行，他这一时期具有代表性的理论成果主要有：①参编《城市规划原理》（1981）；②主编《区域规划概论》（1984）；③负责建设部资助课题"山区城市的布局结构"（1980~1982）；④负责中德合作研究课题"居住与城市发展"（1985~1995）；等等。

在20世纪80年代末~20世纪90年代初，短短数年，是黄先生人生中特别重要的一个阶段，其在1989年《瞭望》周刊第21期刊登了《要重视山地开发保护山地生态》一文，是他立足山地城市进行生态规划的较早思考。

(3)20世纪90年代：山地城市学与生态城市规划理论的逐渐形成与充实。进入20世纪90年代，在黄先生的推动下，1992年10月10日，中国科学院、国家住房和城乡建设部与中科院成都山地所联合成立了"中科院/建设部山地城镇与区域环境研究中心"。之后，以此为契机，该研究中心开展了一系列国内外学术交流活动。譬如，1992年10月在重庆召开"山地城镇规划与建设学术研讨会"，1997年9月在重庆召开"山地人居环境可持续发展国际研讨会"，1999年10月在西安召开"山地城镇可持续发展与生态环境建设研讨会"，2001年11月在昆明召开"山地人居与生态环境可持续发展国际学术研讨会"等。

20世纪90年代，先生一系列的理论和实践活动表明他开始探索和思考理论特色与地域特色的问题。譬如，在《结合多山国情办出城市规划专业特色》一文中就有明确的表达；他还撰写了《城市规划学科特点与城市规划专业教育改革》。在这样的思想指导下，他明确提出了"山地城市学"的概念，在首届全国"山地城镇规划与建设学术研讨会"（1992年10月13~16日）的大会主题发言中，发表了《关于建立山地城市学的思考》。另一方面，在开始探索建立山地城市学的同时，由于山地敏感和脆弱的自然生态条件，他也开始了对"生态城市规划"的理论研究，譬如文章：《乐山绿心环形生态城市总体规划课题研究总结》（1993年）、《城市空间的热环境及其改善》（1995年）、《生态理念山水情怀——石柱土家族自治县县城总体规划中的生态分析与居住意向调查》（1996年）、《规划不是摊大饼 成败关键是环境》（1998年）、《花园式园林城市——深圳环境建设的目标定位》（1999年），等等。整个20世纪90年代，他的理论研究与实践活动都带有鲜明生态创新的特点，这一特点与他这一时期负责的纵向课题形成了相辅相成的对应关系。这些课题主要包括两个自然科学基金项目："山地生态特点与山地城镇结构形态"（批号：58978346，1990~1993)和"生态城市新概念及其规划设计方法"（批号：59278323，1995～1997），两项建设部研究课题："近零耗宅基地城乡住宅规划与设计体系研究"（批号：59078346，1991～1993)和"遥感和地理信息系统在山区城市规划中的应用"（1995～1997)以及一项高等学校博士学科点专项科研基金资助课题："生态城市设计技术系统研究"（批号：9462001，1995～1997)。他将创新性生态设计的方法与山地城镇固有的自然特点相结合，形成了具有鲜明山地与生态特点的理论和实践。譬如，对于山地城镇的空间结构发展模式，他提出了"有机分散与紧凑集中原则、就地平衡原则、多中心组团结构原则、绿地楔入原则、生物多样性和景观多样性原则、个性特色原则六条山地城市规划原则与发展理念"，以及"多中心组团型、新旧城市分离型、绿心环形型、城乡融合型、指掌与树枝型、环湖组团型、星座型、长藤结瓜型等城镇空间结构模型"（赵万民，2008)。其中，大重庆的"有机松散、分片集中、分区平衡、多中心、组团式结构"，宜宾、自贡、延安的"组团结构"，兰州、万县的"带状结构"，乐山的"绿心环形生态型结构"和市域的"复合城镇群结构"，云南丽江、大理的"新旧城区分离型结构"，重庆瓷器口的"古镇保护与有机更新型结构"，广西岑溪的"城乡融合型结构"，四川仁寿的"指掌型结构"，湖北十堰的"树枝型结构"等，均被城市政府部门规划建设实践所印证和利用(李和平，2008)。黄先生的这些理论思考和实践开拓，是长期将科学发展观在城乡研究和实践领域中的自觉坚持和运用，目前，对新型城镇化和城乡可持续的研究和实践，依然具有一定的启迪作用。

20世纪90年代中期，黄先生在繁忙的教学与实践过程中，负责或参与出版了如下著作：①《当代集镇建设》（1992)，②《山地城镇规划建设与环境生态》（1993)，③《西江流域经济开发与环境整治几个重大问题研究》（1995)，④《'97首届山地人居可持续发展国际学术讨论会论文集》（1998)，⑤《山地城镇规划理论与实践》（1999)。他对实践和理论的系统总结开始于20世纪末，尤其集中在21世纪初的开端几年。

（4)21世纪初：理论的系统总结与完善。新世纪伊始，黄先生发表了《城乡生态化：走向生态文明的发展之路》（2000年)；随后，他又发出"迎接国际山地年 加强山地人居科学研究"（2001年)的倡议。基于改革开放后二十多年的实践开拓与理论积淀，21世纪初的短短几年，他在繁忙的工作之余，开始挤出时间进行实践和理论的系统总结和整理。面对庞杂的资料，他付出了艰辛的努力并投入了大量的时间和精力。归结起来，其成果主要包括三个方面：工程实践整理、教学理论整理、科研创新成果整理，可以概括为"产、学、研"三个方面。这些成果的重要意义在于实现他许多年来追求的"逐步建立适应我国山地城市现代化建设要求的学科理论体系、规划设计方法体系、建设管理法规体系和人才培养教学体系，从而促使山地区域与山地城市的健康协调发展"（赵万民，2008)。

21世纪初，在实践方面，他主持完成的主要项目有"广州生态区划政策指引与番禺生态廊道控制性详细规划"（2002）、"云阳县城总体规划"（2004）、"成都市非建设用地规划"（2004）等。通过以上项目，黄先生致力于将城乡规划等生态学思考，通过政策指引、生态多因子综合评价、小气候模拟、非建设用地、控制性详细规划等综合手段，将城市发展的无序逐步引领到科学发展和生态发展的战略安全之路上。与此同时，他开始致力于对长期实践的理论归纳和总结。由于整理与查阅工作的浩繁，他的健康受到了严重的损害。纵观先生整个实践和研究的历程，对比其 20 世纪 80 年代和 90 年代的同类研究项目，这一时期他负责的纵横向项目的特点大致是：理论更加系统，核心技术更加突出，技术分析和支持更加全面和完善。

21 世纪初，他负责的研究性课题主要有：一项国家自然科学基金"西南山地城镇生态化规划建设与管理"（批号：50178068，2002～2004），一项"全国山洪灾害防治规划专项研究"课题（四）[注：国家五部委（局）研究项目，建设部（2003）126 号，2003～2004，与闫水玉、罗书山等合作]，一项教育部博士点基金资助项目"城乡空间的土地利用生态规划理论与技术方法研究"（批号：20050611006）。他与多年的领导、同事们合作完成的创新性获奖项目有多项，其中代表性项目为"山地城市生态化规划建设理论与实践"（教育部科学技术进步一等奖，2004）和"山地城市生态化规划建设关键技术及运用"（国家科技进步二等奖，2005）。

这一时期，黄光宇先生系统的理论成果也特别丰厚，其主编和参编的主要著作有：①《生态城市理论与规划设计方法》（2002），②《山地城市学》（2002），③《城市规划读本》（2002），④《城市规划导论》（2002），⑤《2001 山地人居与生态环境可持续发展国际学术讨论会论文集》（2002），⑥《山地城市规划与设计作品集》（2003），⑦《山地城市学原理》（2006）等。

二、"山地城市学与生态城市规划"理论与实践的简要研习

（一）"山地城市学与生态城市规划"理论形成和发展的几个关键阶段

由于受到 19 世纪中期国际上生态思想的影响，如花园城市理论、有机疏散理论、宇宙飞船理论、增长极限理论等，尤其是，生活在重庆特有的山地环境中而受到的启悟，黄先生山地城市与生态规划的思想最早萌动于 20 世纪 60 年代，其后，实践活动主要开始于 20 世纪 80 年代。在此基础上，20 世纪 90 年代初黄先生正式提出了山地城市学和生态城市规划的理论构想。整个 20 世纪 90 年代，是他课题研发、理论教学、学术交流、实践活动等特别密集的时期。进入 21 世纪，他开始理论体系和核心技术的系统整理。核心技术的逐渐完善与明晰，进一步充实和奠定了山地城市学的技术支撑体系。回顾起来，山地城市学的形成有三个阶段性的代表文章，既是科研思路又是每一个阶段的思想统领，这样三个突出

的科研思路与行动宣言是：①20世纪80年代关于坚持城市科学性探索并主张与实践相结合的科研思路。代表性文章有《中国城市科学研究之动向》（1987.10）、《城市规划的教学必须面向"四化"、联系实际》（1987.04）等。②20世纪90年代，关于建立具有山地地域特色规划理论的科研思路。代表性文章有《关于建立山地城市学的思考》（1992.10）、《结合多山国情　办出城市规划专业特色》（1992）、《城市规划学科特点与城市规划专业教育改革》。③21世纪初，关于整理并提炼"山地城市学与生态规划"系统理论的科研思路。代表性文章有《城乡生态化：走向生态文明的发展之路》（2000）、《迎接国际山地年　加强山地人居科学研究》（2001）、《山地城市生态化规划建设理论与实践》（2004）等。

（二）"山地城市学与生态城市规划"理论和实践的思想宗旨

回顾先生的历程，在他生前的数十年中，他较早预见性地、艰辛地推动并拓宽着城乡规划的山地研究和生态研究，并取得了丰硕的成果（曾卫，2008）。先生终生立足和致力于对山地城市学的教学、研究和对山地城市生态规划的实践。出于对山地城市宝贵生态资源的珍惜和对保护脆弱山地生态环境的责任和远虑，先生进一步地将城乡生态和区域生态的战略安全问题作为更加严峻的关注和思考对象。他尤其关注的是"规划建设山地城市就应该按照山地城市的自然生态、人文生态特点、发展规律办事，否则将带来无穷的后患。"（黄光宇，1997.10）近多年来，山地自然灾害频发，重温先生当年对山地防灾的重视和发言，仍深感掷地有声。先生的责任和理想，从他的一段话可现一斑。他说"保护好祖国的山山水水，建设好中华大地的城镇和村庄，是每一个炎黄子孙的神圣责任"（黄光宇，2002.06）。2006年10月15日，先生仙去，对山地城市学的发展，以及对城乡规划的生态学探索而言，都是令人惋惜的损失。研习先生的研究成果认为，其研究领域中统领"产、学、研"理论与实践所有活动的宗旨应该是：自觉运用科学发展观，长期坚持对山地区域城乡发展规律的理论探索和实践应用。

（三）山地城市学研究对人居学与可持续发展的启示

山地城市学虽然是经济学、社会学、生态学、建筑学、风景园林学、艺术学、地理学等多学科融汇创新的结果，但是，其承载的基础是城市学结合地理学的基本框架。因为相比于其他学科，由于地理学研究对象空间属性的稳定性和连续性，其本身不但具备了局部和整体之间稳定的一致性，而且具备了最稳定学科融汇的承载功能。所以，地理学是城市学可持续研究和创新研究的特别重要基础之一。"关于城市规划和区域规划的关系，城市和区域规划这个概念已经存在好几十年了。现代城市规划不可能没有区域规划，城市和区域必然要结合起来研究，可是在正式的学科定位上没有这样的定位。这个问题本质是学科的交叉融合，是地理学和城市规划的结合问题……因此，地理学对于城市规划来说，不是

简单的多学科交叉问题，而是给城市规划提供基础理论的一个学科。也就是，城市规划和地理学本是一家。"（邹德慈，2010）

1. 地球表面的基本地理特点

地球陆地上分布着一些巨大的高原，如亚洲的青藏高原、非洲的北非高原、澳大利亚西部高原、南美洲的巴西高原及北美洲西部的山间高原等。地球陆地上分布着一系列巨大的山脉，从高到低依次如：喜马拉雅山脉、昆仑山脉、兴都库什山脉、天山山脉、安第斯山脉、阿尔泰山脉、阿尔卑斯山脉、内华达山脉、秦岭、比利牛斯山脉、落基山脉、喀尔巴阡山脉、乌拉尔山脉等。地球陆地上还分布有许多巨大的盆地，面积从大到小依次如：非洲刚果盆地、乍得盆地（Chad Basin）、大自流盆地（Great Artesian Basin）亦称"澳大利亚大盆地"（Great Australian Basin），我国的塔里木盆地、准噶尔盆地、柴达木盆地、四川盆地。地球陆地上分布着一系列巨大的河流，如流域面积最大的亚马孙河、最长的尼罗河、中国第一世界第三大河流长江等。地球陆地上分布着一系列巨大的平原，面积从大到小依次如：亚马孙平原、东欧平原、西西伯利亚平原、拉普拉塔平原、北美大平原、图兰平原、恒河平原、我国的华北平原、我国的松辽平原等。地球表面陆地面积约占总面积的 29%，分布于陆地的高原、山脉、盆地、河流和平原等共同构成了地球陆地表面的基本形态结构。海洋约占地球总面积的 71%，分布于海面下的海底平原、海底丘陵、海底高原和海沟构成了海底界面的基本形态结构。地球表面的地理环境，整体而言，是一个由陆地高原和陆地山脉向海洋海沟倾斜的、巨大而精细的、多变而协调的、丰富而一致的山地地形。

2. 山地城市学与生态城市规划的启示——重建和维育良好的地表山地人居环境

地球陆地表面的高原、山脉、河谷、平原、盆地等，高低起伏十分复杂，但整体上与海底界面存在着泛对称性或称一致性，即地球上最高的山峰出现在最大的大陆上，最深的海沟分布在面积最大的大洋中。而且，这种泛对称性也表现在陆地与海洋的立体关系中，在地理学中根据陆地等高线和海洋等深线绘制的海陆起伏曲线图，可以计算出各高度陆地和各深度海洋所占的面积和比例。总体上的分析结果显示，陆地面积为 1.49 亿 km^2，大部分陆地的海拔在 1000m 以下，陆地平均海拔为 875m，最高的山峰喜马拉雅主峰高度为 8844.43m；海洋面积为 3.61 亿 km^2，大部分海区深度为 3000~6000m，平均深度约 3800m，最深的马里亚纳海沟极限深度为 11 034m，整体上存在着动态一致性，或称泛对称性。因此，综合陆地和海洋，我们整个人类就居住在这样一个总面积为 5.1 亿 km^2，海陆物理空间凹凸变化为 3875~6875m，平均凹凸变化约 4675m，最大凹凸接近 20 000m(8 848m+11 034m=19 882m) 的，上部为气容环境，下部为水容环境的巨大山地结构中。

目前，海洋战略越来越受到各国重视。海洋资源逐渐被纳入各国的深蓝战略，促进了深海和远洋技术的强劲发展。本质上，海洋地形也是一种更具山地特征的地形，但是由于环境条件的差别，陆地上的山地环境以大气环境为主，即气容环境，而海洋的山地环境以水环境为主，即水容环境。当前，这样两个环境（即气容环境和水容环境）的相互作用，正在深刻地改变着我们的生存条件。陆地气容环境和海洋水容环境特性的微弱变化，如大气温度和海洋酸碱度微弱变化而带来的一系列连锁反应和蝴蝶效应，正在形成可持续发展的艰难挑战。加大对两个环境以及两者关系的研究已经迫在眉睫，上部的气容环境和下部的水容环境构成了人类赖以生存的全部基础性资源——地球山地人居环境。重视和加强地球山地人居环境的构成要素、结构、功能、类型和动力机制的研究，是一项长期且重要的基础性工作。

黄先生推动的山地城市学研究，丰富了我国地域城市学的内涵。加强地域城市学的研究和总结，有助于增强我国城市学理论发展和实践创新的内生动力，有助于为新型城镇化采取因地制宜的发展策略提供支持，为新型城镇化发现更多实践性创新机会提供支持，为新型城镇化开拓出一条具有中国地域特色的发展路径提供支持，从而为整体上形成具有中国特色的城市学理论体系提供支撑，并为我国人居建设的可持续发展做出贡献。

近几年来，国际国内开始了对社会-自然动力系统、整体生态学或系统生态学、生态智慧(EW)、智慧城市和数字城市、从 IT 到 DT、三元世界 HPC 等的讨论和关注。譬如，2014 年 6 月 28～30 日第五届空间综合人文学与社会科学国际论坛(北京)，探讨了空间地理科学借助现代数据挖掘储存分析与应用处理手段，向人文社会科学深度整合；2014 年 10 月 17～18 日 "The First International Symposium on Ecological Wisdom for Urban Sustainability"（重庆），探讨了人类文明历史上古老生态智慧及其不朽的生命力，以及对于近现代技术文明的启迪和反思，和对于未来可持续发展的重要启示；2014 年 10 月 29 日，大数据时代的智能城市发展——第三届中德智能城市建设研讨会(武汉)，探讨了智能城市信息环境建设与大数据、智能城市产业发展与大数据、智能城市建设与大数据和智能城市管理服务建设与大数据四个方面的议题；2015 年 8 月 9～14 日，在美国巴尔的摩召开的 "The Centennial Conference of the Ecological Society of America (ESA)" 世纪大会，从传统生态学和更广义的系统生态学乃至生态智慧的高度，探讨了人类可持续发展面临的窘境和需要采取的更丰富更现实的生态技术与生态策略。以上不同侧重点的国际会议，分别从空间结合社会人文、古老生态智慧的现代启迪、大数据结合智能城市、现实生态学技术乃至系统生态学等不同的角度对人类未来可持续展开思考与应对。本书受黄光宇先生倡导的山地城市学的启示，提出地球表面的山地人居环境研究。地球表面是一个立体的多地域空间形态组合的复杂山地地形，正因为这个基本山地物理结构的特征和其长期做功的结果，形成了地球表面丰富的气候类别、物种类别、文化类别和文明形式的千差万别。所以，研究基于地表山地物理结构的人居环境内在动力机制和做功机理，是一项基础性和长远性的工作。结合不同的地域地理条件，分析和探讨不同地域特色人居环境的内在规律，同理，中国地域也应该研究和探讨具有中国地域特点的人居环境理论。

人类不但生活在一个不同空间尺度，空间形态、物质资源、技术条件和经济方式等制约且连续变化的世界里，我们同样生活在一个不同时间尺度，文化形态、精神资源、情感方式等孕育且动态一致的世界里。山地城市学近半个世纪的开拓和发展，正是长期坚持在山地环境下将社会人文经济发展过程与自然生态环境变化过程结合起来，进行跨学科系统性、综合性研究的学问，是从城市学的角度，研究地球表面山地环境下"环境-社会动力学"机理或"人-地动力学"机理的学问，而本质上，是在山地城市研究中，长期自觉坚持科学发展观并顺其自然产生的学问。

第二节　地域特色人居环境——山地城市学理论体系构建

本节结合全球化发展的趋势，根据可持续发展的要求和城市规划研究的时代特点，从地域城市学的视角，对西南地域山地城市学理论体系及其意义进行分析后，进一步提出我国现阶段应加强不同层次的地域城市学研究和总结。地域城市学理论体系的构建将裨益于我国城市学理论的丰富和发展，有助于增强我国城市学理论发展和实践创新的内生动力，从而为整体上形成具有中国特色的城市学理论体系提供支撑，并为我国人居建设的可持续发展做出贡献。

一、前言

在系统整理和研习黄光宇先生"山地城市学和生态城市规划"理论和实践的基础上，结合赵万民先生十年前的文献，完成本节内容。

（一）城市规划发展的与时俱进

城市规划的弱可持续与强可持续、复杂性与非确定性、科学技术过程与社会市场过程、学科定位与全球化走向等，近年来颇受关注。认识和分析的角度不同，于是仁智见殊。利的一方面，以上问题的讨论融汇了诸多领域和学科，有利于推动城市规划研究的丰富和发展；弊的一方面，有可能使城市规划的认识超前实践，形成暂时的"消化不良"。于是，邹德慈先生及时在2005年和2006年两次发起对城市规划基本认识的研讨，其中就谈到应避免城市规划空心化的问题

（邹德慈，2005，2006）。吴志强先生和于泓博士在 2005 年也著文做了回应和预防（吴志强 等，2005），等等。

（二）地域城市学的外部性与一般的研究相关——从“小房子”到“大房子”，从此学科到彼学科

与城市规划相关的空间外部性，其微观方面表现为建筑环境和其他工程构筑物环境的研究对象及相关要素，可理解为“小房子研究”；宏观方面表现为地球人居环境的研究对象及相关要素，可理解为地球表面与大气层面构成的“大房子研究”；中间的层面，由于洋洲飘移、大山横亘、河流切割、行政划分、海拔升降、地表覆盖、产业经济、民族文化、交通区位等不同因素的影响，形成有形和无形的、不同层次的中间房子。不同层次的地域城市学，可理解为以“中间的房子”及其相关环境要素为主要研究对象的领域，其涉及的相关交叉学科（彼学科）包括政治与哲学、艺术与技术、地理学与地质学、气候学与生态学、社会学与人文学、市场学与经济学等，缺一不可且至关重要。但是，每一项都不能代表地域城市学的全部，都只是中间房子的一个重要方面。

（三）地域城市学的内部性与一般的研究对象——中间的房子，从彼学科到此学科

虽然城市学在不同的发展阶段，研究和关注的重点随着社会历史的进程具有倾向性和递变性，譬如曹康和顾朝林先生“在分析了现代城市规划史的产生和主要研究内容后，把一个世纪以来的演变历程分为五个阶段”（曹康 等，2005）等。但城市规划在发展和变化的同时，也需要一个连续和一致性的承载，在相关交叉学科（彼学科）不断创新和发展过程中，服务于一个较为稳定的内核（此学科），即在变与不变的辩证过程中，从理论到实践，能够不断丰富和积淀于中间的房子，不断发展和统一于地域城市学。

（四）地域城市学的内部性与外部性走向一致的过程和未来

中间的房子及其环境作为一般的研究对象，有利于地域城市学的内部性（此学科）和外部性（彼学科）走向一致，即行政的划分与政治的决策、地理的切割与气候的过渡、市场的联动与计划的调节、文化的积淀与价值观的嬗变、生态环境的破坏与修复、流动性的覆盖与重组、经济技术的合作和更新、城市管治的传承与改革等因素的作用，在全球与地域的互动与协同演化中，形成了不同层次且多侧面的中间房子特性，从而提供了地域城市学丰富的研究角度和研究对象，提供了地域城市学整体上作为一个包含科学过程、技术过程和社会过程之综合过程的条件，提供了地域城市学承载丰富内涵和拥有持久发展动力的条件。例如，“考虑到全球城市体系由‘树枝纵向结构’向‘网络状横向结构’的转变，同济大学吴志强教授在我国首先提出了'Global Regions(GRs)'的概念,进行长三角地区静态区域结构格局和动态区域结构重构的分析,同时就重构的动力机制从地方化、全球化角度进行探讨"。

"由于中国幅员广大,民族很多,自然条件、历史发展都有差异,城市研究必须进行多地区的研究,并且应当运用多种工具和技术辅助研究。但需要强调的是综合研究不能替代单科研究,综合研究的繁荣有赖于各学科研究的深化和边缘学科的发展与突破,以及各学科之间的重新组合"(吴良镛,2007)。伴随着中国改革开放的进程,首届城市科学研究会之后,1/4的世纪转瞬已过,然而这一段话,至今依然可视为我国城市学研究在复杂的全球形势下进行持续研究和开拓研究的提纲挈领。下文,谨对这段话中的地域城市学思想做简要的阐释,并具体以西南地域"山地城市学和山地生态城市规划"理论形成的事实为依据,进一步分析地域城市学对于城市规划学科发展的现实性和重大意义:即从千秋功业的角度,重视和培育地域城市学的树苗,展望未来地域城市学大树成林,以期成为支撑地域中间房子的梁柱,以期成为托撑地球人居环境大房子的一致性和稳定性基础。

城市学的发展是基于特定社会发展背景下,以地域空间为一般立足点,融汇多行业、多学科而走向一致性的过程。在这一过程中,"城市科学"与"城市技术"不断因承积淀和创新发展,并不断地调适和融入"城市的社会过程",即整体上构成城市学发展的"STS"结构(science+technology+society)。我国未来的城市学研究应立足中国的地域基础:①紧密结合我国地域的地理气候、生物水文,以及极端气候条件下环境物理的过程和特点;②紧密结合我国地域的历史文化条件以及历史文化遗存在非常时期与关键时期的过程和特点;③紧密结合我国地域的产业发展、经济发展、技术发展、市场发展等,以及可能遭遇升级门槛、技术陷阱与市场风险的过程和特点;④紧密结合我国地域的社会机制与社会管治条件,以及借助城市学手段促进社会和谐和社会发展的过程和特点。在此基础和前提下,我国应不断借鉴西方的城市科学、城市技术和城市管治的经验,择善创新,以最终有利于我国城市学的"STS"理论和实践走向均衡发展与可持续发展,在这一过程中,顺其自然,形成具有中国地域特色的城市学理论体系。

二、处在全球发展的剧烈内部非平衡性与巨大外部不确定性背景下,重视地域城市学研究的紧迫性与重大现实意义

"关于城市规划和区域规划的关系,城市和区域规划这个概念已经存在好几十年了。现代城市规划不可能没有区域规划,城市和区域必然要结合起来研究,可是在正式的学科定位上没有这样的定位"(邹德慈,2010)。特别是近些年来,由于从地域角度研究功能区、城市群、城市层级、城镇体系、同城化等文献逐渐增多,本书将地域城市学的研究内涵初步定义为:从地球表层人-地动力系统的

角度，综合考虑社会环境与自然环境的整体发展要求，对一定空间地域范围内，具有高度的自然本底一致性和紧密的人文经济协同性的城市与城镇的发展规律（如功能区划、区际协作、发展策略、发展战略、城市群、城市层级、城镇体系、同城化、城市化、城镇化、城乡一体化、新农村、城镇管治、城镇特色等），进行跨学科与跨行业综合研究和系统研究的学问。那么，目前之所以要重视地域城市学的研究，主要是基于如下宏观背景和社会发展的需要。

（一）全球发展的剧烈内部非平衡性

随着全球化的推进，宏观上出现了全球性的市场，然而，事实上，全球性的市场与全球性的壁垒是同时出现的。全球性壁垒的出现加剧了全球性的非平衡发展，并且非平衡的发展有日渐加剧之势。由于资本和技术的集中化、层级化和版权化，发达国家有条件在全球范围内对欠发达的国家和地区依据资本优势、版权所有和技术门槛进行掠夺和积累。所以，有学者和社会精英按照目前的经济逻辑和技术逻辑预测，未来全球化的模式可以简要概括为"20：80的社会"，"即启用有劳动能力居民的20％就足以维持世界经济的繁荣，而越来越多的劳动力将被弃置不用，80％希望工作的人都没有劳动岗位"，并且预言"五分之一的社会即将到来"。同时，全球发展的剧烈非平衡性进一步反映在不同的地域和国家中，呈现出内容更加复杂和更加丰富的非平衡特点。正如联合国《2010人类发展报告》所揭示的深刻和尴尬的非平衡问题，如经济领域的非平衡发展问题、经济社会与环境的整体非平衡问题等，经济发展不能替代和谐与进步、健康与幸福、平等与尊重、形象与素质等人的全面发展指标。而这"恰恰折射出我国发展中的不平衡问题"（石楠，2005），同时也有力地说明了我国当前大力推进和谐社会和民生工程建设的及时性和正确性。进一步从区域发展到国家乃至全球的角度审视，非平衡问题及其对策研究依然任重道远。

（二）全球发展的巨大外部不确定性

全球发展的巨大外部不确定性促使可持续发展成为全球化背景下的首要命题。宏观层面，在全球化的背景下，为应对可持续发展问题，国际上采取了一系列全球化的行动，这些行动的成果可以概括为硬件和软件两部分。硬件部分包括核心的国际机构与组织，如联合国环境规划署（United Nations Environment Programme，UNEP）、联合国可持续发展委员会（Commission on Sustainable Development，CSD）等，软件部分包括各种国际性的协定、公约和各种约定的资金支持协议。近年来，《联合国气候变化框架公约》和《京都议定书》在环境措施中引入市场化的三个机制：排放贸易（Emission Trading，ET）、联合履行（Joint Implementations，JI）和清洁发展机制（Clean Development Mechanism，CDM），以及各种分类更丰富的碳基金（Carbon Fund，CF）项目，对引导清洁技术发展、减少碳排放、延缓温室效应起了不少促进作用。但总体上而言，全球环境问题的应对和治理依然存在消极的一面，如全球范围内采取集体行动的协调性并不理想，甚至有些悲观。有研究者称这一现象为碎片化（fragmentation），并提出伞形理论的对策，其目的在于通过协调多样多层次的非平衡发展要求，发现更多的创新机会，从而谋求整体上减少全球发展的巨大外部不确定性。

（三）地域城市学研究的重大现实意义

面对全球发展的剧烈内部非平衡性与巨大外部不确定性，全球范围内渐趋共同行动的理论研究和方法论探讨已经开始。跨国界的区域一体化实践和跨区域的超意识形态的灵活伙伴关系的建立，正是全球渐进走向整体性行动的努力的体现。然而，由于全球发展的地域非平衡和文化差异等因素，实际的路途依然坎坷。整体上的状况如许多研究机构和个人所表明的观点，未来结果存在太多的不确定性。所以，结合地域的独特条件，开展和推动地域城市学研究，是切实推动全球走向整体性和一致性的力量，因为地域性是最稳固地镶嵌在整体性之上的。因此，切合地域和符合地域条件的城市学研究，必然具有整体性的意义。从宏观和长远上来认识，开展地域城市学研究是从城市研究的角度增进有利于全球整体性的工作，所以"地域的就是世界的"的深远意义之一也在这里。从更广泛的分析可知，缺乏地域城市学基础的城市生态学、城市社会学、城市艺术与美学、城市经济学等，最终必然是不彻底的，其实践应用结果产生的功效往往如隔靴搔痒。因此，地域化的过程不但是一个融汇的过程，更是一个学科创新和丰富发展的过程。脱离了地域城市学的基础，城市实践的过程和结果必然是不生态基底的、不社会文化的、不经济集约的，也是不美的。譬如，生态城市和低碳城市的全球理念和现代技术必须结合地域条件，因地制宜，与地俱生，与时俱进。地域的城市因生态而特色，因特色而生态。生态方式若不结合地域条件，必然是一种形式主义，在功能上会降低生态效益，造成的不确定综合后果甚至是反生态的。

三、"山地城市学与生态城市规划"理论对推动城市学、人居学以及可持续发展研究的意义和启示

第一节内容讨论了黄光宇先生立足我国西南地区，长期致力于山地城市的地域学研究。在他的推动下，率先成立了中国科学院/建设部山地城镇与区域环境研究中心（注：与中国科学院水利部成都山地灾害与环境研究所合作），黄光宇先生率先进行了山地城市地理学和生态学的综合研究，提出应加强山地条件下的人居科学研究，将西南地域的山地城市学理论推向国际，开展了系列国际研讨和相关合作研究。其代表性成果在1992年在巴西召开的联合国世界环境与发展大会期间举办的"未来生态城市"展览活动中，得到国际建筑协会原主席、国际建筑

学院执委会主席斯特伊洛夫（Georgi Stoilov）教授的高度评价。1994年，"绿心规划"相关技术及乐山实践作品获得联合国技术信息促进系统中国国家分部"发明创造科技之星奖"，等等。经过四十余年的开拓和积累，黄先生及其科研团队率先在国内获得了城市规划界的第一个国家科技进步二等奖。本书通过对黄光宇先生近半个世纪实践和理论的系统研习，以期有利于对地域城市学意义的诠释。

在地理位置相对偏僻、信息相对滞迟的大西南，黄先生进行了长期国际化视野下的地域城市学探索。在理论创新的过程中，他先后主持并完成了多项国家自然科学基金和省部级课题。在长期的实践创新中，先生推动将"城市规划的环境容量分析""生态战略""区域规划""城市综合防灾""规划用地生态敏感度分析""非建设用地规划""动态规划与公众参与""数字城市与计算机虚拟""城市大气环境因子的计算机模拟（注：局部模拟）""地理信息与生态资源综合分析""复合规划""城乡融合"等思考应用于实践，并在实证研究中不断发展和完善。对全部"产、学、研"理论与实践的内容学习归纳后，脉络框架见图3.1。

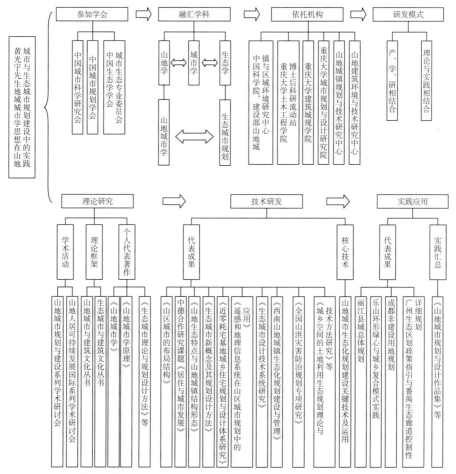

图3.1　黄光宇先生地域城市学思想在山地城市与生态城市规划建设中的实践

（一）山地城市学与生态城市规划理论对推动城市学和可持续发展的意义和启示

地球表面可以概括为由海沟、海底地形、近海陆地、平原、丘陵、盆地、高原、山脚坡地、山脉山峰构成的立体山地地形，这个基本的山地格局构成了承载地球表面所有人居环境内容的一般性自然本底。从基于地球山地界面生态（mount-interface ecology of earth）的角度而言，山地城市学与生态城市规划的理论对城市学和可持续发展研究具有一般性和更加广泛的启示意义。

从城市化到逆城市化、从全球化到全球地域化、从卫星城到积聚城市、从新城市主义到新型城镇化、从人文主义到解构主义、从理性主义到非理性主义等，其不断演化的深层原因，都是社会整体的宏观发展规律具体在城市层面和地域层面的反映。其宗旨是根据不断发展变化的现实，从不同角度和途径，不断走出传统认识视野与生存观念的狭隘与偏见，拓展人类思想认识、精神考量、审美向度与价值发现的更广泛空间和资源，并进一步反映到我们现实的物质生存状态与生存方式中来，从而开拓更加广阔的共生与发展路途。面对 21 世纪人类的生存窘境，至少在 21 世纪中叶之前，人类依然面临着躲避自然渐变以至突变的难题。因此，规划对生产生活方式的引导，以及进一步对循环社会、低碳社会、和谐社会的引导，就显示出更本质的生态效用与意义。但在具体的社会实践过程中，规划会遭遇广泛的障碍。"然而在实践中，它们有时却不能实现所谓生态的目的，且对普遍实施的行动存在着许多障碍"（Carter，2009）。所以，城市规划与设计的理论研究也越来越多地倾向于一种更基础更广泛和更具深刻责任的范围，一种对生产生活方式多侧面影响的思考。正如国际生态城市建设者协会的创始人Richard Register（理查德·瑞吉斯特）对生态城市的理论、准则和最新实践中的交通倒置措施、太阳能措施、废弃物循环措施、非机动车措施等的建议，无不在潜移默化中改变着传统城市在不同侧面上提供的生产生活方式。然而，生态城市规划的实践，以及进一步针对全球环境问题的实践，归根结底，必须与地域的城市学相结合。例如，美国加利福尼亚大学的 Corburn（2009）探讨了"城市规划者如何与全球气候科学家一起制定相关的战略，以解决地方的城市热岛效应，以及全球气候科学走向本地化的技术合法性和政治责任"。在充分尊重和依据地域的地理气候条件、物质技术水平、生活方式的前提下，展开城市的生态研究具有积极的意义，有助于生态城市可以很好地"接地"，从"glocalization"（全球地域化）的角度而言，有助于全球化的技术和方法很好地根据地方的气候与地理特点应用在地域的人居环境建设中。反之，脱离地域城市学基础支持的生态实践，很可能是不彻底的生态实践，所以"应明确并重新分析最近那些，宣布在'可持续发展'的框架下明确或暗示使用现代技术的城市和建筑干预措施的真正结果和真正效果"（Aleksandra，2007）。无视地域特点，脱离地域生态基础的"greenwashing"（漂绿或刷绿）工程依然在蔓延，其不但加剧着地球表面的困境，同时，也延缓了改善地球表面环境的时间。

（二）山地城市学与生态城市规划理论对推动我国人居学研究的意义和启示

　　"城市研究一直是一个跨学科的领域，从绘画，到人类学、地理、历史、规划、政治学和社会学以及其他学科"（Martin et al.，2003）。山地城市学的建立和开拓以山地学、城市学、生态学为主要依托，并兼以建筑学、土木学、社会学等跨学科交叉为基础，反映了多学科交叉并走向一致性创新的研究趋势。以此经验为基础，进一步上升到人居学研究的层面，重视和开展地域的人居学研究，一方面以人居学理论作为支持和指导；另一方面，有助于产生地域创新型的人居理论和具有鲜明核心技术的人居研究成果。这样的启示譬如：开展小气候人居研究、小流域人居研究、少数民族人居研究等。除此之外，借鉴中国历史地理信息系统（China historical GIS，CHGIS）、土地利用/土地覆被变化系统（land use and cover change system，LUCCS）和土地利用/土地覆被变化模拟（land use and cover change simulations，LUCCs）、公众参与地理信息系统（public participatory geographic information system，PPGIS）以及交互决策地图技术（interactive decision maps，IDM）等相关现代地学、史学以及交叉学科的研究基础，结合更广泛领域的现代高技术成果等，有助于促进人居学研究的与时俱进和丰富人居学的研究内涵，并进一步生发出"山地人居学""海岛人居学""流域人居学""盆地人居学""流动性人居学"（如旅游人居研究、交通人居研究、贸易人居研究、移民人居研究等）等内容。在地域人居学的基础上，进一步融入"高技术人居研究"（如低碳技术人居研究、智能技术人居研究、循环技术人居研究、智慧人居研究等），以及"健康人居研究""美学人居研究"等丰富内容，有益于推动人居学成为具有稳定承载且不断积淀、丰富与深入发展的人居科学（图 3.2～图 3.4）。

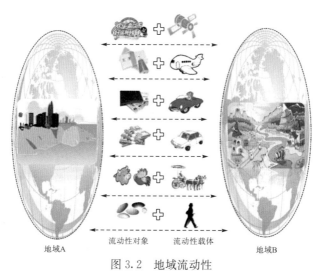

图 3.2　地域流动性

（协助绘制：李璠）

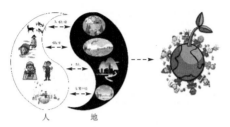

图 3.3　人地关系

（协助绘制：李璠）

图 3.4　人人关系

（协助绘制：李璠）

不同层次的地域构成不同层次的生境，整个地球表面构成一个复杂的地域生境系统。对人类的生境而言，其不但需要对物理的功能式生境进行研究，而且需要对文化意义式生境进行研究，且不可偏废。目前国际上，美国哈佛大学的地理分析研究中心（center for geographic analysys，CGA）、英国伦敦大学的高级空间分析中心（centre for advanced spatial analysis，CASA）、美国加州大学圣塔巴巴拉分校的空间综合社会科学中心（center for spatially integrated social science，CSISS）等，不但集聚了软学科如人类学、经济学、社会学、管理学等方面的专家，而且聚集了硬学科如地理学、资源学、物理学、计算科学等方面的专家，从而致力于开展高水平高层次的跨学科研究。在国内，黄秉维先生较早提出应将人文现象与自然现象结合起来，对地球表层进行跨学科融会贯通的综合研究。陆大道先生较早提出应加强对"环境-社会动力学"或"人-地动力学"的系统研究和综合研究等。而地域城市学正是从探索城市发展规律的角度，将人文经济的社会发展过程与一定范围内的自然环境变化过程结合起来，进行系统性研究的学问。人类不但生活在一个不同空间尺度、生态基底、经济条件、物质资源、技术水平等制约的世界里，我们同样生活在一个不同时间尺度、意义价值、文化条件、精神资源、情感方式等孕育的世界里。特别是处在目前全球化非平衡发展的急剧冲击下，重视和加强地域城市学的研究和实践，有助于为新型城镇化采取因地制宜的发展策略提供支持，有助于为新型城镇化发现更多实践性创新机会提供支持，有助于为新型城镇化开拓出一条具有中国地域特色的发展路径提供支持。总体上，有助于增强我国城市学理论发展和实践创新的内生动力，并为我国人居建设的可持续发展做出贡献。目前，在我国转型发展的关键阶段，立足中国国情，加强新时期地域城市学乃至地域人居学的研究和总结，进一步不断创新和丰富完善具有中国地域特色的城市学乃至人居学理论体系，已经是不时之需、当务之急。

第三节　地域特色人居环境——我国景观风貌特色的地域人居学解析

　　景观理论和实践的步伐走到现在，人类面临着深刻且复杂的外部性问题，其影响已经远远超出了景观行业的范畴，涉及从人类思想基础、观念到方法论的全方位调整。因此，不但你家的后花园种或不种玫瑰不是问题的核心，而且城市是紧凑式布局还是分团式布局，绿地系统是环状还是枝网状，也已不是问题的核心。为应对可持续发展的窘境，在形而上的层面上，必须修正和重建新的人地伦理观念和完善价值判断，尤其是重建地球精神家园的信心。在环境可持续发展的基础上追求人的全面发展，在形而上走向形而下的方法论探索上，走多行业、多领域和多学科的一致性实践开拓之路应主动地有所选择、有所限制和有所判别地使用科学知识、现代技术和市场的力量。在实践的操作层面上，由于发展本身的不平衡和地域的稳定性特点，从文化可识别性、气候的地域特点、经济的资源特点、交通的地理特点、技术的壁垒特点等分析，走文化实践之路、生态实践之路、特色实践之路、景观实践之路，一言以概之，走人居实践的地域之路是实现可持续发展的切实方法和可行方法之一。这一思想在《美国景观设计师协会关于环境与发展的宣言》即《ASLA 环境与发展宣言》（1993 年 10 月 2 日）中，基本已成为最重要的核心措施。宣言倡议的战略提出"在地方、区域和全球尺度上进行的景观规划设计、管理战略和政策的制定都必须建立在景观所在的文化背景和生态系统之上，培育生态和文化的多样性"，并且需要"开发、利用那些对场地具有剧烈影响或轻微影响的技术以及'土办法'——对于生态系统、文化、项目维护和管理而言是适合的；倾向采用'土办法'以及当地材料；把场地的每个元素——土壤、岩石、水体、植被都当作资源看待，而非耗费物"（一个非常重要的概念"地域场地资源分析法"或称"土办法"）。另外，欧洲著名景观规划教育家，斯洛文尼亚的卢布尔雅那（Ljubljana）大学景观设计学系 Ivan Marusic 教授在《欧洲景观规划的理论与实践》（2007）中特别提出建立本地化环境清单、本地化理论、本地化景观预测和本地化规划操作过程的重要性。《世界景观公约》（UNESCO，2010 年 10 月，专家会议及报告）对景观的理解清晰地表达了对地域性的重视，"就拟议公约而言，景观应定义为地球表面因受自然和人为因素及其随时间而发生的互动影响而形成的一个区域，可以是物质的或非物质的。因此，以人的视角来看，景观反映了文化的多样性"，并且"这一公约应允许根据地方、国家和区域情况有所变化，并编制附件，反映不同区域的具体情况"。在德国景观设计师艾德里安·霍普斯狄德教授看来，"景观规划的一个重要目的就是保护区域特点"，因为"地域性资源特征的保护实际上要比物种的保护和生物种类的保护更加重要。我们迫切需要对地域整体进行全面的考虑，因为这是所有具体生态技术的基础、背景、平台和所有生态技术工作的依据"。除此之外，地域背景在更广泛的产业经济方式的资源可识别性、地理气候的人文可识别性、社会管治的文化可识别性等各个方面均有本真性、基础性、持久性、协同性的影响。

一、地域人居学是城市景观风貌深入研究的重要理论基础

(一)地域人居学对城市景观风貌深入研究的意义

根据以上分析，地域人居学的开拓对推动人居环境学与城市学研究的深入发展大有裨益。并且，随着全球与地域之间的流动性增加和技术统一的国际化影响，这一工作变得越来越迫切。根据城市所处地域的差别展开研究，不但可以应对全球化的冲击及其产生的困扰，并且使人居环境学与城市学有条件在地域的厚重承台上，实现跨学科的稳定交叉、创新、积淀与丰富，并促使人居环境学与城市学不断细分与不断发展。针对不同地区与气候特点的城市环境，譬如不同海拔、纬度、干旱或湿度、流域、生态基底、经济平台与发展阶段、地域文化圈层、规模、性质的城市族群，进行细分研究，形成具有鲜明研究对象和突出核心技术特点的地域人居学和地域城市学，将有助于推动我国的人居环境学与城市学研究进入一个更加繁荣的阶段，继而推动地域城市特色和城市景观风貌的深入研究，并使地域城市特色和城市景观风貌的研究工作顺其自然地进入一个更加实效的阶段，且得以更加有力地为地域创新型理论与独特核心技术提供支撑与支持。

(二)地域的生态规划对城市景观风貌深入研究的意义

生态规划不仅是城市形态集聚抑或分散的选择，也不仅是城市绿地比例的多寡等，其反映着由建立在"人-人"关系基础上的根本价值认识和价值观向综合了自然价值取向脉变所引发的悄然变革，涉及社会结构、社会管理、生产生活与休闲方式等。所以，更为全面的生态城市解释从根源上讲，是价值的重新发现、认识和实践，反映到学科技术上，其影响并引起从宏观到微观，从软学科到硬学科的根本性变革。面对21世纪已渐露狰狞端倪的生存环境，只有主动进行价值认识与生存观念的自觉调适，万众一心，殊途归力，使人类这艘即临旋涡边缘的巨轮，徐调船头，启微开大，渐行渐阔，才能期许并延展更加安全与广阔的未来路途。然而，从理论走向实践需要全球性的行动，需要将全球化的技术具体应用到不同气候、发展阶段、文化方式、生产生活方式与习惯的地域实践中。近些年，出现了全球性地域化的研究趋势。真正的核心问题是，由于全球不平衡发展导致宏观环境政策的僵持与尴尬，使走向地域的城市生态规划，即地域的生态规划，就显得更加实用和实效。生态规划的地域化过程，一方面，有助于生态环境的理念同地域各侧面(自然环境的、人文社会的、经济技术的)的具体条件相结合，有益于迫在眉睫的生态和环境问题得以标本兼治；另一方面，地域的生态规

划将极大地推动城市景观风貌的深入、细化和特色研究，从而形成城市景观风貌研究的更多依据和更丰富的基础性底垫。

二、人类不断放大的生存尺度与地域人居环境动态层级的一致性规律

从全球整体上分析，与东西方文化方式、技术方式、生存方式差异形成的原因相类似，地域的或称人文地理环境的深刻影响，从宏观到微观，在不同层面上具有相似性与一致性。从微观上着眼，譬如，动植物生长条件基本均匀的一亩方田、草地或林地等，如果采取一些实验性的"道具"行为，将中间一分为二，人为升高或降低其中的一半(在我国平原地区，由于宅基地填高的需要，农田地坪的高差是十分常见的现象。另外陕西省和豫西地区的地下、半地下结合窑洞的院落，也可以理解为一种微地理环境。进一步地，城市高楼之间的峡谷效应本质上也是一种微地理效应)，就会造成首个次级的局部小气候与微地理类型(图3.5)。

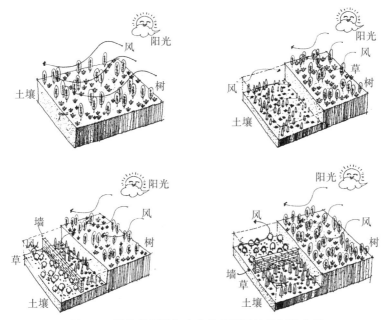

图3.5 微地理环境与人文地理圈层的相似性分析
(协助绘制：韩君华)

一般情况下，台上台下两方田的植物生长是不一样的，作为进一步的实验，再增加一些"道具"行为，将其中一半方田的中间进一步分成两部分(地坪抬高或降低、或利用水平实体分开等，从而影响和改变其通风、日照、湿度等条件)，那么就又出现更次一级的局部微地理与小气候。日照通风与土壤等的差异会导致台上台下、墙东墙西的植物生长迥然相异(注：根据实践经验，一墙之隔的两侧，由于接受日照的时间段、通风方式、晨露与夕阳多寡等截然不同，墙两侧种植的

瓜果大小、形状不同，甚至甜度、质地也有微妙差异）。进一步地，将这样的图景和实验扩大至整个中国的版图乃至东西方的全球地理环境中进行研究，也存在着这样的降低或升高、墙东或墙西、围合与开放的相似性。河流切割、盆地下沉、大山横亘、沙漠和戈壁阻碍、濒临或远离海洋等不同的天然"道具"会产生复杂的地理气候，在这样的基础上，也就孕育了丰富的地方文化、地方民风、地方生存与存在方式等。这一切形成了人居环境科学稳固的地理气候依据和丰富厚实的研究土壤（图3.6和图3.7）。作为这一规律中的人居现象等，也必然受到这一规律的影响。随着人类科学技术手段的发展，人类适应和改造环境的能力得以极大增强，人类对周围自然环境的生存影响尺度和强度得以不断放大。这只说明了人类在空间适应尺度和强度上的不断增强，但并没有突破这一规律，人类依然受制于自然宏观环境"道具"不折不扣的制约。只是，人类在不同的环境"道具"尺度上获得规律的答复和教训的具体内容有所变化。人类改造和适应环境的空间尺度越大，规律的答复周期越长、越不明显，后果越长远、越严重。在我们津津乐道于技术一统的现代风格时，表面上，这是一个建筑和城市风格或风貌的问题；而实质上，不知不觉间，我们忽略的是对前提性且基础性宏大规律的思考和认识。这一认识和思考紧密地影响和左右着我们未来整体的路途和命运，于是，空间问题的思考转化到时间进程上。空间生存尺度的扩张与时间阶段的序替进行是联系且一致的，我们既不能忘却过去，也不能无视未来。所仅能选择的就

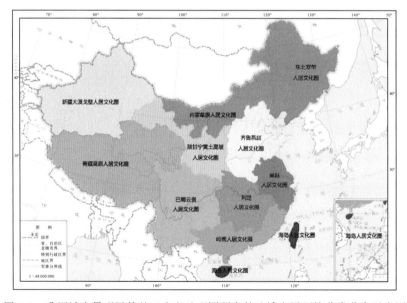

图 3.6　我国城市景观风貌基于人文地理圈研究的地域人居环境分类分布示意图

注：①原始资料来源：国家测绘地理信息局，审图号：GS(2016)1600 号；②图中的风貌分区界限不是绝对的，实际存在一定幅度的地域文化交叉、地域生态共生与地域自然环境过渡，该图只是表达一种地域空间多样共存的基本格局；③理论分析详见作者《二十一世纪中国城市风貌探》，2000；协助绘制：邹林芸　李璠

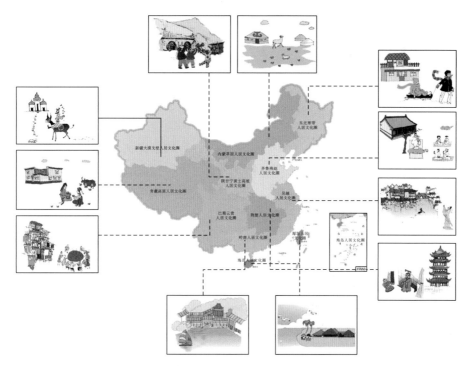

图 3.7　我国城市景观风貌的空间地理圈划分与人居环境传统意象简要举例

注：原始资料来源：国家测绘地理信息局，审图号：GS(2016)2923 号；协助绘制：李璠　邹林芸

是利用过去获得的有限智慧和火苗，在人类不断进步和放大的生存尺度中去照亮无限黑暗中的有限未来。从而，启悟并促使我们在技术加速更新和发展的过程中，更加清醒地认识到有所选择和有所判别地使用技术力量的重要性。

三、走向多侧面动态一致的地域城市景观风貌与城市特色

在城市景观风貌实践中，"研究具体城市的特色时，因为城市之间的差别，往往不是单纯某一方面的差别，其带有一定的综合性，是几个方面的同时不均衡差别，这种同时不均衡差别在隐显程度上、在具体的表现方式上也各不相同。于是，多个方面影响特色因素的错综交融和无限多样的隐显变化使得城市特色呈现为丰富多样。而通过运用本文介绍的认识方法，对城市之间的差别进行梳理与归类，从扑朔迷离中获得关于多样差别的形成因缘与层次关系的理解，从而奠定引导和维育城市特色所必需的正确认识（图 3.8）"。"因此，城市建设就要避免不同城市之间的盲目攀比、盲目搬用。分清哪些是共性的，可以拿来的部分，哪些是个性的，不可以拿来的部分。因此，凡滨水就要建成小外滩，凡山地就要建成小香港的思路和做法是断不可取的"。"城市特色在某种意义上讲也是城市的本色和真实。城市真实的历史文化、历史传统、市民风格、市民素养、城市真实的经济

图 3.8　城市景观风貌的多层次多侧面
影响因素图谱部分示意

（注：协助绘制　李璠）

水平、城市真实的地理气候特征等都是形成城市特色的基础条件，若城市建设不能体现这些真实，而简单地把别国历史、传统的东西不加改造地拿来，同样把不同地理气候特征下别国的建筑形式直接临摹过来的做法，都是破坏自己的真实，而归根结底是破坏了自己的特色"。"城市特色的创造涉及城市建设每个环节的配合，这是个整体运作和科学分工的问题。因此必须系统辩证地分析、联系地看待，并有必要加强现代城市法治和现代城市管治的研究"（张继刚，1999；张继刚，2000）。进入 21 世纪以后，经过十多年实践的积累和对比反思，我们对待城市景观风貌的认识，大体上开始取得共识并走向一致。"全球化与区域化的发展，促使了对城市与地域特色的关注。在全球化与区域化的进程中，文化碰撞与文化侵略、技术性细分与技术性统一、'小型化、细分化、灵活化'与'大规模项目的国际技术化'倾向是同时存在的。也因此，多年来对地域特色和城市特色的众说纷纭与忧虑，概源于此。"（张继刚，2009）。近些年，对全球地域化的关注和研究越来越成为热点和焦点。"许多学者日益关注'全球'和'地方'，出现了大量的学术文献。这些流行的词语如'全球-地方联结''全球地方化''全球相遇地方'……这些分析的中心是全球化的概念,意指在整个世界范围的尺度内社会和地理的相互连接,人、资本、信息和文化符号的流动加速。"在这一流动加速的过程中,与城市景观风貌紧密联系的问题是"全球化的概念涉及诸多问题,包括全球和地方的连接变化是增加文化同质还是文化异质,抑或两者的综合"(Gotham,2005)。现代技术的统一性和高度动态性,及其造成的景观同质性和动态不确定性,对规划者和政策制定者提出了严峻挑战,"最主要的原因在于,广泛观察到景观的变化具有极其毁灭性,许多文物价值和资源成为不可逆转的损失。而且,变化的速度、频率和规模在 20 世纪下半叶前所未有。许多新的内容和结构叠加于传统景观之上,使之变得高度分散并失去自己的特征(身份或可识别性)。于是,具有显著功能同质性特点的新景观被创造出来,它们对景观研究形成新的挑战,因为它们是高度动态的,而且很少清楚当前的进程。规划者和政策制定者也就需要越来越多新的重要数据和科学知识。城市化、交通网络和全球化的影响是这些变化和出现新景观的重要驱动力"(Antrop,2015)。本书认为,在全球非平衡的地域化发展中,一方面,我们应针对性地保护和延续那些具有历史价值的遗存;另一方面,我们应努力在不同风格和时代性的可识别之间实现有序共存,引导社会识别从被动与混乱,走向主动和有序,改善和提高社会识别与判别的条件和能力,对此国外已经开始了相关的研究。特别地,其中一个核心的原则是,在注重丰富城市的空间立体之外,还应重视城市的时间立体(如厚度感、层次感、次序性、情节性、故事性、生动性,甚至神秘性等)。往往,构成时间立体感的要素是不可复制的地方特色资源,经过专业人士多年的呼吁和推动,其逐渐上升到作为一个地方的潜在生产力得以重视并挖掘研究。那么,对于全球化背景下,文化同质还是异质走向的疑问,也就不言自明。但随着实践的快速发展,需要我们不断地更新对崭新现实的动态观察和多视角观察,并获取重要的数据分析,以便于为实现有序的共存和有机的更新,做出更具针对性、更具价值和更经得起时间考验的判断和努力。

资源基础理论(resource-based theory,RBT)认为,竞争优势持久的原因是拥有资源的差异性、不可移性、稀少和不可模仿及不可替代性。在城市特色资源中,譬如自然环境就是关键性的因素之一,而城市的人文和历史资源是城市发展过程的沉淀,也是城市无可选择和不可替换的重要基础资源,其进一步构成城市特色的精神内核,反映了城市的内在气质和精神向度。在城市特色资源分析中,需要抓住城市的基础资源与特色资源进行探源和生发,才能实现城市特色的"元生产",从环境、文化和经济的不同侧面,顺其自然地挖掘和体现"独特性""唯一性"与"创新性"。Markusen 和 Schrock(2006)通过对美国 50 个大都市地区的职业结构分析后认为,在如今消费结构渐趋同质化的情况下,独特和恰当的地域性经济基础定位及相关职业结构构成对城市发展具有重要意义。因此全球化和国际风格不但不会对地域特色形成淹没,反而会极大地反衬和推动地域的特色振兴与文化振兴。多年前曾经出现过的局部失误(如欧式风等),近几年,出现了全国范围的一致性反思与回归的趋势。进一步地,从一个新的视野分析经济技术的发展、文化的积淀和环境保护,三者并不矛盾、并不冲突,处理得好,反而相辅相成、相互促进。所以,国际风格(作为经济技术发展的象征之一)和地域风格,两者并不是对立和压覆的关系,而是相辅相成、相互促进的关系。在地域化的城市特色探寻中,这里从内外部性的角度提出"创新适应"与"理念策划",从而为实现"有限的取舍"和"有序的共存"提供总体的参考性思路(张继刚,2010)。因为地域人居文化是历史智慧的积淀,从颜色到造型和空间组合,都有其独特的因序、缘由、内巧与智慧,并与当地的气温、湿度、能见度、日照量与日照强度、降雨量、风频风级、水文地质、地表覆盖、生活方式、习俗习惯等相一致并息息相关,因此在对地域的城市和建筑文化推崇与回归的大潮中,无论是出于何种需要,都应避免搞传统符号的大荟萃和大移植。谨慎起见,作为建议,可以参考"空间地理圈""时间文化层""同时自相似与同时差异性原理""元生产与资源基础理论""类型一致性与可识别性分析"以及"城市景观风貌的生态幅原理"等。

　　地域的人居环境在世代创新适应的衍生中存在着自洽与一致性,即生存方式(生产、生活、休闲、战争、管治、外交等)形成的过程积淀了文化方式的形成。因此,全球与地域之间、地域与地域之间的文化统一抑或共存、文化创造抑或文化侵略、文化同质化抑或异质化的困扰,根本上受到不同生存方式及竞争能力在不同时期的制约和影响,并反映着优胜劣汰、推陈出新的过程。文化本身没有高下优劣之分,但孕育文化的生存方式却存在着竞争能力与生存能力的巨大差异,劣势或优势的生存方式必然对应着不同特征的文化方式。所以,尤其在全球市场统一和竞争加剧的背景下,继承和牢记传统文化的意义,不在于固守,而在于持续地获得生存的经验、信心和智慧,从而有益于生存方式发展和形成更具竞争力的技术和物质基础,进一步有益于文化方式延续、积淀和繁荣更具生命力的情感和精神内涵。这一客观要求和目标在城市景观风貌中的应用和反映,就是审慎地判别、保存和延续历史的价值,审慎地选择风格和组织风格,使城市景观风貌在延续和延伸、生动和生长中,不断走向动态且有机,即面对历史采取"有序共存"和"有机更新",面对未来采取"承前启后"和"择善创新"。其中,有序共存是文化延续和繁荣的起点,是文化原真性的保证,也是实现文化宽容和积淀并进一步形成文化特色的基础。宏观上,"国家发展和民族振兴,不仅需要强大的经济力量,更需要强大的文化和道德的力量。""一个民族如果忘记自己的历史文化传统,就不可能深刻地了解现在和正确地走向未来。"(温家宝,2011)

四、走向人居景观管治

　　一方面,回顾景观教育与景观实践的历程。从 19 世纪 30 年代英国著名的景观设计师约翰·克劳迪斯·路登(John Claudius Loudon)所做的大伦敦区区域景观规划，到德国著名的景观设计师彼得·约瑟夫·林内（Peter Joseph Lenne）为波茨坦皇宫所做的整体景观结构，再到美国景观设计学的创始人弗雷德里克·劳·奥姆斯特德（Frederick Law Olmsted）与其他设计师一起完成的纽约中央公园设计、优胜美地（Yosemite）国家公园等；19世纪80年代景观设计师霍拉斯·克里弗兰（Horace W. S. Cleveland）为芝加哥所奠定的公园系统；19世纪90年代末期景观设计师查尔斯·艾略特（Charles Eliot）在波士顿废弃地基础上发展出的休闲娱乐公园系统；几乎同一时期，生物学家、哲学家、教育家及规划师帕特里克·盖迪斯（Patrick Geddes，1854～1932），从生物学、生态学结合地理学的角度对城市研究提出了开拓性的见解，并毕生致力于新思想的宣传和教育工作；20世纪初，埃比尼泽·霍华德（Ebenezer Howard，1850～1928）、雷蒙·温翁（Raymond Unwin）开始花园城市的实践；20世纪20～30年代，景观规划的方法因为受到英国学者G·E·赫特金斯（G. E. Hutchings）和C·C·法格（C. C. Fagg）所编写的《区域勘测导言》（The Regional Survey）的影响，开始重视由许多复杂要素相联系而构成的区域景观系统；大致同一时期，从20世纪30年代开始，尤其是经过从布·惠·庞德（B. W. Pond）到克里斯托弗·滕纳德（Christopher Tunnard）和佐佐木英夫（Hideo Sasaki）的转变，以及受到著名哈佛三子罗斯（James C. Rose）、凯利（D. Kiley）、埃可博（G. Eckbo）的影响，场地分析、功能更新和社会参与的观念和方法在景观教育中得以广泛接受；20世纪60年代，凯文·林奇（Kevin Lynch）进一步提出，应理解普通人认知他们周围环境的方法；1969年，伊恩·L·麦克哈格（Ian L. McHarg）发表了著名的《设计结合自然》（Design with Nature），景观设计开始使用"千层饼"的场地分析方法。

另一方面，回顾人居景观的管治历程。联合国教科文组织（UNESCO）于1962年12月12日通过《关于保护景观和古迹之美及特色的建议书》；1964年，许多国际专家和教科文组织、国际古迹遗址理事会及欧洲委员会的代表在威尼斯通过《国际古迹遗址保护与修复宪章》，简称《威尼斯宪章》；1968年11月20日，联合国教科文组织大会通过《关于保护公共或私人工程危及的文化财产的建议书》；1972年11月16日联合国教科文组织大会通过《关于在国家一级保护文化和自然遗产的建议书》和《世界遗产公约》；1975年欧洲委员会通过《欧洲建筑遗产宪章》和《阿姆斯特丹宣言》；1976年11月26日联合国教科文组织大会通过《关于保护历史名地及其在现代生活中作用的建议书》；1976年5～6月，联合国在温哥华召开了第一届人类住区（Habitat）会议，通过《温哥华人类住区宣言》；1987年10月，国际古迹遗址理事会（ICOMOS）在华盛顿通过《保护历史名城和历史城区宪章》；1994年召开的与《世界遗产公约》相关的奈良原真性会议通过《奈良原真性文件》；2000年欧洲委员会在佛罗伦萨通过《欧洲景观公约》；2001年11月，通过《教科文组织世界文化多样性宣言》；2001年11月，欧洲47个国家签署了《欧洲景观公约》（The European Landscape Convention），到目前

为止，已经有 37 个国家先后执行了这个公约；联合国教科文组织大会 2003 年 10
月通过《保护非物质文化遗产公约》；2005 年通过《保护与促进文化表现形式多
样性公约》；世界遗产公约第十五届缔约国大会在 2005 年通过《保护城市历史景
观宣言》；2005 年国际古迹遗址理事会 ICOMOS 大会通过《关于保护遗产建筑
物、古迹和历史区域的西安宣言》；2008 年 10 月，国际古迹遗址理事会
ICOMOS 大会通过《关于保存遗产地精神的魁北克宣言》；2010 年国际园林设计
师联合会(IFLA)第四十七届世界大会在苏州通过其决议"关于进一步加强全球
对景观的认识和保护的建议(《世界景观公约》)"；2011 年 3 月 21 日，UNESCO
联合国教育、科学及文化组织执行局提出《关于是否应拟定有关景观的新国际准
则文书的技术和法律问题的初步研究报告》，其中提倡"应允许根据地方、国家
和区域情况有所变化，并编制附件，反映不同区域的具体情况"。

目前，立足我国地域，急需思考我国地域景观风貌实践中长期积累的问题，
特别是思考我国地域景观教育与景观管治的问题。在全球景观公约即将面世的背
景下，立足我国地域的国情和地情，回答我国景观教育与景观管治中需要共同维
护和遵守的基本准则性问题，已经迫在眉睫。

参 考 文 献

"城乡规划"教材选编小组选. 1961. 城乡规划[M]. 北京：中国建筑工业出版社.

曹康，顾朝林. 2005. 西方现代城市规划史研究与回顾[J]. 城市规划学刊，(01)：57-62.

董靓，黄光宇. 1995. 城市空间的热环境及其改善[J]. 大自然探索，(1).

冯健，周一星，王晓光，等. 2004. 1990 年代北京郊区化的最新发展趋势及其对策[J]. 城市规划，28(3)：
    13-29.

汉斯-彼得·马丁，哈拉尔特·舒曼. 2001.《全球化陷阱——对民主和福利的进攻》[M]. 张世鹏等，
    译. 北京：中央编译出版社.

黄光宇，陈勇. 1999. 论城市生态化与生态城市[J]. 城市环境与城市生态，(6)：28-31.

黄光宇，张继刚. 2000. 我国城市管治研究与思考[J]. 城市规划，(09)：13-18.

黄光宇. 1986. 丽江古城的保护与开发[J]. 城市规划，(01)：53-57.

李和平，张毅. 2008. 与城市发展共融——重庆市工业遗产的保护与利用探索[J]. 重庆建筑，(10)：
    38-41.

马文军，Marisa Carmona. 2006. 全球化与大规模城市项目的规划策划[J]. 规划师，22(11)：13-15.

沈清基. 2003. 自然与人类命运的深刻思考[J]. 城市规划汇刊，(01)：91-96.

石楠. 2005. 编者絮语：以人为本[J]. 城市规划，(2)：1-1.

同济大学，等. 1981. 城市规划原理[M]. 北京：中国建筑工业出版社.

同济大学，等. 1984. 区域规划概论[M]. 北京：中国建筑工业出版社.

吴良镛. 1986. 关于城市科学研究[J]. 城市规划，(01)：5-7.

吴良镛. 2007. 多学科综合发展——城市研究的必由之路[J]. 北京城市学院学报，(5)：1-5.

吴志强，于泓. 2005. 城市规划学科的发展方向[J]. 城市规划学刊，(6)：2-10.

于涛方，吴志强. 2006. "Global Region"结构与重构研究——以长三角地区为例[J]. 城市规划学刊，
    (02)：4-11.

曾卫. 2008. 一位城市规划前辈的治学精神和崇高品质——怀念恩师黄光宇教授[J]. 新建筑，（2）：140-140.

张继刚，蔡辉. 2000. 城市特色的剖析与维育[J]. 规划师，16(06)：79-83.

张继刚，吴学伟，曾倩，等. 2009. 城市策划中的城市特色探微[J]. 规划师，25(07)：10-15.

张继刚. 2000. 对城市特色哲学分析的初步认识[J]. 规划师，16(03)：113-116.

张继刚. 2000. 二十一世纪中国城市风貌探[J]. 华中建筑，18(2)：81-85.

张继刚. 2011. 城市规划中 DC-ACAP 模式的应用与创新——献给我国城市规划新世纪开端的第一个十年（二）[C]. 2011 中国城市规划年会：504-516.

张继刚. 2011. 可持续发展的潜在基础设施——献给我国城市规划新世纪开端的第一个十年（一）[C]. 2011 中国城市规划年会：495-503.

张继刚. 2011. 走向元人居与元城市化，推进中国特色城市规划理论和实践——献给我国城市规划新世纪开端的第一个十年（三）[C]. 2011 中国城市规划年会：517-526.

赵万民. 2000. 新时代要有新思路[J]. 城市规划，（01）：40.

赵万民. 2005. 城市规划学科办学的地域特色思考[J]. 规划师，（07）：18-20.

赵万民. 2008. 我国西南山地城市规划适应性理论研究的一些思考[J]. 南方建筑，（4）：34-37.

邹德慈. 2005. 什么是城市规划？[J]. 城市规划，（11）：23-24.

邹德慈. 2006. 再论城市规划[J]. 城市规划，（11）：60.

邹德慈. 2010. 发展中的城市规划[J]. 城市规划，（1）：24-28.

邹德兹，赵万民，邢忠，等. 2008. 纪念黄光宇先生系列文章[J]. 规划师，（10）：85-92.

Aleksandra S. 2007. Expressing the power of technology：urban challenge, global fashion or imperative of sustainability[J]. Proceedings of 6th Annual IAS-STS Conference：1-17.

Antrop M. 2015. Landscape change and the urbanization process in Europe[J]. Landscape & Urban Planning，67(1)：9-26.

Benton-Short L，Price M D，Friedman S. 2005. Globalization from below：the ranking of global immigrant cities[J]. International Journal of Urban & Regional Research，29(4)：945-959.

Carter T. 2009. Developing conservation subdivisions：ecological constraints, regulatory barriers, and market incentives[J]. Landscape & Urban Planning，92(2)：117-124.

Corburn J. 2009. Cities, climate change and urban heat island mitigation：localising global environmental science[J]. Urban Studies，46(2)：413-427.

Gotham K F. 2005. Tourism from above and below：globalization, localization and New Orleans's Mardi Gras[J]. International Journal of Urban & Regional Research，29(2)：309-326.

Markusen A，Schrock G. 2006. The distinctive city：divergent patterns in growth, hierarchy and specialisation[J]. Urban Studies，43(8)：1301-1323.

Martin D，Mccann E，Purcell M. 2003. Space, scale, governance, and representation：contemporary geographical perspectives on urban politics and policy[J]. Journal of Urban Affairs，25(2)：113-121.

第四章　城乡生态景观规划——建立人居景观准则

本章从全球可持续发展的视角，对我国及国外景观治理的相关研究进行检索和比对分析，并对全球景观治理的发展历程进行简要梳理，进而结合我国现状，针对我国景观治理的特点以及存在的问题，指出应加快人居景观治理研究，并倡议建立符合我国特点的人居景观准则。

第一节　引　言

一、建立人居景观准则的全球背景分析

就全球而言，根据联合国人口基金的最新研究，到 2030 年，将有超过 50 亿的人口居住在城市和城镇；到 2050 年，将有超过 60 亿的人口居住在城市和城镇。就我国而言，2011 年城市化率首次超过 50%（参：中国社会科学院《2011 年度中国社会状况综合调查》）；到 2030 年，我国将有约 10 亿的人口居住在城市和城镇（参：麦肯锡研究院预测，2025 年中国城市人口将达到 9.26 亿，2030 年将超过 10 亿，城市化率将超过 65%）；到 2050 年，我国将有约 11 亿人口居住在城市和城镇（城市化率将超过 70%）。无论从全球层面，还是就我国国情而言，未来的 20~40 年（2030~2050 年），将是地球表面一次浩大的人居汇聚，同时也对城市能源、土地、环境安全、基础设施、效率等的综合承载能力提出了巨大考验。然而这只是问题的一个方面——直接影响（内部性影响），还存在问题的另一方面——间接影响（外部性影响），即地球表面的人类居区，特别是城市地区，人居环境的密封性不断增强，除大家熟知的城市热岛之外，还导致"能量、水和气体的交换受限，同时不断增加的压力会在相邻未被密封的地区显现出来。这种负面影响的范围从植物产品到自然栖息地的减少，再到逐渐增加的洪水、污染和健康风险，并最终因此而产生高额的社会损失与代价。"（Scalenghe et al., 2009）为应对以上问题，全球前沿的研究认为，应突破旧有城市政策的障碍，创新城市政策（urban policy），譬如建立 CUSP（center for urban science and progress，2012 年 04 月，*Nature News*），致力于综合创新性地改变和提升城市的功能和效率，等等。这一切使我们期待着一次改善，同时也必将迎来一次人居环境的发展。老子曰"欲去明日，问道昨天"，相似地，Peter Muller（2005 年 04 月，

Science)言"learning from the past to forge a future"。回顾过往半个世纪的全球城市化历程,结合未来加速发展的 20~40 年(即到 21 世纪中叶),这样前后近乎一个世纪的城市化加速阶段,是地球表面人口加速集散运动的时期。从更长远的历史纵深透视,这样的一次人居运动,在更长远的数千年历史长河中凸显为一个事件,即以全球第四次技术革命前夜所积聚的纷繁矛盾和复杂问题、巨大能量和宏大背景,综合推动人居方式的快速变化。这一快速变化反映在全球人居环境的多个侧面上,如全球地表覆盖构成的快速变化、地表物理属性的快速变化、地表大气与动植物多样性的快速变化等。本书称之为地球表面的百年"人居波动事件",或简称"人居事件"。较早之前,牛顿及《增长的极限》的思想者们,都对 21 世纪中叶之前的这一"快速变化"给予了预测和担忧。凡事"预则立,不预则废",我们是否意识到了这一事件?我们当如何应对这一事件,并为有效应对这一事件建立必要的认识基础和行动原则,以解决生态环境问题,以及由此延伸产生的和平和冲突问题、健康和幸福问题,等等。这一基本的全球现实背景,形成了本书写作的出发点和立足点。我国地域历史悠久,人口众多,发展任务繁重,面对即来的 20~40 年人居环境所表现出的复杂性和特殊性,思考这一问题,就显得更加必要。结合全球化的趋势,我们要继往开来,集思广益,形成理性和清醒的判别,建立一个基本的立足点和基本性准则,即与时俱进,重视建立具有我国特色的人居景观准则。

二、建立人居景观准则的逻辑依据分析

随着工业化和后工业化在全球不同地域的非平衡发展,地球生态系统和地球人居环境的物理特性遭到了前所未有的改变。目前,全球面临着重建地球生态系统和重建地球人居环境的迫切任务(2012 年 9 月 30 日~10 月 5 日,在美国俄亥俄州哥伦布召开的第四届国际生态峰会的会议主题为重建地球生态服务系统)。全球生态环境问题的根源在于人类活动的内部性不平衡和外部性不确定,这一深刻根源导致了现实问题与传统解决问题方法之间的不对称。由于现实问题的复杂性和传统方法的拘谨,有人惊呼我们正在进入一个概念放大的时代。在这样的背景下,风景园林和城市规划上升为一级学科也就顺理成章,得益于这一趋势的助推。

由于生态环境问题的迫切性、广泛性和复杂性,在全球范围内,查阅相关研究文献可知,人们联系生态分析景观的热衷和丰富程度已经远远超过了对城市本身和对园林本身的关注:①人们联系生态过程分析景观教育和管治的行动越来越受到重视;②人们联系社会过程分析景观教育和景观管治的行动越来越受到重视;③人们联系新经济过程分析景观教育和景观管治的行动越来越受到重视;④人们联系地域特点分析景观的研究越来越受到重视。狭义上,景观是风景园林

和城市规划的一部分，实践中的景观、风景园林和城市规划从来就很难分开。广义上，景观虽然不是风景园林和城市规划的全部，但其构成了风景园林和城市规划的重要背景之一。由于目前的形势和时代特点，以及复杂的全球环境问题，景观的内涵和研究对象也发生了重大变化，其与生态策略以及社会策略紧密结合在一起，所有的实践和研究都在指向一个初步判断，即景观甚至已经演变成了风景园林和城市规划研究的最重要全球背景之一。然而，全球范围内的景观研究与我国风景园林和城市规划的研究不是对立的，恰恰相反，这是一个全球景观研究反映在中国地域化过程中的一部分，也必将形成全球景观研究的中国化样式——中国化的人居景观，即中国特色。这完全符合地域化的策略，从整体上而言，是一种宏大的景观策略，也是一种宏大的生态策略，同时也是一种尊重历史和社会的策略。从这一角度而言，建立具有我国特点的人居景观准则是时代的需要、生态环境问题的需要，也是促进我国风景园林和城市规划学科发展的需要；同时，也符合 2011 年 3 月 21 日，UNESCO 联合国教育、科学及文化组织执行局《关于是否应拟定有关景观的新国际准则文书的技术和法律问题的初步研究报告》中所提倡的"应允许根据地方、国家和区域情况有所变化，并编制附件，反映不同区域的具体情况"的建议。

三、建立人居景观准则的理论和实践基础

在全球范围内，建筑都市主义发展到景观都市主义(landscape urbanism，代表人物 Charles Waldheim)，进一步序替到生态都市主义(ecological urbanism，代表人物 Mohsen Mostafavi)。2010 年 4 月，哈佛的生态主义大会及其出版的文集迅速在世界顶级建筑院校和研究机构中传播。在传统生态城市理论和实践积淀的基础上，生态都市主义的概念已经正式登上了历史舞台。城市、乡村、自然资源等被视为生态机制或生态组织中的一个构件和局部过程参与到整个生态系统的考察、分析、设计与优化中。于是，垂直农场、生长墙、城市农业、城市雨水花园、城市新陈代谢、无脊椎动物与草木花卉的混合设计等在新生态视角下的诸多尝试，成为生态都市主义花园中的缤纷奇葩。国外已有将新陈代谢概念应用在城市可持续发展中的努力尝试，如 Newman(1999)提出了一个扩展的新陈代谢模型，以演示其可持续性的现实意义，并"在产业生态、城市生态、城市示范工程以及商业计划和城市应用比较中说明其潜能。"

景观都市主义和生态都市主义相互交叉，互为表里，两者的共同点在于基于地域的背景条件创造景观的或生态的都市。其巨大贡献在于，在某种程度上借用东方整体性景观与生态理念的旧瓶，装上西方最新现代技术酿制的新酒，并借环境问题找到两者在新时期全球化背景下的最佳结合点。因此，以东方的视角审视，无论景观都市主义还是生态都市主义都是一个不尽完善的概念、一个过程中

的概念。所以，本书提出人居景观的概念，也许更切合东方文化的视角，且便于解读和涵盖问题的全部。

在目前的全球化背景下，景观概念究竟发生了什么使得对景观协同生态的支持渐成热学？俞孔坚教授认为，景观格局是重要的生态基础设施，且其内容是综合的；Charles Waldheim 认为，我们已经习惯在城市中造景观，但目前最重要的工作需要转换为在景观中造城市，让景观做功；TOSE 教授认为，如果景观错，那么其他所有的设计全部错；哈佛 Carl Steinitz 教授认为，全球不同地域和文化背景下，景观的具体策略也许不尽相同，但整体上，景观需要综合的规划，其不是时尚，而是一种长远的战略。

王如松先生及其合作者设想了一个基于生态原则、以绿色空间为主要结构的北京可持续性战略规划，其目的在于"试图回答如何在区域、城市和街坊三个层次上建立绿化市区设计，以达到长期可持续性"。①在区域范围内，计划由西北部的一个大型的自然和半自然的森林和东南部一个生态缓冲带来保护北京的环境质量，并为野生动物提供栖息地。②在城市范围内，提出由楔形绿化带、公园和绿色廊道组成一个绿化网络系统。这个绿色网络帮助限制未来城市扩张，改善城市环境质量，并为野生动物提供栖息地和迁徙路线。③在街坊范围内，在高楼林立的区域，散布河边林荫路、道路边林荫路、公园和垂直绿化，使绿化得以延伸和连接，为居民提供休憩和娱乐用地。这三个层面的绿化系统为北京的城市可持续发展组成了一个完整的生态网络。为了北京的未来发展，城市公园、森林、农业、水和基础设施应该以这种集中的方式来规划设计。当这个绿化空间设计通过立法，并且完全实现之后，北京将发展成为一个连通的、完整的城市绿色空间网络。(Li et al.，2005)另外，黄光宇先生在重庆城市总体规划(1961)、乐山绿心规划(1985)、广州生态廊道规划(2003)、成都非建设用地规划(2004)等案例中，也做了大量卓有成效的探索。

在国外，美国早在 1962 年，即在全球开始为生态环境问题大声疾呼时，已开始实施国家自然地标计划(the national natural landmarks，NNL)。该计划由国家公园管理局(NPS)负责管理，并与国家公园系统规划同步进行。虽然受到私人土地所有者权利组织的影响，这一行动在 1989 年之后曾遭遇挫折，但这一行动本身无疑是富有战略远见的。并且，实践中存在的一些障碍正在逐渐得以克服和化解。例如，逐渐认识到"参与到国家自然地标计划的土地所有者可以自愿和义务地认定私有土地所有继承权""应该对私人土地所有者有大幅度的经济激励，来保护他们的财产价值"(Shafer，2004)。这一计划对整个美国的国域生态景观可持续具有长远的意义。发展到近几年，在州域层面，景观作为基础设施的工作也在推进。譬如在美国马里兰州，绿色基础设施的评估已经被作为自然资源部推行生态工程的一个重要工具，并作为国家、地方和私人进行土地保护决策的重要依据(Weber et al.，2006)。然而，通过景观工程来改善或实现可持续目的的工作虽然非常重要，但要保证景观工程的决策和实施，归根结底需要的是富有实效的景观管治制度与环境。所以，建立景观准则是实现景观管治的重要策略之一。城市在全球环境变化中扮演着重要角色，是缓解全球性环境问题的至关重要所在。国际能源机构估计，城市地区大致产生全球 71％的二氧化碳排放量，这一比例将随着城市化趋势的加大而增长。联合国估计，到 2050 年全世界的城市人口几乎将增加一倍，从 34 亿到 63 亿。城市同时是财富和创新中心，成为我们应对气候变化挑战的基本条件和资源。同时，几乎所有建在海岸或河岸的城市，特别容易受到气候变化的影响，在气候变化面前显得特别脆弱（Rosenzweig et al.，2010）。为了应对这一局面，2005 年成立了世界市长气候变化理事会，其第一任主席是墨西哥市市长马塞洛·埃布拉德，目的在于加强和监督 "cities' commitment" 和 "urban action"，这应该是全球层面比较直接地着眼于城市管治的可持续促进措施之一。

综上，景观一词，有狭义和广义的理解。狭义的景观构成风景园林和城市规划传统的组成内容之一；广义的景观还包含地理、气候、水文、动植物、人文和社会经济等诸多内容。其一，在我国地域，考虑到历史和文化的影响，"景观"的意义和内涵倾向于 "风景园林"的解读，其在与时俱进地发展和创新；其二，在全球层面，对 "景观"的研究已经超过对城市和城市规划本身的研究，所以顺其自然地出现了 "景观都市主义"和 "生态都市主义"等。

本书关于 "人居景观"的阐述，充分尊重了我国地域的自然与历史人文特点。结合景观视角下我国 "风景园林"和 "城市规划"两个学科的丰富创新来解读，两者既有联系，又有区别，且只有协同创新，才能丰富发展，并整体和谐。关于人居景观教育和人居景观管治的研究，目前在我国非常薄弱，而关于人居景观准则的研究还是一片空白。

第二节　人居景观必须应对的局面和迫在眉睫的任务

一、理论研究形势的迫切需要

（一）搜索国际部分，分别在 Nature、Science 和 Elsevier 中查阅

在 Nature 中搜索 1980 年 1 月～2012 年 3 月的文献，以 "laws of landscape" 搜索一般性相关的文章（即在文章中任何部分有相关性）共计 26 568 篇；以 "regulations of landscape" 搜索共计 118 324 篇；以 "management of landscape" 搜索共计 59 640 篇；以 "education of landscape" 搜索共计 42 607 篇。以 "governance of landscape" 搜索一般性相关的文章共计 1322 篇，其中在微观粒

子和宏观宇宙星云两个极端方向上，landscape(医学的和心理的、物理的和天文的)的相关性研究约占 1/2。这种微观和宏观层面的 landscape 分析，与中观层面的 landscape 研究内容，虽然不在同一层面，但具有诸多相似之处，并为中观层面的 landscape 研究提供新的思路、视角和学科整合创新的启示。进一步限定，在社会相关领域，以"governance of social landscape"搜索，共有相关性文章478 篇；在地理领域，以"governance of geographical landscape"搜索，共有相关性文章 78 篇，以"governance of geography landscape"搜索，共有相关性文章 34 篇。如果限定城市领域，以"governance of city image"搜索，共有相关性文章 157 篇；以"governance of city characteristics"搜索，有 157 篇；以"governance of urban landscape"搜索，共有 79 篇。

在 Science 中搜索 1880 年 6 月～2012 年 3 月的文献，以"laws of landscape"搜索一般性相关的文章(即在文章中任何部分有相关性)共计 951 篇，以"regulations of landscape"搜索共计 507 篇，以"management of landscape"搜索共计 869 篇，以"education of landscape"搜索共计 853 篇，以"governance of landscape"搜索共计 50 篇。进一步限定，在社会相关领域，以"governance of social landscape"搜索共有相关性文章 36 篇；在地理领域，以"governance of geographical landscape"搜索共有相关性文章 6 篇，以"governance of geography landscape"搜索共有相关性文章 15 篇。如果限定城市领域，以"governance of city image"搜索，共有相关性文章 30 篇；以"governance of city characteristics"搜索，有 31 篇；以"governance of urban landscape"搜索，共有 15 篇。

在 Elsevier 中搜索所有年限内文献，以"laws of landscape"搜索一般性相关的文章(即在文章中任何部分有相关性)共计 696 篇，以"regulations of landscape"搜索共计 667 篇，以"management of landscape"搜索共计 1531 篇，以"education of landscape"搜索共计 592 篇。以"governance of landscape"搜索共计 157 篇。进一步限定，在社会相关领域，以"governance of social landscape"搜索，共有相关性文章 139 篇；在地理领域，以"governance of geographical landscape"搜索，共有相关性文章 61 篇；以"governance of geography landscape"搜索，共有相关性文章 62 篇。如果限定城市领域，以"governance of city image"搜索，共有相关性文章 92 篇；以"governance of city characteristics"搜索，有 198 篇；以"governance of urban landscape"搜索，共有 84 篇。

(二)搜索国内部分，分别在维普、万方和 CNKI 中查阅

在维普网中以关键词"景观规划"＋"景观管理"＋"景观教育"＋"景观法规"＋"景观规定"＋"景观守则"＋"景观准则"＋"景观管治"(注："＋"表示"或者")搜索 1989～2012 年的文献，相关的研究文章共计 1387 篇，其中以"景观规划"为最多，共计 1353 篇；其次为"景观管理"，共计 28 篇；"景观教

育"，共计 5 篇；而以"景观法规"作为关键词只有 1 篇；其余"景观规定"＋"景观守则"＋"景观准则"＋"景观管治"为 0 篇。

在万方网中分别以关键词"景观规划"＋"景观管理"＋"景观教育"＋"景观法规"＋"景观规定"＋"景观守则"＋"景观准则"＋"景观管治"搜索全部年限内的学术论文文献，相关的研究文章共计 1315 篇，其中以"景观规划"为最多，共计 1275 篇；"景观管理"，共计 28 篇；"景观教育"，共计 11 篇；而以"景观法规"作为关键词只有 1 篇；其余"景观规定"＋"景观守则"＋"景观准则"＋"景观管治"为 0 篇。

在中国知网 CNKI 中分别以关键词"景观规划"＋"景观管理"＋"景观教育"＋"景观法规"＋"景观规定"＋"景观守则"＋"景观准则"＋"景观管治"搜索全部年限内的文献和记录，相关的文献与记录共计 3015 条，其中以"景观规划"为最多，共计 2851 条；"景观管理"，共计 155 条；以"景观教育"作为关键词的文献记录有 8 条；而以"景观法规"作为关键词的文献只有 1 篇；其余"景观规定"＋"景观守则"＋"景观准则"＋"景观管治"为 0 条。

对比总结以上的检索结果，从各分项的整体关系中可以得出如下的结论：①在全球范围内的相关景观研究中，关于景观的法规和管理研究是最丰富和最活跃的内容，其文献所占比例最大，其次是景观教育和景观管治。②在全球范围内城市管治的相关研究中，景观管治有着非常活跃的表现。毋庸置疑，景观管治的辅助研究有助于为景观学乃至生态学的研究带来更丰富的发展空间和发展方向。③从搜索结果看，我国关于景观的社会过程研究，特别是景观法规和景观教育的研究非常之少，在这一点上，与国外形成鲜明的对照。

二、我国实践发展形势的迫切需要

我国的城乡管治大致可以分为城乡法规和城乡规章两类。法规又分为国家法规和地方性法规，规章分为部门规章和地方性规章。就城市景观风貌而言，①目前还没有国家一级独立的和专门性的景观风貌法规。景观风貌的管理一般是纳入综合性或其他专门性法规中得以间接体现，如《城乡规划法》《国务院城市绿化条例》等。②地方性景观风貌法规相对比较多。譬如重庆市城市容貌管理条例(2002)，青岛市城市风貌保护管理办法(2004)，天津市历史风貌建筑保护条例(2005)，北京市历史文化名城保护条例(2005)，南京市历史文化名城保护条例(2010)，等等。③部门性景观风貌规章相对比较少。譬如住房和城乡建设部发布国家园林城市实施方案(2000)，关于加强对城市优秀近现代建筑规划保护工作的指导意见(2004)，发布国家园林城市标准(2005)，发布国家标准《城市容貌标准》的公告(2008 年发布 2009.5.1 实施)等。④地方性城市景观风貌规章最丰富，数量最多。例如，沈阳市城市市容景观管理规定(1998)，铜川市市容景观设施管理规定(1999)，抚顺市城市景观灯饰管理办法(2001)，苏州市城市容貌标准(试行，2002)，江苏省苏州市历史文化名城名镇保护办法(2003)，南京市市容管理条例(2004)，天津市景观灯光设施管理规定(2004)，长沙市城市容貌规定(2005)，上海市城市容貌标准规定(2005)，天津市城市容貌标准(试行，2005)，江苏省城市容貌标准(2005)，贵阳市城市容貌标准(2006)，广西壮族自治区城乡容貌标准(试行，2006)，阜阳市城市容貌标准(试行，2006)，烟台市市区城市风貌规划管理暂行规定(2006)，西宁市城市景观照明管理办法(2006)，福州市市区道路景观规划建设管理规定(2006)，洛阳市城市容貌标准(2008)，杭州西湖文化景观保护管理办法(2008)，株洲市城市容貌规定(2009)，广西壮族自治区人民政府关于塑造城镇特色提升城镇品质的意见(2010)，重庆市城市风貌特色规划设计暂行规定(2010)，武汉市城市容貌标准(征求意见稿，2011)。

　　从以上的景观风貌管治统计可以看出，我国现行管治措施中，景观管治内容最丰富的是地方性规章，而实际中，地方性规章的约束力是极其有限的。相对地，国家法规、地方法规和部门规章对景观风貌的关注虽然也多有阐述，但一般都是原则性的建议。以上的统计情况反映了我国的客观现实和国情，同时，需要改进和建议的是：①景观管治的系统研究有待加强。譬如景观法规与其他法规的协调一致性研究，即景观法规的法律合理性研究，这是个烦琐但十分重要的基础工作。特别地，景观管治整体上的基本准则研究、创新措施研究、实效性和评估等有待加强。这一任务涉及公众参与、人居健康和人居幸福等。②景观管治的公众参与有待加强、探索和创新。国外，公众参与式景观创新越来越受到欢迎和重视。Albert 等(2010)提出了一种 SLP 的参与式景观规划框架，即 "a framework for participatory scenario-based landscape planning"，并将其应用在易北河流域的生态保护(Elbe valley biosphere reserve)案例中。"研究表明，公众参与的景观设计能够成功地在参与者中产生社会学习成果。所观察到的社会学习成果包含大量实质性知识的增长(如有关气候变化影响)，过程性知识(可供选择的适应性策略)，以及对不同远景、社会技能和专业技术能力的理解"。同样，Batty(2008)认为城市是所有复杂系统中一个极具代表性的例子。这个系统紧张连续且不平衡，随着空间的集聚和激烈竞争，其需要巨大的能量来维持。Batty 对我们传统的规划方法提出了质疑，"尽管经历了一个世纪的努力，我们对城市过程如何演变的了解仍然是远远不够的"。最近的研究表明城市系统具有复杂性，其变化来自城市底部，而以往各层次法律的约束导致了激烈的空间竞争和扭曲。因此，一个关于城市演变的综合理论正在缓慢发展，其涉及城市经济学、交通行为变化网络科学、异速生长和分形几何等。这一科学方法提供了城市在密度、紧凑度、城市蔓延和可持续性等方面面临资源限制时所展示的新见解和新视角，有助于丰富目前城市规划的方法。③景观对于人居健康和人居幸福重要性的认识有待加强。检索全球的健康管治研究可知，由于全球环境问题和社会问题的综合影响，全球慢性病(包括亚健康状态、心理疾病等)已成为一个非常严峻的全球性问题,而景观环境对于人居健康和人居幸福具有举足轻重的影响。Jackson(2003)认为"包含哮喘和过敏、动物传播疾病、肥胖、糖尿病、心脏病、抑郁症等慢性疾病呈上升趋势。这些不同的疾病同森林分割、河流干涸、湿地毁灭和随之引起的本地物种减少一起,导致建设行为产生不合理的结果"。通过分析可知,虽然城市规划设计与人类健康的关系是复杂的,但毋庸置疑"城市规划设计可以作为一个有力的工具来改善人类的环境"。从人居环境出发,进一步追根溯源,人居学的目的是什么?科学技术的目的又是什么?Holdren(2008)在谈到美国科学促进协会时,认为"美国科学促进协会不仅仅是为了科学进步",而是"科学进步,服务社会"。科学技术的发展应该以改善人类的生存境况为目的和愿望,从这一视角出发,其必然选择在关注自然科学的时候关注社会。人居景观学则更应该回归到这样一个基本点,密切联系社会实践和社会需要,重视和服务于人居健康和人居幸福。

第三节　我国相关城乡景观建设的现状与数据统计

我国相关城乡景观建设的现状与数据统计如图 4.1~图 4.12 所示。

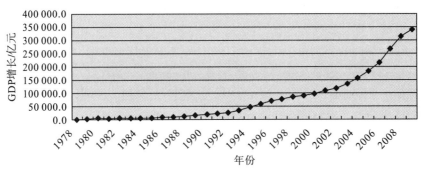

图 4.1　GDP 增长变化示意图

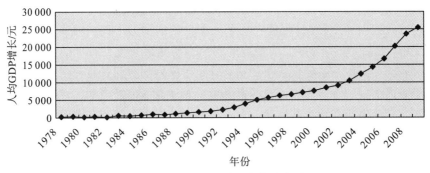

图 4.2　人均 GDP 增长变化示意图

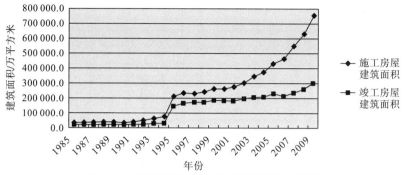

图 4.3 房屋建筑施工与竣工面积变化示意图

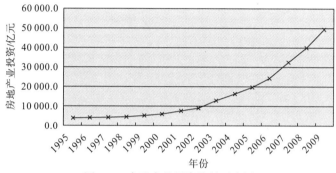

图 4.4 房地产业投资统计示意图

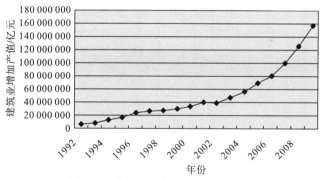

图 4.5 建筑业增加产值统计示意图

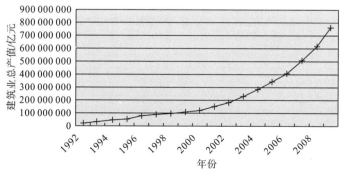

图 4.6 建筑业总产值统计示意图

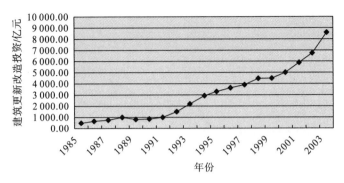

图 4.7　建筑更新改造投资变化示意图

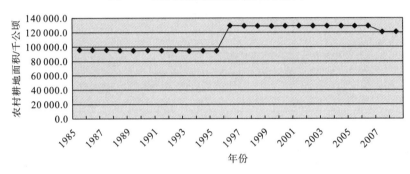

图 4.8　农村耕地面积变化示意图

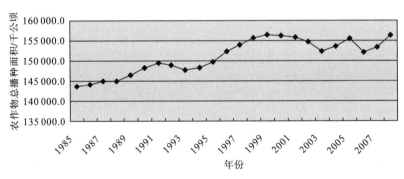

图 4.9　农作物总播种面积变化示意图

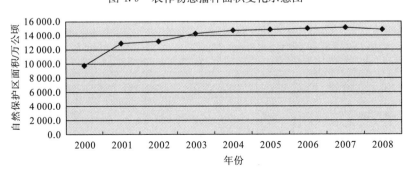

图 4.10　自然保护区面积变化示意图

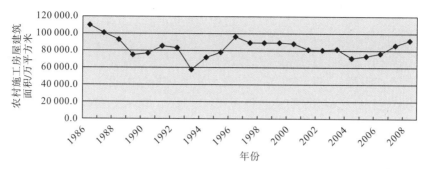

图 4.11 农村施工房屋建筑面积变化示意图

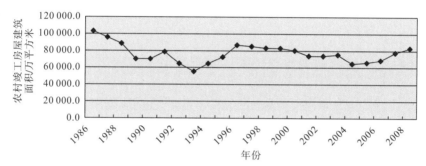

图 4.12 农村竣工房屋建筑面积变化示意图

（注：以上图表绘制依据中华人民共和国统计局《统计年鉴》，数据截止到 2010 年）

　　对比总结以上的统计结果可以看出：①我国 GDP、人均 GDP、建筑施工与竣工面积、建筑业总产值、建筑更新改造投资等，相互之间是协调的、一致的。②我国农村耕地面积、农作物总播种面积、自然保护区面积基本保持了先降低后略有所升高，并呈现稳定的态势。③农村施工和竣工房屋的建筑总面积有轻微波动，但整体上保持稳定水平，近些年稳中有升。④我国的建筑业增加值、建筑更新改造投资、建筑业总产值、房屋建筑施工与竣工总面积等，都处于快速增长期。结合我国正在推行的新型城镇化和农业现代化政策，我国的大城市与特大城市、中小城市与广大的城镇乡村，将迎来一个景观的重大变化时期。关于景观准则的预研究工作，变得迫切和重要。

　　仓廪实而知礼节。随着我国经济的发展，建筑和城市更新改造大幅度提高，城市面貌和城市生态环境质量、城市园林化的步伐不断加快，城市环境品质也在不断提升。与城市建设相同步，城市更新改造和环境改善的投资也在不断提升，并呈现较快的增长趋势。除了城市的更新改造，中国辽阔的农村在未来的城市化过程中，也紧迫地面临着景观资源维育与保护问题。20 世纪 70 年代，韩国开始发起促进农村现代化的"新村运动"；荷兰成立了专门性规划设计与管理机构，规划了久负盛名的农村景观设计；日本开始实施立足城乡统筹和基础设施综合整治的町村改造；德国在农村更新规划过程中提出"在农村地区生活，并不代表降低生活质量""与城市生活不同类但等值"的理念；英格兰西南地区的乡村规划采取目标导向与区域功能联系分析相结合的方法；法国的村庄规划注重依靠技术促进资源合理开发的可持续之路；加拿大在农村重建中成立了重建规划委员会，特别强调农村居民参与决策的过程(孟庆，2012)。借鉴这些农村建设和规划的策略，以及城市管理的经验，立足我国城乡的自身特点，我国的城市景观管治和乡村景观管治具有广阔的创新空间。

第四节　人居景观视角下的行动——倡议建立我国特色的人居景观准则

一、开启一个崭新的视角——人居景观学

从人居学的视角审视人类发展的历程，人类经过了原始社会和奴隶社会附属自然的"初级近自然"人居学阶段。人居学经历了漫长封建社会平稳和保守的建筑人居学阶段、资本社会激进和开放的城市人居学阶段，和即将进入的景观生态人居学阶段。人居学走向景观分析即以生态为支撑的景观人居学阶段是大势所趋，它的一个重要特征是人类人居学的发展正在经历系统跃升。系统跃升的重要挑战是全球遭遇的生态门槛，跨过这个门槛，人类将进入一个"高级近自然"状态，从而完成一次回归，也是一次上升。其间，跨专业的研究走向一致性并综合地解决问题也就成为顺其自然的路径。景观生态学、景观地理学、景观社会学等与景观都市主义走向一致，并进一步发展到人居景观学是必然的结果。

(一)认识人居景观的现实价值基础

经历了快速的工业化过程，甚至是"压缩饼干式"的工业革命，辨识审美的视角开始从工业化下的经济、技术视角，迅速转向生态视角。在可持续发展的背景下，我们经由生态学这个工具，开始迅速大量"生产"生态化的景观，正如我们当初大量生产工业化、标准化的景观和堡垒式、封闭式的景观一样。但是生态化的景观，从一开始就内涵了普遍的社会问题，或因社会问题而产生。景观的改变不是单靠优秀的生态或景观设计师所能完成的。正如林奇所持和宣扬的观点：景观的评估、形成和改变必须借助公众的理解、认可和评判，这是一种先见和睿智。这一观点与梁思成先生对于建筑学科发展所持的态度遥相呼应。景观学和生态学的发展，也是如此。景观学的发展同样也需要普遍提高公众对景观的认识。因此，景观学最终走向公众景观教育和景观认知提高，走向景观管治，是景观学繁荣发展的必由之路。否则，中国式的造城运动、刷城运动(杨宇振语)等，就不会杜绝。因此，景观不仅仅是一种工程和技术，更是一种重要的社会公共价值，

而且是一种越来越受到重视的基本的价值发现，这是景观作为一种资源并且从公共角度对其进行关注、研究和实践的价值基础和物质基础。

（二）认识人居景观内涵的协同性

人居景观学关注的内容具有协同性。我们居住的城市已经发展到不仅无法解决城市的诸多外围问题，而且对基本问题的解决能力也在减弱，如城市四大基本功能中的交通、健康卫生等。所以，基本问题的困境使得所有相关问题和局部性侧面性问题都在放大。景观概念也是如此。在复杂的外部环境下，景观学与外围城市学、建筑学、林学、地学、农学、社会学等越来越需要走向一致，从而综合地解决面临的复杂问题，特别是作为景观学基础的环境设计、景观设计、土木设计、建筑设计、工艺设计等也不必过分细分，需要进行综合的人居景观设计，重视景观格局设计，重视人居环境设计和不同地域层次的人居学设计。

（三）认识人居景观任务的现实性

人居景观学是尽可能长远地解决现实问题的科学，因此必须建立一种更严肃、更负责，并超越复杂现实的冷静观察。人居景观的现实性首先表现在其已经被解析为人居环境的基础，"如果项目中景观错的话，那么其他所有的设计都错"；其次，人居景观的现实性表现在由于人类面临的环境窘境，其本身面临着一次迫切的系统升级。现实地分析，人居环境面临环境窘境的启迪之处在于，不是将其作为糟糕的问题来看待，而是作为人居环境自我系统升级的常态过程来认识，作为一次常态过程中系统升级的机遇来看待。

二、人居景观的发展动力和发展途径

一门学问或技术在某一个发展阶段被重视，从一种景观产品走向一种景观价值，只有经过新价值的广泛社会接受与认知，才能获得真正的动力和推进更高阶段的发展，这是景观学和景观实践繁荣发展的真正动力和来源。因此，一个优秀的景观设计师固然非常重要，而同时作为一个优秀的景观价值传播者和景观教育工作者，也同样重要，且两者相辅相成。

（一）人居景观学发展的动力来源——三个相互交织的动力来源和过程

（1）早期人居景观学发展动力的第一个来源：以人文地理学理论为核心的景观化过程。

（2）中期人居景观学发展动力的第二个来源：以经济地理学理论为核心的景观化过程。

（3）目前人居景观学发展动力的第三个来源：以生态学和社会学理论为核心

的景观化过程。

（二）人居景观学发展的具体途径——三个不同的认识和分析角度

人居景观学的发展之路，来源于以下三个不同的认识和分析角度：

（1）从构成人居景观的微观视角——即从构成客观现实的要素开始，通过要素的相互作用去影响过程，譬如，设计或修复人居景观生态的机理过程。

（2）从构成人居景观现实本身的视角——即从功能与结构的现实格局开始，通过格局去影响过程，譬如，构建人居景观生态的基础设施。

（3）从构成人居景观的宏观视角——即倾向于从可持续的整体路径，去解析综合性与复杂性的过程，譬如，构建人居景观生态的价值基础与理论体系。

第五节　建立具有我国特色人居景观准则的基本要求

近年来，随着景观都市学和生态都市学的兴起，景观借助生态学和社会学的强力支撑取代建筑成为城市的最关注内容，成为人居环境的最关注内容。景观被视为城市所有自然生态过程、经济发展过程与人文积淀过程的载体。过去我们认为景观是城市的一部分，而现在，城市同样是景观的一部分。

从整体上审视，教育的普及程度和水准必然会影响到人居景观对社会可持续发展的贡献。Lutz等（2012）认为"世界共同体必须承认人口变化趋势在地方和全球范围内严重地影响着经济发展和环境变化。国际应用系统分析机构最近召集前沿专家来探讨人口因素如何促进或者阻碍可持续发展。专家组得出结论：人类——数量、分布和特质是可持续发展应考虑的核心问题。有证据明显表明：人口差异从根本上影响人们对环境负担的贡献，影响他们参与可持续发展的能力，和他们对一个变化的环境的适应能力"。具体到景观教育和景观管治，两者是相互促进的；并且，景观教育和景观管治构成了可持续发展的重要内容之一。而景观教育又是景观管治的重要基础，所以景观教育对于景观管治和可持续发展都是极其重要的。Rowe（2007）提出"持续性正在渗入高等教育机构的办学理念、计划、课程、研究、学生生活和工作中。可持续性是一个透镜，通过它日益增加的若干私人学校和国家组织共同地审视并行动于我们所共享的世界体系"。

目前，立足我国国情，回答我国景观教育与景观管治中需要共同维护和遵守的基本准则性问题，已经迫在眉睫。建立具有我国特点人居景观准则的初步建议如下：

（1）核心目标导向的内在功能性要求。景观准则的目标不仅仅是实现景观生态，或是培育景观风貌等，更重要的是为了实现景观多功能的良性循环和相互促进，即实现经济方式（红色）、文化方式（黄色）与环境方式（绿色）的协调与可持续发展，从而在不同地域层次上体现上层生态景观的整体性要求。

（2）协同进化与协同发展的要求。人居景观准则不能特立独行，应与相关学科、相关行业，相互兼容，相辅相成，协同发展。

（3）生态原理与生态设计的要求。生态原理与生态设计是景观准则中的一个基本要求，简称绿色的方式。

（4）产业支撑与实践效益的要求。产业支撑与实践效益是景观准则中的一个基本要求，简称红色的方式。

（5）全社会参与景观实践的要求。全社会参与、公众参与与公众教育是景观准则的一个基本要求，简称黄色的方式。

（6）动态阶段性的演化要求。动态阶段性的发展是景观实践和发展的一个重要特点。从长远看，景观不是一成不变的，而是演化中的景观，是一个生动的演化过程，且具有阶段性。

（7）景观的基本格局要求。虽然从长远看景观是变化的，但从近期和中长期看，景观需要一个安全的基本景观格局。

（8）可持续发展的要求。景观准则的一个基本目标是体现可持续性，因为在中长期和远期（或远景）之间，我们必须找到一个安全的连接。因此，景观准则的一个基本目标是促进和维护长期的可持续性，即有助于中长期和长期之间演化的平稳过渡。

（9）地域性的特殊要求。景观准则应尊重不同地域、不同历史文化背景的差异性，中国地域应反映中国特色的地理、气候和人文特点。

（10）景观治理的创新要求。从景观理论到景观实践的过程和结果受到城市、城乡和区域治理方式的制约，应不断提高和创新景观治理的机制、措施和方式。景观治理不但应遵从自然科学规律，也应遵从社会科学规律，推动人-地的健康协同演化。

第六节 建立具有我国特色人居景观准则的重要意义 ——继承、延续并走向新人居景观图景

首先，建立我国地域特色的人居景观准则是复杂形势下全球化冲击与全球生态环境问题的双重需要。这一背景也是风景园林学科和城市规划学科都无法回避的共同背景。

其次，建立我国地域特色的人居景观准则是新生产力理论和新价值理论的需要。景观不但可以做功而且具有内在价值，其公共使用和公共消费过程可以产生丰富的价值。

再者，建立我国地域特色的人居景观准则有助于风景园林和城乡规划各项事业的健康发展和有序发展，避免随意性，有助于避免城乡建设中的重大失误和重大浪费。

第四，建立我国地域特色的人居景观准则是我国重视文化建设的重要组成部分，是走向华夏文化识别与地域识别的重要组成部分，是华夏文化认同的重要组成部分，也是中华复兴的重要组成部分。

综上，建立中国特色景观准则的意义，不仅仅是基于全球生态的要求，或基于景观价值的要求，或基于节约与健康的要求，或基于特色和文化识别的要求，归根结底而在于回答我们整个人类如何生活和栖居在这个星球上的问题，即人类必须面对和回答如何解决居住的问题。正如吴良镛先生所言，"我毕生追求的目标是，让全社会有良好的、与自然相和谐的人居环境，让人们诗意般、画意般地栖居在大地上"。海德格尔也有这样的愿望，"人只有诗意地栖居在大地上，你才是作为人而存在的"。回顾远古尧帝之时，面对极端的干旱天气，《淮南子·本经训》中描述"尧之时，十日并出，焦禾稼，杀草木，而民无所食"，天气炎热，如同十个太阳照射，禾苗尽枯，于是才有后羿射日；《淮南子·氾论训》说"羿除天下之害"。与干旱之灾一样，《孟子·滕文公上》中记载了尧之时出现的极端洪涝，"当尧之时，洪水横流，氾滥于天下，草木畅茂，禽兽繁殖，五谷不登，禽兽逼人。兽蹄鸟迹之道交于中国"。历经鲧、舜、禹不断总结经验，大禹与他的助手伯益一起(大禹之后将职位传给伯益)，采用顺应自然规律的疏导之策(注：生态策略)，方得治理。《吕氏春秋·古乐》中记载"禹立，勤劳天下，日夜不懈，通大川，决壅塞，凿龙门，降通漻水以导河，疏三江五湖，注之东海，以利黔首。于是命皋陶作为《夏龠九成》，以昭其功"。《禹贡》一书大致记载了大禹治水和当时的地理气候环境。进一步思考，在那样的远古时代，为什么会有如此的极端天气，我们是否应该以更审慎、更全面、更宽远的千年刻度来重新考察天人互变的环境生命特征。至少，从远古先民的传说和智慧中，我们窥见了华夏生态文明和近自然观念的源远流长，以及中国式景观的不景之景、无相之相的丰富、包容和宏大生命。

作为应对可持续发展窘境的措施之一，自觉发挥东方整体性智慧的特点，自觉与时俱进并纳善创新，建立具有我国特色的人居景观准则，正是丰富和延续这一宏大生命的实际行动。

参 考 文 献

黄光宇，张继刚. 2000. 我国城市管治研究与思考[J]. 城市规划，(09)：13-18.

李杨. 2012. 关于人居环境科学与景观学的教育环境保护的探讨[J]. 化学工程与装备，(03)：155-157.

刘滨谊，王云才. 2002. 论中国乡村景观评价的理论基础与指标体系[J]. 中国园林，(05)：76-79.

刘滨谊，吴珂，温全平. 2003. 人类聚居环境学理论为指导的城郊景观生态整治规划探析[J]. 中国园林，(02)：30-33.

刘滨谊. 2011. 风景园林学科发展坐标系初探[J]. 中国园林，(06)：25-28.

刘滨谊. 2011. 人居环境学科群中的风景园林学科发展坐标系[J]. 南方建筑，(03)：4-5.

刘沛林，刘春腊，邓运员，等. 2010. 中国传统聚落景观区划及景观基因识别要素研究[J]. 地理学报，(12)：1496-1506.

孟庆，余颖. 2012. 国内控制性详细规划编制和管理经验的借鉴与思考[C]. 2012 中国城市规划年会.

王坤. 2008. 谈人居景观设计的发展方向[J]. 工程建设与管理，(10)：138-139.

王玉德，张全明，等. 1999. 中华五千年生态文化[M]. 武汉：华中师范大学出版社.

杨丽倚，李娟，许先升. 2012. 新中式景观对传统景观的传承[J]. 北方园艺，(01)：113-116.

俞孔坚，韩西丽，朱强. 2007. 解决城市生态环境问题的生态基础设施途径[J]. 自然资源学报，(05)：808-816.

俞孔坚，李海龙，李迪华，等. 2009. 国土尺度生态安全格局[J]. 生态学报，(10)：5163-5175.

张继刚. 2011. 城市规划中 DC-ACAP 模式的应用与创新——献给我国城市规划新世纪开端的第一个十年（二）[C]. 2011 中国城市规划年会：504-516.

张继刚. 2011. 可持续发展的潜在基础设施——献给我国城市规划新世纪开端的第一个十年（一）[C]. 2011 中国城市规划年会：495-503.

张继刚. 2011. 走向元人居与元城市化，推进中国特色城市规划理论和实践——献给我国城市规划新世纪开端的第一个十年（三）[C]. 2011 中国城市规划年会：517-526.

中华人民共和国统计局. 2010. 统计年鉴[G]. 北京：中国统计出版社.

Albert C，Zimmermann T，Knieling J，et al. 2010. Social learning can benefit decision-making in landscape planning：Gartow case study on climate change adaptation，Elbe valley biosphere reserve[J]. Landscape & Urban Planning，98(2)：347-360.

Batty M. 2008. The size，scale，and shape of cities[J]. Science，319(5864)：769-771.

Holdren J P. 2008. Science and technology for sustainable well-being[J]. Science，319(5862)：424-434.

Jackson L E. 2003. The relationship of urban design to human health and condition[J]. Landscape & Urban Planning，64(4)：191-200.

Li F，Wang R，Paulussen J，et al. 2005. Comprehensive concept planning of urban greening based on ecological principles：a case study in Beijing，China[J]. Landscape & Urban Planning，72(4)：325-336.

Lutz W，Yeoh B. 2012. Demography's role in sustainable development[J]. Science，335(6071)：637-643.

Newman P W G. 1999. Sustainability and cities：extending the metabolism model[J]. Landscape & Urban Planning，44(4)：219-226.

Rosenzweig C，Solecki W，Hammer S A，et al. 2010. Cities lead the way in climate-change action[J]. Nature，467(7318)：909-911.

Rowe D. 2007. Education for a sustainable future[J]. Science，317(5836)：323-324.

Scalenghe R，Marsan F A. 2009. The anthropogenic sealing of soils in urban areas[J]. Landscape & Urban Planning，90(1)：1-10.

Shafer C L. 2004. A geography of hope：pursuing the voluntary preservation of America's natural heritage [J]. Landscape & Urban Planning，66(3)：127-171.

Weber T，Sloan A，Wolf J. 2006. Maryland's green infrastructure assessment：Development of a comprehensive approach to land conservation[J]. Landscape & Urban Planning，77(1)：94-110.

第五章　推进人居产业系统升级，举步新型城镇化

本章通过分析目前我国城乡建设的整体发展形势，提出如下观点：①新型城镇化促进和实现人居产业的转变，即从建立在偏重传统农业经济基础上的人居环境，向建立在现代工业化、信息化和生态文明基础上的人居环境转变。笔者认为这是一次数千年的历史机遇，是一次人居产业的系统升级，这一系统升级是打造未来美丽中国和魅力中国之人居环境的物质基础。②人居环境建设应被视为综合性的人居产业，其内涵包括第一、第二、第三产业以及自然本底资源、自然遗产和相关生态产业。"自然→第一产业→第二产业→第三产业"的一次"第六产业化"过程，与更高阶段的"第三产业→第二产业→第一产业→自然"的二次"第六产业化"过程，相互交织，同时进行，共同形成一个相互平行、相互推进且螺旋上升的双链条结构。这一内在结构为未来人居产业的发展和升级提供内部支撑、动力来源和方法论途径。笔者将人居产业未来发展的这一深层结构和特点——"6×6＝36"，归纳为第三十六产业。③综上所述，综合打造"第三十六产业"是推动物质生产方式的产业创新、产业升级和推动社会文化进步与发展的重要路径，是进一步推动人居产业发展和系统升级的持久动力，是推进新型城镇化长远稳步发展的物质基础和战略保障。

第一节　迎接人居环境建设千年机遇

一、新型城镇化的相关研究和预测——华苑拾锦

吴良镛先生(1994)提出除了应"认识变化，驾驭变化"，还应认识到"变中有不变"，即"一方面要变，我们要应变；另一方面同样重要的，还要看到不变的另一方面，这就是城市规划基本目标、科学原则、基本规律是不变的"。吴良镛先生在文章中特别提到希腊规划家 C. Dixadias 所信奉的格言"科学是逻辑加广博的事实论证"，并且鼓励后人"我们也有理由相信就像半个世纪以前或更早时期发达国家一样，伴随着城市建设的光辉成就，我们的规划科学水平必将有卓越的创造"。

吴良镛先生(1998)对新世纪城市规划发展提出了如下的框架性建议，"①正视生态困境，积极贯彻可持续发展战略；②在发展经济、技术的同时，强调文化

的发展；③关怀最广大的人民群众，重视社会发展的整体利益；④科学追求与艺术创造相结合，共同创建美好的人居环境"。最后指出"凡事预则立，不预则废，这是城市可持续发展的真谛（success out of preparedness，or failure without it——the truth of sustainable development of cities）。如果我们城市规划工作冲破一切藩篱，真正做到'预为思考，预为规划'（thinking ahead，planning ahead），那么可以预见：被称为'城市世纪'（century of the cities）的 21 世纪，将是一个充满希望的世纪，我们的城市发展将大有作为"。

胡序威先生（2007）强调"应抓紧历史机遇，遵循产业转移的客观规律，推进全国的新型工业化和城市化"。他认为"经济全球化，资本、技术、产业的跨国转移，必将推动和加速发展中国家的工业化和城市化。21 世纪被称为城市的世纪，全世界将在本世纪内实现城市化"。我国的工业化和城市化，"应在积极引进国外先进技术和已趋成熟的高新技术产业的同时，大力培育和发展自己的技术创新、研究开发能力。这样才能逐步缩小与发达国家之间的差距。在大城市产业升级的同时也要推动某些产业向周围中小城市转移。总之，在经济全球化进程中，要抓住一切机遇，推进全国的新型工业化和城市化。不仅要发展沿海的国际大都市区，也要发展内陆的中心城市；不仅要发展大城市，也要发展周围的中小城市；要统筹区域间、城市间和城乡间的协调发展，以促进健康的城市化"。

国家发展和改革委员会的原副主任徐宪平先生（2012）认为"从工业革命以来的人类发展史看，一国要实现现代化，在推进工业化的同时必须同步推进城市化。"并且进一步的深入分析认为"一，城镇化是中国现代化的必由之路"。因为"城镇化是雄厚的内需潜力不断释放的过程，实施扩大内需战略必须以城镇化为依托""城镇化是生产要素在区域空间合理集聚的过程，促进区域协调发展必须以城镇化为依托""城镇化是农村人口生产生活方式转换的过程，破解城乡二元结构矛盾必须以城镇化发展和新农村建设双轮驱动为支撑"。"二，中国城镇化步入转型发展新阶段"。因为"随着农民生活水平的提高，主要依靠廉价农村剩余劳动力供给推动城镇化快速发展的模式越来越难以持续；随着资源环境瓶颈制约日益加剧，主要依靠大量消耗土地资源推动城镇化快速发展的模式越来越难以持续；随着公共服务供求矛盾的日益凸显，主要依靠低成本公共服务推动城镇化快速发展的模式也越来越难以持续。城镇化发展由速度扩张向质量提升转型势在必行"。"三，走公平共享、集约高效、可持续的城镇化道路"，包括"优化城镇化布局和形态""推进基本公共服务均等化""提高城镇可持续发展能力"。

清华大学社会科学系李强等（2012）认为"综合动力机制和空间模式两个视角，我国的城镇化推进模式与欧美国家的区别可以概括为以下三个方面：第一，推进主体以政府为主导；第二，土地归国家和集体所有；第三，社会力量发育不足，尚不具备自发推进城镇化的条件。"该文章最后总结认为"总体上，我国的城镇化与欧美国家相比，存在很大的差异；根据城镇化推进的动力机制和空间模式，将我国的城镇化推进模式归纳为建立开发区、建设新区和新城、城市扩展、旧城改造、建设中央商务区、乡镇产业化和村庄产业化七类，并分别对其动力机制、空间特征、现状和存在的问题进行分析。我们认为，政府主导的城镇化推进模式充分体现了中国的制度创新和制度灵活性；但同时也应该看到，城镇化发展应当尊重基本经济规律，因地制宜，必须更加有效地发挥市场的作用，在更大程度上让多种社会力量参与其中。在土地利用方面应科学规划合理布局、提高土地利用效率，在推进方式上应创新社会力量参与机制，促进政府与民众良性互动"。

同济大学汪劲柏等(2012)对我国近年来开发区的发展类型和背景进行了深入分析，根据开发区主题和驱动力的差异，将新城区开发分为八个类型，分别为"依托工业园区开发的工业新城；依托大型学校开发的大学城等教育园区；依托新行政中心开发的政务新区；依托大型公共设施开发的奥体新区、会展新区等；依托大型交通设施开发的高铁新区、空港新区、临港新区等；依托大型住区、郊区大盘开发的新城区；基于地方城镇化主题开发的综合性新城或新市镇；近几年涌现的基于新概念开发的新城区，如生态城、知识城等"，"新城区开发无论是缘起于哪种主题功能，最终基本都是殊途同归地走向了土地开发和房地产经济，其背后是地方财政对土地资本的依赖，以及国民经济对投资拉动的依赖……从这个角度讲，新城区开发本身是符合时代大趋势的。新城区开发不会就此偃旗息鼓，而是随着我国城镇化的步伐而进一步发展成熟。在这个进程中，正确的发展理念、合理的发展模式、有效的实施策略将具有决定的意义"。

Ke 等(2009)结合并应用四个基本要素(人口、收入、上下班、农村土地的成本和价格)，解释了中国大多数城市的城间尺度变化规律。"调查结果清楚地表明，虽然我国在城市土地的使用上继承许多中央计划的特点，但是自由市场运行现在已经发挥了非常显著的影响"。该项研究的模型分析还表明，中国城市的空间规模同时整合了"封闭"和"开放"的双重特征。Lin 等(2007)认为"在 20 世纪 80 年代和 90 年代早期，中国的城市空间被农村工业化和城镇发展的利益所占据。20 世纪 90 年代中期以来，中国的城市空间已经通过一个以城市基础和土地集中的城市化进程，大城市重申它们在日益激烈的竞争、全球化和城市化中的领导地位。本研究认为，中国非农业土地利用的变化关系到中国城市的增长和结构的变化"中国在 1996 年拥有 29 500 000 公顷的非农业土地，这只占全国土地面积的 3%，最近超过 80% 的城镇和农村居民点的扩张造成非农业土地的使用有所增加，其中包括工业化和众多的'开发区'。对城市化与非农业土地利用变化用土地利用现状数据和陆地卫星图像进行识别对比分析。大城市快速的城市扩张是由环形道路的扩展和建立'开发区'引领的，促进了耕地向非农业用地使用的转换。与此同时，农村工业化和房地产市场的繁荣也引起全国各地非农业土地分散模式的发展。鉴于持续的城市化和全球化力量无所不在的影响，国家为了保护中国日益减少的耕地，不会扭转增加非农业土地利用的这种趋势，土地转化的步伐可能放缓。"

除此之外，吴志强等(2008)、吴缚龙(2008)、张继刚(2011)等都从不同角度对新时期我国城市整体发展特点和变革机遇进行了探讨。

二、新型城镇化的发展现状——问题与思考

实践中，云南在城镇上山、西北在推山造城、部分沿海省份在围海造城，除此之外，内地多省也出现了挖坑造湖。与20世纪90年代广场越造越大类似，21世纪，人工湖越造越大。除此之外，农业人口快速转移推动了"数字城市化"，以及各地形形色色旅游地产、养生地产的蓬勃发展……这一切，何去何从，都需要从更高的层面给予解释和分析，从而廓清这些现象的深层背景原因、动力来源、路途走向和路径选择。值得一提的是，2012年山地城镇可持续发展专家论坛于11月28~29日在重庆召开。论坛闭幕式上，石楠秘书长宣读了吴良镛先生的四点建议(注：记录非完全准确，大意如下)：①山地城镇可持续发展，不能孤立地研究，要放到我国整个城镇化的过程中，综合地研究，算大账，避免在局部算小账；②城镇发展不仅仅是城镇本身的问题，需要从区域的角度审视；③不能单靠规划学科，要多学科综合地研究；④山地城镇有其自身的规律，不能沿用平原的方式，一个是强度，一个是尺度，这是山地城镇发展中两个比较重要的指标。

从吴良镛先生的寄言中受到启发，进一步思考，何为大账？我们该如何算账？本书粗浅地认为，大账是否可以理解为生态优先和产业升级之间的大账，一般认为这个大账是冲突的，也就是常识中所认为的发展和保护的冲突。但是从更高更宽的视野分析，这是一次人类社会的元化升级，在这个升级过程中，发展和保护不但不冲突，且在"元化升级"中互促创新、相互支撑、相辅相成。关键和途径在于，必须在观念和视角上，认识到这一突破性的变化，建立起元化升级的思想认识，那么对应地，在方法论选择上，自然就会广开法路。其中，最核心的内涵是支撑元化升级的两个基础：①推动物质生产方式的产业创新和产业升级；②推动融入生态伦理与生态文明的文化创新与文化发展。总结起来，产业升级和文化发展是解决保护与发展矛盾的钥匙，是算大账的钥匙，是推动传统人居发展模式，顺应全球化趋势和可持续发展大势，实现整体系统升级的钥匙，是实现中国人居梦的钥匙。其根本内核是硬实力和软实力互相支撑而形成的国家综合实力。

三、新型城镇化的未来——举步新台阶

大致在19世纪中叶，有先见的科学家开始预见到人类可能面对的生态窘境。20世纪以来环境快速变化，相关的研究和呼吁也印证了这一变化趋势。譬如：

Bazilevich 等(1994)提出地球初级生产力的观点；Costanza 等(1998)提出评估全球生态系统和全球自然资本的观点；Groot 等(2000)提出以关键自然资本的生态服务和社会经济价值来测量生态完整性和环境健康的方法；Balvanera 等(2001)提出保护多样性和生态系统服务功能的建议；Costanza(2001)提出评估建立生态经济学的必要性；Rignot 等(2003)观察到南美巴塔哥尼亚的海平面上升；Boteva 等(2004)以及 Carlson 等(2004)提出利用 GIS 评估栖息地和应用 GIS 评估与保护景观多样性的意义；Thomas 等(2004)发文"灭绝风险来自于气候变化"；Foley 等(2005)关注土地利用导致的全球性影响和后果；IUCN(International Union for Conservation of Nature)(2005)公布报告"depend on nature, ecosystem services supporting human livelihoods"，等等。环境变化使人们生活环境面临"基本物理需求"的危机，如空气污染、粉尘、噪声、酷热酷寒、干旱等开始广泛地影响到人类的栖息地。"环境保护与生态化建设"努力的基本出发点，应该重新满足和改善人们生存所需要的基本物理需求，重新回归到干净的水、清洁的空气和多样性的动植物原生态环境等，这无疑是一个任务艰巨的元化过程。然而，这一过程越来越需要先进技术的支撑，而"产业创新与产业升级"有助于通过技术的手段提高环境改善的效率和质量。世界各地的实践案例也证明，落后的生产生活方式对环境的破坏日渐严重。因此，"产业创新与产业升级"和"环境保护与生态化建设"的关系是相辅相成的。两者相互促进的结果，推动和诞生了一个全新的产业，即 20 世纪的朝阳产业——绿色产业，或简单称之为碳产业，也随之产生了一些新的研究领域，如生态经济学和生态社会学等。以此为触媒，进一步地，由于环境生态问题影响的广泛性以及人类"基本物理需求"的深刻性和持久性，整个人类社会迎来了一次数千年的挑战和机遇，即重新回归到满足"基本物理需求"的元化过程。一个元化升级的过程牵涉各行各业的升级，简言之——系统升级；并且，只有经由这样一个系统升级的过程，才能实现可持续发展，从而踏上新台阶，开始新历程。

四、迎接和珍惜我国人居环境建设的千年机遇

(一)全球背景下的千年机遇

从全球背景分析，目前我国的人居环境建设存在两大忧虑，其一是由于生态环境问题引起的可持续发展难题；其二是由于全球发展的非平衡引起的和平忧虑。人类要同时面对和协调这样两个难题，并实现一致性，就必然面临着一次系统调整和系统升级。生态文明及其联系在一起的生态伦理，成为这样一次系统升级的最主要推动因素。因为"一方面，从产业革命发展的内部性而言，已经过了两次变异(即第一次由蒸汽机过渡到电力的使用，第二次由电力过渡到分子和原

子、航天和遗传技术等）。另一方面，从产业革命发展的外部性而言，同样也经过了两次人类生存方式的变异（第一次从采集和狩猎业到农业，第二次从农业到工业）。根据辩证唯物主义关于扬弃的一般规律，扬弃在第三次变异时，也必将面临一次回归式的前进和跃升，也是扬弃规律中最艰难的一次再生。所以，目前人类的生产生活方式，也必然面临着一次回归式跃升，即与自然融合的更高级的生产生活方式。本书称其为"元业"的生产生活方式和与之相对应的新"元始社会"。"元业"化的核心内容是"元生产"。"元生产"的重要和本质特征是："建立在人与自然和谐基础上的人的全面发展"。"元人居与元城市化，本质上，是一次回归式的系统升级，是基于新范式的升级过程，是基于新知识和新技术作为支撑的升级过程，是一次全球性的系统升级。纵观全球，这种致力于实现动态一致性的系统升级行为已露端倪"。这是数千年来全球面临的一次挑战和机遇（张继刚，2011）。

狩猎与采集业社会时期	农业社会时期	工业社会时期	后工业社会时期	绿色产业社会时期
产业文明方式： 第一次产业的准备——狩猎与采集业文明	产业文明方式： 第一次产业——农耕文明	产业文明方式： 第二次产业——大机房生产文明	产业文明方式： 第三次产业——信息与服务业文明	产业文明方式： 六次产业文明

图 5.1　产业与社会发展阶段

（协助绘制：李璠）

（二）我国国情背景下的千年机遇

从我国的具体国情而言，我国传统人居环境长期缓慢发展的物质基础是农业文明。因此，以农业作为主要物质生产方式的事实，制约了数千年的人居环境模式，乃至具体的国域结构、城乡结构、城区结构、院落结构等方方面面。近代以来，我国长期积弱，原因在于宋明以来，错失机遇，没能赶上世界范围内物质生产方式的快速转变，特别是文艺复兴之后工业文明的长足进步。国家之间的竞争，归根结底，是物质生产方式之间的竞争，简言之是产业创新和产业升级的竞赛。目前，我国推动工业化、信息化、城镇化、农业现代化的时代决策，就是适应新时期物质生产方式发展和转型的重大举措。我国正在努力向工业文明和生态文明转型，这是我国人居环境建设物质基础的重大变化，是由偏重农业文明的物质基础向工业和生态文明的物质基础的人居环境转型，是数千年迎来的珍贵机遇。

从理论到实践，以上的所有事实都在说明一个趋势，即总体上，我们面临了一次物质生产方式和生态伦理影响下的文化方式的转型升级：在人居领域，明显地表现为人居方式的转型升级；在城镇化方面，表现为新型城镇化。全球化是我们面临的时代背景，可持续困境及其导致的重大转型是我们面临的核心任务，这两点导致并制约着我国城镇化建设现状中纷繁现象的方方面面。如同电脑与电脑软件需要协同升级一样，我们的农业方式、工业方式、人居方式、文化生活方式……概括起来，我们的物质生产方式（硬件）和文化方式（软件）需要同时升级，这不但是历史赋予的重大使命和任务，而且是全球化过程中最为核心的竞争，任务艰巨且繁重、复杂又迫切。新型城镇化，表面上是一次生活方式的改变，而本质上，是一次物质生产方式的转变，其中至为重要的是产业方式的转变，而产业方式转变的核心是产业创新和产业升级。

　　总结起来，假如以千年视角来审视整个中国近代的城镇化过程，就会发现中国近数十年城镇化进程的重要性。中国近数十年城镇化的本质，即在于努力改变中国数千年的生产发展方式乃至人居方式等，并经由这个过程为未来数千年的发展开辟更广阔的新阶段和新空间。站在前后两个数千年之间，新型城镇化可以视为一次人居方式的跃升，更是一次社会生产方式的跃升。但是，我们必须坚持适合和立足自身本底基础的元化升级，并坚定不移地经由这个稳定的过程，兼容并蓄地系统升级。我们既不能否定传统的一切，也不是全盘地继承，从而形成自身富有生命力和适应性的鲜活特色，因此这个升级过程正在经历最艰难的考验。目前的中国城镇化过程，只能前进，不能倒退，只能胜，不能败。譬如，对原有城乡二元结构，既不能武断地否定为一元结构，也不能简单地保持原有的二元结构。这是一个必然的元化升级过程，也是中国城镇化的必然出路，经由这个过程，中国特色一定会在新型城镇化的探索中找到自身的科学模式，即中国模式。这是一次艰巨的创新过程，是一次凝聚13亿人智慧的世纪大作。

第二节　综合打造"人居产业"和"第三十六产业"，推进产业升级

一、建立"人居产业"和"第三十六产业"新概念，以产业创新和产业升级推动人居环境发展

（一）建立"人居产业"新概念

　　本章第一节阐述了新型城镇化面临的时代机遇、发展态势和方向，进一步地思考，实现新型城镇化的支撑和推动力是什么？本书认为，实现新型城镇化的核心推动力是产业创新和产业升级，而新型城镇化所依据的直接推动力不是一般的产业，而是一个大产业概念，即"人居产业"。为了有力推动新型城镇化的健康和稳步发展，必须建立一个全新的观念，即人居建设事业，这是一项大产业，简称"人居产业"。假如发问，休闲性生活性城镇也是产业吗？可以肯定地讲，根据国际上的最新文献，生活、休闲甚至娱乐享受同样可以协助产生生产力，属于第三产业，从这个视角，休闲性和生活性城镇也是一种产业。进一步综合地概括，人居建设事业是一项综合性的大产业——"人居产业"，其囊括了第一、第二、第三、第六产业、生态产业或言绿色产业的所有内容。"人居产业"的重要特点和核心结构是"第三十六产业"，何为"第三十六产业"？

（二）建立"第三十六产业"新概念

一般而言，"第一产业是指农、林、牧、渔业。第二产业是采矿业、制造业、电力、燃气及水的生产和供应业、建筑业。第三产业是指除第一、二产业以外的其他行业。第三产业包括：交通运输、仓储和邮政业，信息传输、计算机服务和软件业，批发和零售业，住宿和餐饮业，金融业，房地产业，租赁和商务服务业，科学研究、技术服务和地质勘查业，水利、环境和公共设施管理业，居民服务和其他服务业，教育、卫生、社会保障和社会福利业，文化、体育和娱乐业，公共管理和社会组织，国际组织"（2003 年 5 月 14 日，国统字［2003］14 号，国家统计局关于印发《三次产业划分规定》的通知）。20 世纪 90 年代，日本东京大学名誉教授、农业专家今村奈良臣，针对日本农业面临的发展窘境，首先提出了"第六产业"的概念。通过鼓励农户搞多种经营，即不仅种植农作物（第一产业），而且从事农产品加工（第二产业）与销售农产品及其加工产品（第三产业），以获得更多的增值价值，为农业和农村的可持续发展开辟了光明前景。因为按行业分类，农林水产业属于第一产业，加工制造业则是第二产业，销售、服务等为第三产业。"1+2+3"等于 6，"1×2×3"等于 6，这就是"第六产业"的内涵（http://baike.baidu.com/view/2438002.htm）。此后，第六产业为推动农业现代化发展提供了空间和机遇，被认为是发展现代农业的真谛。

我国新型城镇化发展所面临的任务，固然涉及发展现代农业的内容，但远比发展现代农业要复杂得多、宏大得多、深刻得多。我国的城镇化过程是一个基于我国特定城乡二元结构基础上的双向交织过程。一方面，农村须逐步走向现代化。在这个过程中，需要在第一产业的基础上，不断融入第二，第三产业的活力，同时兼顾生态和绿色发展的要求。另一方面，城市必须向更高的现代化阶段发展。根据前文分析，城市向更高阶段发展所遭遇的全球性门槛是回归式的元化升级，即城市必须依据第三、第二、甚至第一产业的创新和发展，逐步实现自身的回归式升级，从而依据更发达的产业和技术，跃升到更高的发展阶段。这个新阶段的一个显著特点就是元化升级，即城市必须回归到重新拥有安全的生存环境，如清洁的水和空气、多样性的自然环境等，以满足人类最基本的物理需求。城乡之间的这一逻辑关系，同样类同于更大国域范围内欠发达地区与发达地区之间的关系，欠发达地区更多依赖于第一、第二产业，而发达地区更多依赖于第二、第三产业，也同此理。我国广大的农业地区和欠发达地区走向现代化需要第六产业提供动力和创造机遇；同样，我国广大的城市和发达地区走向未来更高级发展需要回归式的"反向"第六产业提供动力和创造机遇。另外，还有大量中小城镇的发展，面临着以上两个方面之中间层次的交织。因此，农业的发展、中小城镇的发展、大城市和特大城市的发展，汇聚在一起，既需要由第一产业融入第二、第三和生态产业之"一次第六产业"产生的机遇和动力，实现农业现代化；

同时又需要由更发达的第三产业融入更发达的第二产业、更发达的第一产业和生态产业之"二次第六产业"产生的机遇和动力，实现城市现代化的元化升级。两个反向却共生的第六产业交织在一起，将形成一个全新的人居产业，即"6×6"=第36产业，第36产业=（第1产业→×第2产业→×第3产业）×（第3产业→×第2产业→×第1产业）。第36产业的本质，既是一场产业的序替和融汇发展，又是一场产业的创新和升级。第36产业将为人居环境建设的长期发展提供动力来源，并将产生无以数计的机会和难以预测的强大推动力，推动新型城镇化稳步前进，并为人居环境建设的系统升级提供物质基础，推动建设美丽中国和魅力中国。

（三）以产业创新和产业升级推动人居环境发展

新型工业化、信息化、城镇化和农业现代化的核心推动力，是物质生产方式的发展，而物质生产方式发展的最主要内容即是产业创新和产业升级。产业创新和产业升级必然带动国家硬实力（物质实力）和软实力（文化实力）的增强和提升。国家之间综合实力的竞争本质上是产业创新和产业升级的竞争，即物质生产方式和文化培育方式的竞争。所以，新型工业化、信息化、城镇化、农业现代化的核心，是产业创新和产业升级。从全球范围分析，目前的全球化发展趋势总体上面临着人类生产方式发展的一次元化升级。从我国范围分析，元化升级是数千年建立在偏重农业生产方式基础上的人居方式，向建立在工业化和生态范式基础上的人居方式跃升的过程。这一升级过程须立足中国的具体条件，因此也是一次元化的过程，既是升级，又是元化，升级必然伴随着不平衡，元化才具有可行性，两者相辅相成，缺一不可。如何落实和开拓新型城镇化，路在何方？答案只能是走中国特色的城镇化道路，简言之，走向元人居。进一步结合当前全球生态文明的背景，以千年的视角长远地分析，元人居本质上是一次人居方式适应全球环境变化的系统升级。因此，新型城镇化不同于传统的城市化，因为它是在时间上已经放大至千年机遇，在空间上已经放大至国域、区域、城市族群、镇乡集，以及广大农村的一体化发展过程。简言之，走向元人居是一个动态的协同发展过程，一个动态的一致性创新过程，一个动态且稳步发展的人居系统升级过程。

二、我国城镇产业发展的数据统计对比与分析

本节对我国城镇产业的数据进行统计与对比（图5.2～图5.13），主要采用如下基础方法：①采用国家统计局正式颁布的历年统计数据；②将全国各个省级行政区按东、中、西三个区域进行分区对比；③在东、中、西部区域中各选择一个代表省级行政区，进行历年数据发展变化的纵向对比；④选择四个直辖市，进行历年数据发展变化的纵向对比；⑤每个省级行政区内的城镇按照特大城市、大城市、中小城镇和县级以下乡镇四个级别进行统计后，分别计算各对应级别的平均

值进行对比；⑥对各个省级行政区以及四个级别城镇之间进行人均 GDP 的比较，并计算第三产业人均值在人均生产总值中所占的比例，因为这一比例在一定程度上反映着 GDP 的重要构成，即 GDP 的质量。

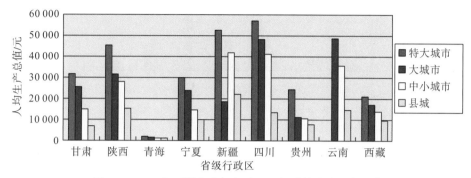

图 5.2　2011 年西部各省级行政区四级城镇人均生产总值

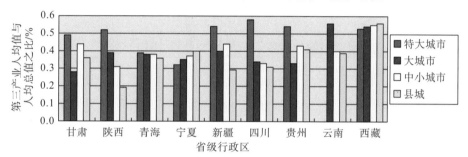

图 5.3　2011 年西部各省级行政区四级城镇第三产业人均值与人均总值比值

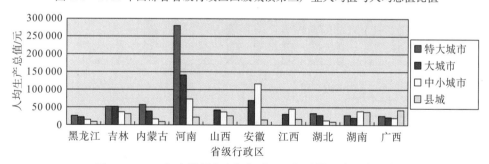

图 5.4　2011 年中部部分省级行政区四级城镇人均生产总值

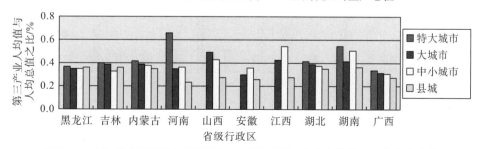

图 5.5　2011 年中部部分省级行政区四级城镇第三产业人均值与人均总值比值

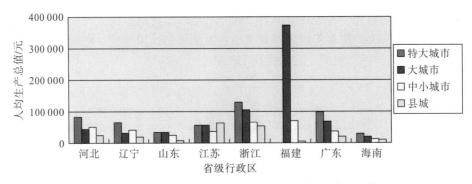

图 5.6　2011 年东部部分省级行政区四级城镇人均生产总值

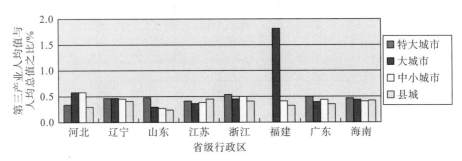

图 5.7　2011 年东部部分省级行政区四级城镇第三产业人均值与人均总值比值

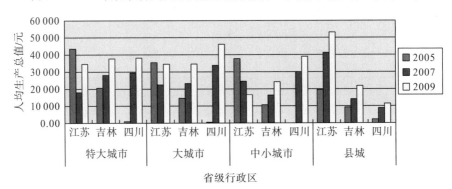

图 5.8　东、中、西部部分省级行政区人均生产总值

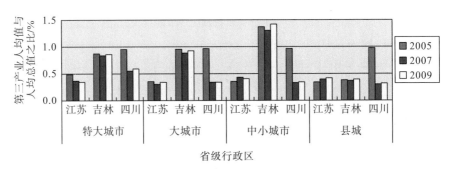

图 5.9　东、中、西部部分省级行政区第三产业人均值与人均总值比值

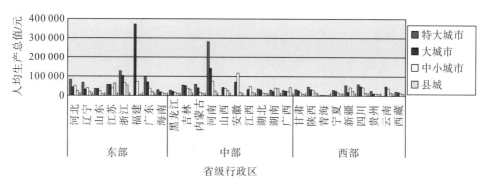

图 5.10　2011 年东、中、西部部分省级行政区四级城镇人均生产总值

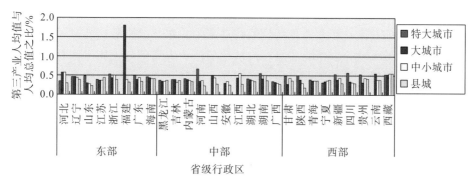

图 5.11　2011 年东、中、西部部分省级行政区四级城镇第三产业人均值与人均总值比值

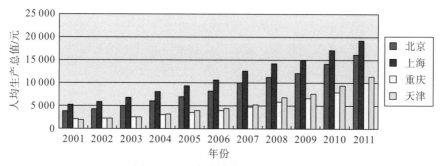

图 5.12　四大直辖市人均生产总值

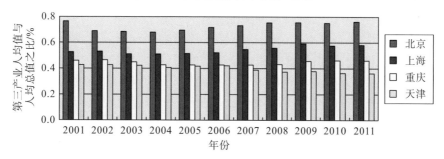

图 5.13　四大直辖市第三产业人均值与人均生产总值比值

（以上数据的收集与计算、整理与绘制：王政辉，杨秀明，张昱东）

三、对我国城镇产业发展的分析和总结

分析统计归纳后的图表，可以看出：

(1)总体格局。从西部、中部到东部省级行政区，从县城、中小城市、大城市到特大城市，人均 GDP 均呈现增长趋势。这个看似常识性的现象，反映着一个普遍的城市发展规律，即在过去参差不齐的泛工业化过程中，社会经济是城市发展的最主要依据和最主要支撑，中国的城市发展同样也不外乎这个大的背景。

(2)细部结构。从西部、中部到东部省级行政区，第三产业人均值与人均生产总值比值整体上并没有呈现出与人均 GDP 相一致的增长趋势，甚至出现西部第三产业人均值与人均生产总值的比值略高于中、东部的现象；从县城、中小城市、大城市到特大城市，所有省级行政区第三产业人均值与人均生产总值比值总体上均呈现出略微上升的势头，但不甚明显。同时，还有县城、中小城市的第三产业人均值与人均生产总值比值高于大城市到特大城市的个别现象，说明这些省级行政区中县城、中小城市的潜在发展形势比较好，如东部的江苏、西部的西藏和宁夏。中部省级行政区中，从县城、中小城市、大城市到特大城市，第三产业人均值与人均生产总值比值总体上呈现上升的势头较为明显，其中黑龙江省四级城镇中第三产业占生产总值的比值基本均等，说明县城、中小城市的潜在发展势头较好。

按照一般的规律而言，一个地区城镇的产业水平、产业结构和产业效益从根本上影响着地区城镇的发展规模、分布模式和整体的可持续发展能力与可持续发展方式。越是发达的国家或地区，城镇的两个指标一般越具有明显的优势，一个是人均 GDP，一个是人均第三产业值与人均生产总值的比值，前一个指标指代发展的量，后一个指标指代发展的质和发展的未来潜力。Bosker 等(2008)、Pincetl 等(2012)、Nam 等(2012)、Chrysoulakis 等(2013)认为城市规模的变化和城市的可持续发展是与城市的社会经济发展紧密联系的，城市社会经济变量的方式和结果，如经济方式、生产损益、经济结构、投资成本、住房价格、就业等，深刻地影响着城市的可持续发展能力和可持续发展方式。Bosker 等(2008)通过对联邦德国 62 个城市 1925~1999 年的年度数据分析后发现："总体而言，我们的研究结果与城市增长规模随收益递增的理论是一致的。"目前，针对我国城镇的发展而言，除了对城镇的生产总值提出发展预期和要求外，更为重要的是，提升发展的质，即对生产总值的构成进行合理的优化引导，尤其需要推动先进产业在生产总值中的份额和引领作用，因为第三产业，如金融服务业、信息服务业、高技术服务业等，在某种程度上代表了先进的物质生产水平，所以应加大推动这一部分的内容。根据以上对我国城镇产业发展数据的分析，做出如下粗浅总结：

（1）产业创新和产业升级是城镇化发展的最核心支撑力量。我国目前的城镇化工作需要着力促进产业创新和产业升级。从全国各省、市、县的统计结果分析可知，我国目前的产业结构不甚合理，产业创新的潜力巨大，但任务繁重。

我国东、中、西部地区以及四级城镇之间，发展落差较大。对比人均生产总值，西部平均的发展水平大致滞后于东部的发达地区 10 年，县城和中小城市滞后于本省的大城市和特大城市大致 5 年，所以说发展的潜力巨大。

无论西部还是东部，第三产业值在生产总值中的比例普遍偏低。并且，在我国快速城市化过程中，大量农村劳动力涌入城市，但劳动技能较低，也未得到及时的培训。于是，有些省份和城市的人均生产总值虽然在历年提高，但第三产业值在生产总值中的比例却出现下降的趋势，说明生产总值的科技含量和质量并没有得到有效提高，这与全球产业创新与产业升级的一般规律不一致，因此我国城镇化过程中面临产业创新和产业升级的任务还相当繁重。

（2）我国的产业创新和产业升级，一方面，从国内而言，要经由第一产业，向第二产业，进一步向第三产业融汇创新，递进发展，形成新型城镇化过程中的第一次"六产业化"；另一方面，着眼全球，在全球面临可持续发展的背景下，其必然面临着元化升级的总体要求，面临着必须满足人的最基本物理需求的发展方式，即立足更高技术阶段上的回归式发展，在更高的阶段上实现由第三产业向第二产业，进一步向第一产业的联动升级，形成新型城镇化过程中第二次更高层次的"六产业化"。在实践中，两次"六产业化"不是独立进行，而是交织进行和交叉进行的。"6×6＝36"，融汇交叉而形成"第三十六产业"，"第三十六产业"涵盖了"人居产业"的所有内容，揭示了"人居产业"建设和发展的内部支撑、动力来源和方法论途径。因此，综合打造"第三十六产业"将获得持续的动力来源和创新机会，从而推动我国的人居环境建设进入更高的阶段，并创造辉煌的未来。

第三节　推动人居产业跨上新台阶，稳步走向新型城镇化

一、我国人居产业发展面临的全球背景

归根结底，全球范围内的竞争，是物质生产方式和文化方式的竞争。这两种方式的落后与先进制约着一个地区、一个民族、一个国家的综合实力、兴与衰、积弱抑或增强。一般而言，先进物质生产和文化一方会对落后物质生产和文化一方形成发展的优势和壁垒，并从中持久地受益，这样的壁垒和优势包括"资本壁垒"和"资本优势"、"技术壁垒"和"技术优势"、"版权壁垒"和"版权优势"、"规则制定的壁垒"和"规则制定的优势"、"交易权限的壁垒"和"交易权限的

优势"、"观念的壁垒"和"观念的优势"、"公共关系的壁垒"和"公共关系的优势"等。我们从 2010 年联合国的官方统计数据中,挑选 5 个发达国家(以加拿大、法国、日本、英国、美国为例)、5 个发展中国家(以中国、巴西、埃及、印度、俄罗斯为例)、5 个不发达国家(以埃塞俄比亚、尼泊尔、巴拉圭、塞拉利昂、利比里亚为例),对比其科技研发人员规模(象征技术与知识优势)、平均国民生产总值(象征物质生产的总体优势)、农林牧渔在产业总值中的比例(象征产业结构的优势),如表 5.1~表 5.9 所示。

表 5.1　发达国家——研发人员数量表(2004~2008 年的数据,衡量标准:全职等效人数)

国家		2004 年	2005 年	2006 年	2007 年	2008 年
加拿大	研发人员	210 557	218 612	224 106	—	—
	全职等效人数	130 383	136 759	139 011		
法国	研发人员	52 003	349 681	365 814	372 326	—
	全职等效人数	202 377	202 507	210 591	215 755	
日本	研发人员	1 096 080	1 122 680	1 148 840	1 157 570	
	全职等效人数	830 474	861 901	874 690	883 386	
英国	研发人员	318 886	324 917	334 804	349 360	358 284
	全职等效人数	228 969	248 599	254 009	254 599	261 406
美国	研发人员	—	—	—	—	—
	全职等效人数	1 393 520	1 387 880	1 425 550		

表 5.2　发展中国家——研发人员数量表(2004~2008 年的数据,衡量标准:全职等效人数)

国家		2004 年	2005 年	2006 年	2007 年	2008 年
巴西	研发人员	279 128	328 932	348 865	373 221	397 720
	全职等效人数	147 244	177 941	188 163	199 427	210 716
中国	研发人员	1 152 620	1 364 800	1 502 470	1 736 160	—
	全职等效人数	926 252	1 118 700	1 223 760	1 423 380	
埃及	研发人员	—	—	—	—	—
	全职等效人数	—	—	—	95947	
印度	研发人员	—	391 149	—	—	—
	全职等效人数	—	154 827	—		
俄罗斯	研发人员	839 339	813 207	807 066	801 135	761 252
	全职研究人员	401 425	391 121	388 939	392 849	375 804

表5.3　欠发达国家——研发人员数量表（2004～2008年的数据，衡量标准：全职等效人数）

国家		2004年	2005年	2006年	2007年	2008年
埃塞俄比亚	研发人员	—	5 112	—	6 051	—
	全职等效人数	—	1 608	—	1 615	—
尼泊尔	研发人员	13 500（2002年）	—	—	—	—
	全职等效人数	3 000（2002年）	—	—	—	—
巴拉圭	研发人员	1 873	1 142	1 734（2003年）	—	—
	全职等效人数	864	787	800（2003年）	—	—
塞拉利昂	研发人员	—	—	—	—	—
	全职等效人数	—	—	—	—	—
利比里亚	研发人员	—	—	—	—	—
	全职等效人数	—	—	—	—	—

表5.4　发达国家——平均国民年生产总值和实际增长率表（2004～2008年的数据）

国家		2004年	2005年	2006年	2007年	2008年
全球	平均GDP/美元	6 526	6 977	7 462	8 288	9 012
	实际增长率/%	4.1	3.5	4.0	3.9	2.2
加拿大	平均GDP/美元	31 027	35 062	39 189	43 396	45 166
	实际增长率/%	3.1	2.9	3.1	2.7	0.4
法国	平均GDP/美元	33 012	34 152	35 836	40 774	44 675
	实际增长率/%	2.5	1.9	2.2	2.3	0.4
日本	平均GDP/美元	36 158	35 718	34 229	34 384	38 578
	实际增长率/%	2.7	1.9	2.0	2.4	0.4
英国	平均GDP/美元	36 662	37 791	40 152	46 016	43 544
	实际增长率/%	2.8	2.1	2.8	3.0	0.7
美国	平均GDP/美元	38 793	40 841	42 907	44 518	45 230
	实际增长率/%	3.7	2.9	2.8	2.0	1.1

表5.5　发展中国家——平均国民年生产总值和实际增长率表（2004～2008年的数据）

国家		2004年	2005年	2006年	2007年	2008年
全球	平均GDP/美元	6 526	6 977	7 462	8 288	9 012
	增长率/%	4.1	3.5	4.0	3.9	2.2
巴西	平均GDP/美元	3 610	4 740	5 790	7 017	8 311
	增长率/%	5.7	3.2	4.0	5.7	5.2

续表

	国家	2004 年	2005 年	2006 年	2007 年	2008 年
中国	平均 GDP/美元	1 512	1 786	2 142	2 469	3 292
	增长率/%	10.1	10.4	11.6	13.0	9.1
埃及	平均 GDP/美元	1 089	1 274	1 427	1 718	2 031
	增长率/%	4.5	6.8	7.1	7.2	3.6
印度	平均 GDP/美元	624	719	794	981	1 061
	增长率/%	8.3	9.3	9.7	9.1	7.3
俄罗斯	平均 GDP/美元	4 113	5 340	6 942	9 119	11 858
	增长率/%	7.2	6.4	7.7	8.1	5.6

表 5.6　欠发达国家——平均国民年生产总值和实际增长率表（2004~2008 年的数据）

	国家	2004 年	2005 年	2006 年	2007 年	2008 年
全球	平均 GDP/美元	6 526	6 977	7 462	8 288	9 012
	增长率/%	4.1	3.5	4.0	3.9	2.2
埃塞俄比亚	平均 GDP/美元	138	165	198	244	319
	增长率/%	13.6	11.8	10.8	11.1	11.3
尼泊尔	平均 GDP/美元	300	337	360	437	465
	增长率/%	3.1	3.7	3.2	4.7	5.6
塞拉利昂	平均 GDP/美元	288	291	313	360	418
	增长率/%	9.6	7.5	7.3	6.4	5.5
巴拉圭	平均 GDP/美元	1 200	1 266	1 542	1 995	2 581
	增长率/%	4.1	2.9	4.3	6.8	5.8
利比里亚	平均 GDP/美元	145	153	193	180	219
	增长率/%	2.6	5.3	7.8	9.5	7.1

表 5.7　发达国家——产业总增加值和农林牧渔所占百分比表（2004~2008 年的数据，单位：美元）

	国家	2004 年	2005 年	2006 年	2007 年	2008 年
加拿大	产业总增加值	1 200 991	—	—	—	—
	农林牧渔占比/%	2.2	—	—	—	—
法国	产业总增加值	—	—	1 614 341	1 697 408	1 752 430
	农林牧渔占比/%	—	—	2.1	2.2	2.0
日本	产业总增加值	—	522 494 500	525 191 100	527 817 000	—
	农林牧渔占比/%	—	1.5	1.4	1.4	—

续表

国家		2004 年	2005 年	2006 年	2007 年	2008 年
英国	产业总增加值	1 030 928	1 148 558	—	—	无
	农林牧渔占比/%	1.0	0.9	—	—	—
美国	产业总增加值	—	11 495 200	12 190 100	12 778 400	
	农林牧渔占比/%	—	1.2	1.0	1.3	

表 5.8 发展中国家——产业总增加值和农林牧渔所占百分比表（2004～2008 年的数据，单位：美元）

国家		2004 年	2005 年	2006 年	2007 年	2008 年
巴西	工业总增加值	1 666 258	1 842 253	2 034 734	—	
	农林牧渔占比/%	6.9	5.7	5.5	—	
中国	工业总增加值	—	18 321 740	21 192 350	24 952 990	
	农林牧渔占比/%	—	12.2	11.3	11.3	
埃及	工业总增加值	534 427	600 641	675 373	—	
	农林牧渔占比/%	14.6	14.9	14.6	—	
印度	工业总增加值	—	33 399 759	38 474 774	43 994 506	
	农林牧渔占比/%	—	18.9	18.0	18.0	
俄罗斯	工业总增加值	—	—	23 542 188	29 259 010	36 469 151
	农林牧渔占比/%	—	—	5.0	4.9	4.9

表 5.9 欠发达国家——产业总增加值和农林牧渔所占百分比表（2004～2008 年的数据，单位：美元）

国家		2004 年	2005 年	2006 年	2007 年	2008 年
埃塞俄比亚	工业总增加值	—	—	122 950	160 849	230 429
	农林牧渔占比/%	—	—	47.5	47.2	50.8
尼泊尔	工业总增加值	—	611 089	675 484	768 832	—
	农林牧渔占比/%	—	34.6	33.6	33.6	—
塞拉利昂	工业总增加值	—	4 147 635	4 677 814	5 604 440	
	农林牧渔占比/%	—	51.5	53.0	57.6	
巴拉圭	工业总增加值	—	42 086 000	47 584 000	55 843 241	无
	农林牧渔占比/%	—	23.2	22.2	24.2	
利比里亚	工业总增加值	—	—	653	632	806
	农林牧渔占比/%	—	—	68.6	57.4	63.5

（1）从以上数据的分布结构和分布层次可以看出：①数据并不十分全面和系统，发达国家和发展中国家也许有能力提供某些数据，欠发达国家也许无法提供

其中大部分的数据，这本身就是一种差距。同时，也暴露出联合国对全球的影响力是有限的，全球采取一致性的工作是极其艰难的。②科技研发的等效全职人员占全国人口的比例，发达国家最高，尤以美国和日本为最明显。发展中国家中，中国的科技研发人员总数最多，但是占全国人口总数的比例距发达国家还有很大的差距，但递增发展的强劲态势最为明显。欠发达国家科技研发的等效全职人员人数很少，且大部分国家没有这方面的数据。③发达国家的人均产业总值总体上相当于世界平均水平的 5~6 倍；发展中国家人均产业总值相当于世界平均水平的 1/10 到平均水平之间，中国近些年正在由占平均水平 1/4 向 1/3，甚至 1/2 稳步提高，相当于目前中国的人均产业总值仅勉强达到发达国家的 1/10 左右。欠发达国家的人均产业总值仅仅相当于发达国家的 1/50~1/10，而且多在 1/50~1/20。④农林牧渔所占产业总增加值的比例等效于第一产业值占生产总值的比例，发达国家为 1.0%~2.2%，发展中国家为 4.9%~14.9%。发展中国家中，我国的农林牧渔占产业总增加值的比例偏高，为 11.3%~12.2%；而埃及的比例最高，为 14.6%~14.9%，两者作为传统农业国的特点十分明显。欠发达国家为 22.2%~68.6%，国民经济依赖第一产业(农林牧渔等)的特点就更明显。

（2）从以上分析可以看出，我国人居产业发展面临的全球背景如下：①全球的发展极不平衡，两极分化极其严重，发达国家对不发达国家的壁垒优势和产业优势十分突出。②在这个整体的格局中，中国的发展任务十分艰巨，距离发达国家还有很大的差距，人均产业总值还相差 10 倍有余。但是，虽然在总体产业值与产业结构格局中，中国依然处于中间甚至略微偏下的位置，但数据递增的态势十分稳健，特别是科技研发人员的数量，这是个非常重要的数据，象征着中国的未来发展潜力。③在产业结构上，对比发达国家可知，中国的第一产业值占总产业值的比例是发达国家的 10 倍左右，说明中国实现工业化和信息化的任务十分迫切，推进产业创新和产业结构调整的任务十分繁重，这是中国实现新型城镇化必须协同解决的首要问题，是实现新型城镇化的物质基础。

二、为何必须推动人居产业跨上新台阶——必要性和长远意义

一定地域所有自然资源的总和影响并决定了一定地域的文明方式和文明特点。其中，物质方式与文化方式在发展过程中，相互推动并总体上呈动态一致。在这个互动的过程中，物质生产方式成为其他所有外在表现的内部最活跃、最关键动因，或者说，推动因素。而物质生产方式的升级转变，是数百年甚至千年积淀才可遇到的机会。目前，新型城镇化就是这样背景下的突出表现，其与工业化、信息化和农业现代化一样，本质上是同一个内容，即物质生产方式作为潜在动因在不同侧面上的反映。因为事物的多侧面性和复杂性，这样的侧面还有许多，共同交织成客观事物发展的整体面貌，但在所有这些侧面中，"四化"是最

核心最典型的提纲挈领性内容。

物质生产方式和文化方式是新型城镇化的实际物质基础，并为新型城镇化的发展内容、发展方式、发展方向等提供依托。本质上看，中华人民共和国成立以来，数十年曲折的城市化发展过程，就是奋力实现一个转变，即将建立在偏重传统第一产业（农林牧渔等）物质生产方式基础上的人居模式，转化为一个建立在第二和第三产业物质生产方式基础上的人居方式，尤其是努力提高第三产业的比例。迫于人多地少、资源匮乏的国情，又赶上全球发展面对的环境窘境，生态文明及其推动下的生态产业为第三、第二、第一产业的元化升级提出了要求，本书称其为元业化的过程。这个元业化的核心就是综合打造第三十六产业，其不但是人居产业发展和升级的物质基础，也是人居产业的创新来源和动力来源。

那么，为什么必须推动人居产业跨上新的台阶？主要有以下原因：

（1）古今中外，物质生产方式或简言之产业方式，是人居方式发展的内在推动力量。从蚌埠、南通的衰落，到上海、深圳的兴起，再到目前雨后春笋般的各类开发区，所有一切的背后，推动这一切序替更迭的内在动因，都是因为物质生产方式在发生快速的转变，也即产业方式的转变。

（2）古今中外，物质生产方式总是对应着不同层次的人居方式。物质生产方式越先进，对应的人居方式越高级。并且，先进物质生产方式总是与落后的物质生产方式不对称，并对落后的生产方式产生优势和发展壁垒。譬如第三产业的方式越高级，对第二产业就越有竞争力；同样，在第三产业出现之前，第二产业对第一产业实现优势和壁垒，如城乡二元结构的人居模式。

（3）目前的全球化，既有"世界是平的"一面，更有"世界是壁垒的"一面。全球化不但没有减少壁垒，反而使资本和技术的壁垒更加加剧。全球化被资本和技术绑架，世界甚至已经落入"资本、技术和经济的陷阱"。全球性资本壁垒、技术壁垒甚至文化方式壁垒演变得更加严重，发达国家依靠优势的资本、专利和版权大势对落后国家输出落后产能、淘汰落后产业、掠夺自然资源等。落后国家生活和环境的诸多压力，从根本上讲，来自发达的物质生产方式对落后物质生产方式、先进产业方式对落后产业方式、先进文化方式对落后文化方式的优势和壁垒。因此，国家和民族复兴的根本任务，在于推动和发展先进的物质生产方式（核心是推进产业创新和产业升级）、推进先进的文化发展方式，一硬一软，相辅相成。新型城镇化过程就是要将两者融入其中，并推动其发展，如此，必将推动我国未来更加长远的繁荣发展。

（4）古今中外，城镇化发展中存在着明显的产业（包括物质产业和文化产业）特征指示规律，即产业的结构、类型和发展水平。这些特征是城镇兴衰和发展的最明显影响因素，指代着不同城镇和地域的发展水平和发展特色。第三十六产业概念的提出将为新型城镇化开辟出更多的发展机会和空间，因为它顺应世界发展的趋势和背景，符合一般产业创新和产业升级的内在规律，符合我国实现中国梦的宏伟战略，符合我国拉动强大内需引擎的总趋势。因此，以第三十六产业作为内在推动力的新型城镇化过程，本质上，其是一个克服发展壁垒并实现人居产业升级的过程，是一个中国人居模式和特色逐步形成的过程，是一个为更加宏远的未来奠定和夯实基础的过程。

（5）全球范围内，面临着由于生态文明触媒而引发的物质生产方式的升级及伦理文化方式的调整，简言之"元化升级"，这是一次数千年的全球转型，一次数千年的全球系统升级，也是一次数千年的机遇。根据事物发展的初始效应，未来的 50~100 年，即在 21 世纪中叶~21 世纪末，世界将推演并奠定出一个新的全球格局。因此，综合打造第三十六产业，推动人居产业升级，时不待我。

三、稳步走向新型城镇化

（一）建立广泛的合作和协作，综合打造第三十六产业

人居产业及其作为核心支撑的第三十六产业概念，对推动新型城镇化的发展至关重要。人居产业本身是个综合性的产业，它涉及我们城镇研究的方方面面，譬如：①全球化视野下的城市与城镇发展研究。Robinson（2010）认为"几十年来，城市研究分析将世界城市分成富裕和贫穷、资本主义和社会主义，或分成不同的城市区域集体，然而却很少跨越这些鸿沟进行比较研究"。并且"由于经济和社会活动，以及管治的需要，城市通过各种激烈的流动和网络通信连接在了一起，城市利益已经升级到了'全球化'的时代"。②城市政策视角下的城市更新和城市管治。Rast（2009）建议增加城市之间建立区域协作和产业联盟的创造能力研究。③城镇化和城市化的哲学概念与城镇概念结构研究，如 Elshater（2012）。④社会学视野下的城镇构成与城镇管治研究，如 Schensul 等（2011）。⑤生态视角下的城镇土地结构与土地利用研究，如 Hwang 等（2007）。⑥旅游和物流等新兴产业与城镇发展和城镇结构的关系研究，如 Lin 等（2009）。⑦城市、镇、乡、村之间的交叉接合部发展研究，如 Bekessy 等（2012）。⑧城镇的历史资源和历史文化对新型城镇化的影响研究，如 Swensen（2012）。⑨城镇的特色、多样性以及创业精神与城镇环境的关系研究，如 Hackler 等（2008）……除此之外，还牵涉到城镇就业、城镇老龄化、城镇交通、城镇市政等诸多研究。但是，这一切都需要走向动态一致性，走向协同与合作。Morlon（2012）发现微生物世界中居然也存在类似协作或合作的生态智慧。相比于人类为了集体生存采取的合作生存策略，合作是广泛存在于植物和动物之间的。"微生物世界会发生什么，我们了解得实在太少，实际上微生物可以通过化学信号彼此互动，但鲜为人知的是它们之间相互作用的性质，特别是在实验室外"，"在微生物的世界中，彼此协作与合作的合作战是普遍存在的"。在遭遇全球性的生态发展门槛，在面临产业升级和人居升级的关键时刻，我们是否也已经做好了协同和合作的准备？

（二）抓住机遇，打破壁垒，夯实基础，以人为本

如何认识新型城镇化，决定着我们城镇化道路和城镇化方式的选择。这样的视角包括：①从历史纵深的视角看，我国的新型城镇化是一个人居方式的元化升级过程，因此是一个创新过程，是一个形成特色并形成中国模式的过程，是一次千年的机遇；②从世界范围的广域视角看，对比英国的圈地运动、美国的西部开发、日本的町村更新等，可以清晰地判别出我国的新型城镇化不但是人口在空间上的转移，更是一个生产力更新和生产方式转化的过程，是我国实现中国梦必经的阶段。因此，一方面要从发达国家的城镇化中汲取经验，另一方面又必须避免他们曾经犯过的失误，从而走出一条适合自身国情和新全球背景的新型城镇化道路。新时期的全球竞争和货币战争等，本质上是物质生产方式和文化方式的竞争，即软硬实力的竞争。处在目前的全球形势下，先进的物质生产方式和文化方式对落后的物质生产方式和文化方式在资源、能源、生存空间、话语权等方面存在不对称，并且这种先进和落后之间的壁垒，不但没有因为全球化而减弱，反而由于知识的壁垒、资本的壁垒、技术的壁垒日趋加强。国际形势一再说明，发达国家为了维持在技术壁垒、资本壁垒、文化壁垒等领域的不对称优势，并利用这种优势获得更多的衍生利益，正在把这种优势发挥和利用到极致。因此，发展中国家争取提高自身先进产业创新和升级的努力，宏观上，会遭遇国际壁垒的阻碍，甚至受到这些壁垒的抵制。实践中，发达国家还会把一些已经淘汰的落后产业和落后文化方式输出到发展中国家，也同此理。

那么，发展中国家应该如何采取措施？根据以上分析，全球人居未来发展的鲜明趋向是走向元人居。中国目前的发展阶段和发展态势，恰恰处于一个至关重要的转折期。元人居是立足自身特点的系统升级和系统回归，这样一次系统升级是千年的机遇，因此其对应的措施、计划等，也必然是为千年而奠基。那么目前中国的千年计划和千年措施的基本特点和基本落脚点是什么？简言之，就是综合打造第三十六产业。通过综合打造第三十六产业，培育我国千年发展的内在增长结构，培育一些千年发展的增长点，打造几个千年发展的增长线，以点带线，以线带面，交叉且有序发展，有条件、有计划地打破传统的东、中、西部壁垒，打破传统的一、二、三产业壁垒，打破传统固有的行业分块和行业壁垒，打破城乡壁垒，打破某些僵化刻板的发展格局，逐步有计划地打破传统模式中一系列阻碍发展的壁垒，特别是深层次的落后观念和文化中落后成分的壁垒。抓住机遇，重新整合，稳步发展，适当超前发展，适当增加一些超前发展措施，增加活力和动力。譬如：建议成立区域性产业升级督导办公室，或者区域性产业升级协调促进委员会，逐渐淘汰落后的产业方式和文化方式，综合推动人居产业的升级，以城镇带产业、以产业兴城镇、以城镇带人才；反过来，以人才兴产业，以产业促城镇。总体上，以城镇规划协同产业发展，以产业发展培育劳动人才，吸引优秀人

才，实现人才、产业和城镇发展的协同与良性互惠，稳步实现新型城镇化，从本地地域到全国层面，逐步实现人居方式的元化和升级。其中，特别重要的是，劳动者平均的受教育水平和技能总体上决定着产业创新和产业升级的动力和潜力，产业创新和产业升级的动力又决定着物质生产和文化发展的总体水平、构成和质量。因此，新型城镇化不仅仅是人口户籍地的迁移，也不仅仅是城市化的人口数字统计，从较长远的中长期审视，新型城镇化更是"人"的城镇化，是人的观念、知识、技能、文化、生活方式、生产方式等的城镇化。因此，新型城镇化的一项重要工作之一是培育和发展社会公共教育，改革和推进教育公平，提供更多受教育机会。新型城镇化的中长期发展水平在于为大量城镇化人口提供接受培训和教育的条件，为大多数人获取知识和专业技能提供条件，为大多数人实现公平竞争和积极创新创造社会环境。

（三）立足实际，有序提升，从长计议，稳步推进

胡序威先生（1995）提出国土开发调控的五项任务和五条措施。五项任务分别是：①地区间发展差距；②地区间分工与合作；③人口转移与城镇化；④开发区和基础设施空间布局；⑤资源开发和环境整治。五项应对措施分别是：①革新国土规划的内容和方法；②搞好上下左右规划协调；③研究制定有关国土和区域开发空间政策；④加紧对国土开发整治法规和法制建设；⑤健全规划与调控管理系统。另外，胡序威先生（2007）"强调应抓紧历史机遇，遵循产业转移的客观规律，推进全国的新型工业化和城市化"，这一观点掷地有声，敏锐且具有远见。我们有必要确信，从城镇发展的空间结构和市政基础设施等"硬"支撑方法，进一步深入到城镇发展的经济产业、文化产业和城镇管治等"软"支撑方法，是一个正确的思路。总结起来，虽然城市学或人居学的局部手段和局部工具较多依赖硬科学，但整体上而言，其不完全是一门硬科学，而是一门偏软的综合性学科。对于这一基本特性的学科判断，赵民教授、顾朝林教授等许多国内学者这些年来做了许多引导性的工作。新型城镇化的健康发展需要硬学科支撑，而整体地和长远地解决城镇深层问题更需要软学科支撑，硬实力和软实力，一短一长，相辅相成，缺一不可。

回顾20世纪的整个60年代，人类开始为发展所面临的生态困境所忧虑。20世纪70年代初（1972）联合国人类环境会议通过了《联合国人类环境宣言》。1968年，"罗马俱乐部"科学家们预测到21世纪中期，人类将面临一次艰巨的发展门槛。笔者通过对全球产业发展的内因、外因及其量变和质变关系进行对比分析，认为目前全球面临着向建立在"元业"基础上，实现"元始新社会"的重大产业转型。预计在21世纪中叶到21世纪末，全球必然要完成一次"元人居"及对应"人居产业"的重大升级。立足中国国情，展望未来，只有实现这个重大转型，才能最终实现我们的新型城镇化和人居发展战略，并站在一个更新的发展阶段

上，站在一个物质生产方式和文化方式更加稳固的阶段上。这个过程将是一个充满复杂性的艰巨过程：一方面，需要抓住机会，不可贻误千年机遇；另一方面，展望未来，大致需要付出整整一代人的努力，不能急于求成。

　　面对新型城镇化发展的千年机遇，面对人居环境建设的宏远未来，让我们重温吴良镛先生在《迎接新世纪的来临——论中国城市规划的学术发展》中提到的格言"科学是逻辑加广博的事实论证"，和那段鼓舞后人的话"我们也有理由相信就像半个世纪以前或更早时期发达国家一样，伴随着城市建设的光辉成就，我们的规划科学水平必将有卓越的创造"，以及先生在《世纪之交——论中国城市规划发展》中的谆谆告诫和预见："凡事预则立，不预则废，这是城市可持续发展的真谛（success out of preparedness，or failure without it——the truth of sustainable development of cities）。如果我们城市规划工作冲破一切藩篱，真正做到'预为思考，预为规划'（thinking ahead，planning ahead），那么可以预见：被称为'城市世纪'（century of the cities）的 21 世纪，将是一个充满希望的世纪，我们的城市发展将大有作为。"

参 考 文 献

顾朝林. 2003. 城市管治：概念·理论·方法·实证[M]. 南京：东南大学出版社.

胡序威. 1995. 国土开发规划与调控[J]. 经济地理，(2).

胡序威. 2007. 经济全球化与中国城市化[J]. 城市规划学刊，(4)：53-55.

黄光宇，张继刚. 2000. 我国城市管治研究与思考[J]. 城市规划，24(9)：13-18.

李强，陈宇琳，刘精明. 2012. 中国城镇化"推进模式"研究[J]. 中国社会科学，(7)：82-100.

汪劲柏，赵民. 2012. 我国大规模新城区开发及其影响研究[J]. 城市规划学刊，(5)：21-29.

吴缚龙. 2008. 超越渐进主义：中国的城市革命与崛起的城市[J]. 城市规划学刊，(01)：22-26.

吴良镛. 1994. 迎接新世纪的来临——论中国城市规划的学术发展[J]. 城市规划，(01).

吴良镛. 1998. 世纪之交——论中国城市规划发展[J]. 科技导报，(09).

吴志强，王伟. 2008. 新时期我国城市与区域规划研究展望[J]. 城市规划学刊，(01)：23-29.

徐宪平. 2012. 面向未来的中国城镇化道路[J]. 理论参考，(5)：4-5.

佚名. 2003. 三次产业划分规定[J]. 中华人民共和国国务院公报，(27)：13-15.

张继刚. 2011. 走向元人居与元城市化，推进中国特色城市规划理论和实践——献给我国城市规划新世纪开端的第一个十年(三)[C]. 2011 中国城市规划年会.

Balvanera P，Daily G C，Ehrlich P R，et al. 2001. Conserving biodiversity and ecosystem services[J]. Science，291(5511)：2047.

Bazilevich N I. 1994. Global Primary Productivity：Phytomass，Net Primary Production，and Mortmass [M]. Global Ecosystems Database Version 2.0.

Bekessy S A，White M，Gordon A，et al. 2012. Transparent planning for biodiversity and development in the urban fringe[J]. Landscape & Urban Planning，108：140-149.

Bosker M，Brakman S，Garretsen H，et al. 2008. A century of shocks：The evolution of the German city size distribution 1925-1999[J]. Regional Science & Urban Economics，38(4)：330-347.

Boteva D，Griffiths G，Dimopoulos P. 2004. Evaluation and mapping of the conservation significance of habitats using GIS: an example from Crete, Greece[J]. Journal for Nature Conservation, 12（4）: 237-250.

Carlson B, Wang D, Capen D, et al. 2004. An evaluation of GIS-derived landscape diversity units to guide landscape-level mapping of natural communities[J]. Journal for Nature Conservation, 12(1): 15-23.

Chrysoulakis N, Lopes M, San José R, et al. 2013. Sustainable urban metabolism as a link between biophysical sciences and urban planning: The BRIDGE project[J]. Landscape & Urban Planning, 112(1): 100-117.

Costanza R, D'Arge R, Groot R D, et al. 1998. The value of the world's ecosystem services and natural capital[J]. Nature, 25(1): 3-15.

Costanza R. 2001. Visions, values, valuation and the need for an ecological economics[J]. Bioscience, 51: 459-468.

Daily G C, Alexander S, Ehrlich P R, et al. 1997. Ecosystem services: Benefits supplied to human societies by natural ecosystems[J]. Issues in Ecology, 2: 1-16.

Elshater A. 2012. New urbanism principles versus urban design dimensions towards behavior performance efficiency in egyptian neighbourhood unit[J]. Procedia-Social and Behavioral Sciences, 68(1): 826-843.

Foley J A, Defries R, Anser G P, et al. 2005. Global consequences of land use[J]. Science, 309: 570-574.

Groot R D, Perk J V D, Chiesura A, et al. 2000. Ecological functions and socioeconomic values of critical natural capital as a measure for ecological integrity and environmental health[J]. Society & Natural Resources, 1: 191-214.

Hackler D, Mayer H. 2008. Diversity, entrepreneurship, and the urban environment[J]. Journal of Urban Affairs, 30(3): 273-307.

Hwang S J, Lee S W, Son J Y, et al. 2007. Moderating effects of the geometry of reservoirs on the relation between urban land use and water quality[J]. Landscape & Urban Planning, 82(4): 175-183.

Ke S, Song Y, He M. 2009. Determinants of urban spatial scale: Chinese cities in transition[J]. Urban Studies, 46(13): 2795-2813.

Lin J J, Yang A T. 2009. Structural analysis of how urban form impacts travel demand: evidence from Taipei[J]. Urban Studies, 46(9): 1951-1967.

Lin, George C S. 2007. Reproducing spaces of Chinese urbanization: New city-based and land-centred urban transformation[J]. Urban Studies, 44(9): 1827-1855.

Luck G W, Daily G C, Ehrlich P R. 2003. Population diversity and ecosystem services[J]. Trends in Ecology & Evolution, 18(7): 331-336.

Morlon H. 2012. Microbial cooperative warfare[J]. Science, 337(6099): 1184-1185.

Nam K M, Reilly J M. 2012. City size distribution as a function of socioeconomic conditions: An eclectic approach to downscaling global population[J]. Urban Studies, 50(1): 208-225.

Pincetl S, Bunje P, Holmes T. 2012. An expanded urban metabolism method: Toward a systems approach for assessing urban energy processes and causes[J]. Landscape & Urban Planning, 107(3): 193-202.

Rast J. 2009. Regime building, institution building: Urban renewal policy in Chicago, 1946−1962[J]. Journal of Urban Affairs, 31(2): 173-194.

Rignot E, Rivera A, Casassa G. 2003. Contribution of the Patagonia Icefields of South America to sea level rise[J]. Science, 302(5644).

Robinson J. 2011. Cities in a world of cities: The comparative gesture[J]. International Journal of Urban & Regional Research, 35(1): 1-23.

Schensul D，Heller P. 2011. Legacies，change and transformation in the post-apartheid city：Towards an urban sociological cartography[J]. International Journal of Urban & Regional Research，35(1)：78-109.

Swensen G. 2012. Integration of historic fabric in new urban development—A Norwegian case-study[J]. Landscape & Urban Planning，107(4)：380-388.

中 篇

城市人居景观风貌研究

第六章　城市人居景观风貌规划——兼谈城市风貌特色

前言一：夜晚，凝视浩渺的苍穹，地球不过是深邃的夜空中，一颗平凡而宁静的星辰。清凉淡蓝的星球表面迷离着一些微弱而神奇的斑驳灯光，那是星罗棋布的聚落之巢透出的繁忙写照，像黑夜跋涉中的串串灯笼。孱弱灯光的背后，映藏着一个个奇异的故事，故事在持续的展开中，它将演绎或重复怎样的情节？追寻怎样的目的抑或状态？在苍茫的夜色中，阑珊里的情景，它从哪里来？又要到哪里去？

前言二：城市人居景观风貌的研究内容，大致可分为三个层次。其一，联系社会历史背景，注重对哲学伦理脉变的关注。此一层次，他人思想如珠连玉串，受之点拨，如开法眼，美不胜收。其二，联系城市人居景观风貌专业的相关学科，如生态学、土木工程学、建筑学、人文地理学等跨学科知识，丰富城市人居景观风貌的内涵。此一层次，观他学科之成果，如云天楼阁，望之迷眼，唯穷力拾阶攀。其三，联系实际，研究城市人居景观风貌于工程、技术方面的拓展，关注城市人居景观风貌的可评价性、可比对性、可实施性，等等。此一层次，天宽地阔，十里不同风，百里不同俗，且各系统各学科新技术与日俱进，巧技妙生，宜多跟踪学习。以上三个层次，好比人之头、身躯和脚三个部分，各侍分工，联系在一起，方得生气。

综上，城市人居景观风貌研究，既需要自然科学知识支撑，又需要人文科学知识支持，既软且硬、既文且工、既理性且感性，缺一不可，相辅相成，随粗糙两则前言，以表此意。同时在可持续发展的环境压力与时代背景下，传统的伦理价值体系在发生悄然的变革，从而基础性地影响到城市建设和生活的各个方面。本章具体而微分析了城市人居景观风貌的研究对象、体系构成，并粗浅提出了维育城市人居景观风貌的相关思路，以期抛砖引玉。

第一节　城市人居景观风貌研究的哲学与伦理学背景

20 世纪 60 年代末至 70 年代初，环境主义运动开始在西方萌芽，作为寻找伦理价值基础的需要，环境伦理思想受到重视和挖掘。1947 年，美国思想家利奥波德(A. Leopold)在其著作《沙乡年鉴》中主张的"大地伦理"思想受到广泛追捧。随之其后，挪威哲学家奈斯（Arne Naess）于1972年提出了"深生态学"思想，作为对以往从人类中心主义出发的生态思想——"浅生态学"的批判和反思。"深生态学"思想的提出对政治、经济和社会生活的范式产生了广泛影响。但在西方，至"深生态学"提出以来，人居景观风貌研究面临着一始一终的困境。一方面，它或者选择在西方本元论的哲学世界里推翻传统的基础哲学，但鉴于其对现实决策的有限影响和基础哲学之于传统方法论的根深叶茂，这种撼动实质是一场空前的革命；另一方面，它或者按照自身的逻辑发展，但易流变成一种脱离现实政治、经济和社会生活的宗教式信仰，甚至意外演变为更加极端的生态法西斯主义。因此，其一方面无法在西方本元论的哲学结构中找到基础和前提，另一方面又无法推导出理性的融于现实体制的结果。于是，其哲学前提和基础只有在东方的整体论哲学中寻找，把"人类和自然"整体地作为具有共同内在价值的对象。于是，现实社会实践由本元论指导下的"增长范式"逐渐演替为整体论影响下的"发展范式"，环境伦理观点的重心迁回至东方天人合一、人与天调的哲学平台上。具体而微地，城市人居景观风貌研究应建立在这样一种整体论的生态哲学基础上，即在人的发展与整体和谐的关系中，尤以人和自然的和谐为第一要义。

在整体论的生态哲学基础上，全面审视人类的发展。人类在创造技术与经济进步的同时，技术与经济也在制约人、异化人。人类不但在一定程度上异化了自身，产生了进化中的退化，或称人的内部性危机；而且，也损伤了、远离了孕育自身的环境——自然，产生了更为严峻的人的外部性危机。于是，有人总结"人类首先发现文化的匮乏，进而发现远离了自然"。在如此的背景下，城市人居景观风貌研究从本专业的角度薄微芹献于两个方面：一方面和谐于自然生态；另一方面丰富于人类文化。

第二节　城市人居景观风貌的内涵、研究对象和体系

一、城市人居景观与风貌的丰富内涵

城市是地理、生态、经济、社会、文化、工程等的综合实体，顺其自然，城市人居景观风貌因而具有不同学科认识的侧面性。

首先，从城市规划与城市人文的角度审视城市景观概念，其不但包含狭义的"景"，还包含人的感知结果"观"，以及人在"景"中实现"观"的过程，即"城市生活"。持这一认识观点，城市景观便顺其自然地被归纳为"城市环境""城市生活"和"城市意象"。

其次，从人类劳动的角度分析，城市可以理解为人类改造自然的一种特殊产

品，理论上可以划分为自然景观与人造景观(或文化景观、工艺景观)。但在这里，城市景观更多倾向于作为自然景观与人造景观的一个综合体(包括综合的过程)，是谓人文景观。于是，城市景观包含城市自然景观、城市人文景观(自然人工混合景观)和城市文化景观(人造景观)三部分。

再者，从生态学的角度认识，关于景观的内涵与定义颇多，不能一一列举。譬如"综合各种观点，景观是由不同生态系统组成的异质性镶嵌组合，它不应有时空尺度的限制。无论尺度的大小，只要是由性质不同的生态系统组成，就可称为景观。"另外，其他诸多不同学科，如人文学认为景观是一种人类与自然知识史的意义之网，社会学认为景观是动态可塑的社会组织结构及其形态表现，经济学认为景观是追求不同价值的表现过程和物化结果，等等。不同学科对城市景观存在不同的注解，限于篇幅，不再一一赘述。但林林总总其间，隐含了一个普遍的认识与研究规律，即：偏重文的软学科，对城市景观的分析比较宏观而全面，但缺乏机理的直观逻辑，操作工具性差强人意；而偏重理工的硬学科，对城市景观的认识比较直观，因为有机理和数据的逻辑作为支持，所以操作工具性强。但是，任何理论上机理和数据逻辑关系的成立，都存在一定程度的前提，或称理论假设。由于实践的错综复杂，以及多维因素的叠合干扰，任何机理和数据逻辑的认识工具都是过程的工具，因而存在这样或那样的缺憾。总结起来，硬学科的城市景观研究是处在解决问题前沿的，这里暂且称之为前端工具，或刃工具；软学科的城市人居景观风貌研究是综合解决和协调复杂问题的基础，这里暂且称之为后端工具，或称柄工具。城市景观问题的研究与逐步改善，需要刃工具与柄工具的相辅相成，缺一不可。

城市风貌由形而上的"风"(风格、格调、品格、精神等)和形而下的"貌"(面貌、外观、景观、形态等)组成。因此，城市风貌包括潜在的城市文质形态和直接显性的城市物质形态。潜在的文质形态近似于"道"，显性的物质形态近似于"器"，"道"与"器"的统一呈现为城市风貌。"道"与"器"不相分离，在城市风貌中以各种方式表现出来：如"形与神""气与色""静与动""风格与造型""乡土感与民居民俗"，等等。由此可以看出，城市风貌不仅将物质形态作为自己的研究对象，同时暗示了以物质形态作为载体的精神与情感内涵，所以城市风貌的研究具有物质与精神的双重含义。

二、城市人居景观风貌的研究对象与要素组成体系

所有城市人居景观风貌的研究内容分属两个层次，即表层的显质形态风貌要素和深层的潜质形态风貌要素。下面分别使用系统层次的观点对两个层次的风貌要素进行剖析。

（一）显质形态风貌要素的构成

显质形态的风貌要素常见的归纳方法有如下几种：其一，为层次法。即将城市显质形态的风貌要素分为宏观即城市总体层次的要素、中等层次的要素和微观层次的要素。其二，为类型法。由原型推演出的各种类型形成各种集合，以此为根据进行对照划分。其三，为二元法（或称三元法）。即人工与自然二分法，一部分为人工要素，另一部分为自然要素，然而现实环境中，纯粹的自然要素或人工要素较难界定，很多时候是人工和自然的混合物，这里暂且称为复合要素。于是，也就存在三种要素即人工要素、自然要素和复合要素。其四，为虚实法。即将城市分解为物质形态实体和实体围成的空间两部分，即虚实两部分，并按其规模大小和性质进行更详细的划分。其五，为动静法。将景观风貌要素归纳为活动景观和实质景观两类。活动景观包括休闲活动、节庆活动、交通活动、商业活动和观光活动五个方面。实质景观又分为自然因素景观和人工因素景观。其六，为内外因素法。外部因素包括城市职能、地理条件、气候条件等，内部因素即城市空间范围内部的各组成部分。其七，为生物因素与非生物因素二分法。生物因素包括各类陆生和水生的动物、植物群落，非生物因素包括光、气、水、岩石、地面和各类人工构造物等（图6.1）。

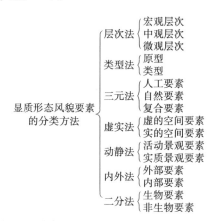

图6.1　城市人居景观风貌显质形态要素构成

（二）潜质形态风貌要素的构成

城市风貌的潜质形态要素如前文所述，其和城市社会学、城市生态学、城市美学和城市管理学等的研究内容有许多联系和交叉。具体如社会学中的宗教信仰、人口构成、人口素质、民族构成、民风民俗、语言、道德、法律等；城市生态学中的经济和社会因素；城市美学中广义的研究对象如城市历史、伦理观、价值观等；城市管理学中的信息知识、评价机制、决策方式、管理模式；城市经济学中城市化水平、城市的经济区位、污染、拥挤、贫富差距、土地利用、教育普及状况与人口受教育水平等。以上这些涉及的内容大致可以分作两类：一类是可量化、可统计的，如人口年龄构成、职业构成、城市化水平、人均收入水平、污染相关指数、拥挤程度、贫富差距、土地利用、人口教育水平、犯罪率等；另一类是不可量化的，如宗教信仰、民风民俗、城市历史、地方观念和其他特点(图6.2)。

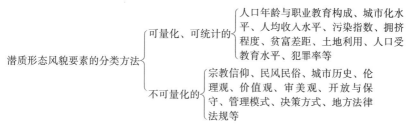

潜质形态风貌要素的分类方法
　　可量化、可统计的：人口年龄与职业教育构成、城市化水平、人均收入水平、污染指数、拥挤程度、贫富差距、土地利用、人口受教育水平、犯罪率等
　　不可量化的：宗教信仰、民风民俗、城市历史、伦理观、价值观、审美观、开放与保守、管理模式、决策方式、地方法律法规等

图6.2　城市人居景观风貌潜质形态要素构成

三、城市人居景观风貌系统的结构特征

根据系统学的观点，系统的功能是由系统的结构支持来完成的。城市风貌系统的结构不仅具有空间属性，同时具有时间属性，因此城市人居景观风貌系统呈现双重结构的特征，即空间生态结构和时间文态结构的双重属性，这是由城市人居景观风貌的自身内容所决定的。

(一)城市人居景观风貌系统的空间生态结构

城市风貌系统的空间生态结构即城市风貌诸要素在空间坐标中的呈现方式，实际中城市人居景观风貌系统在空间上是千姿百态、无限多样的。但抛开次要的关系和细微的复杂性，城市的空间生态结构可以概括为大尺度形态、中尺度形态和小尺度形态，每一层次的形态都由城市显质和潜质形态要素构成(图6.3)。

(二)城市人居景观风貌系统的时间文态结构

城市人居景观风貌系统的时间文态结构是指城市人居景观风貌的显质形态要素和潜质形态要素随着时间的变化，在时间坐标上呈现出推演、流变和分层现象。一般而言，从人类社会文明的发展历程看，城市人居景观风貌系统的时间纵向结构可以概括为四层，即原始风貌层、农业风貌层、工业风貌层和现代生态风貌层，每个风貌层又可以细分为更丰富的次层。另外，从构成城市的实物形态着眼，城市人居景观风貌系统的时间横向结构又分为古迹保护区、传统建筑保护区、一般环境区、现代生态风貌区(指以现代生态、信息、清洁、循环经济等为特征的办公、生活娱乐区、生态保护区等)四种性质的空间区块。同样，每种区块，都由显质形态风貌要素和潜质形态风貌要素组成(图6.4)。

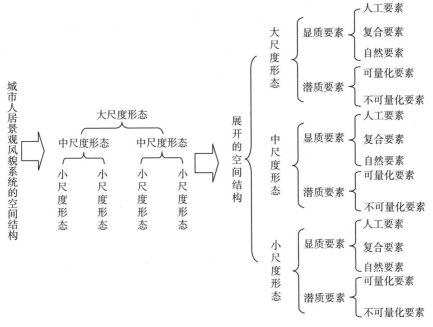

图 6.3　城市人居景观风貌的空间生态结构层次

图 6.4　城市人居景观风貌的时间文态结构层次

（三）城市人居景观风貌核和风貌基因

解析城市人居景观风貌结构的任务在于从中找到表征客观显质和潜质形态特征的实质性内容。根据系统学原理，系统的结构中总有那么一部分要素，在质量、数量、形态和排列方式上比较优越，并占据主导地位，其对于整个系统功能的发挥起着至关重要的决定作用。在城市风貌系统的空间生态结构中应用这一原理，联系城市风貌的具体特点，占主导优势的这部分要素必须具有以下属性：其一，稳定性，不会因自然条件或一般的人为条件而失稳；其二，明确而肯定的形态；其三，具有一定的空间变化或空间序列，使其中人的活动能得以展开，并产生相应的活动模式（内部没有空间或空间序列变化的形态，本书称之为风貌符号）。满足以上限定条件的空间生态结构形态，本书称之为城市风貌系统的空间生态结构核。需要指出的是，空间生态结构核相对系统而言不具有唯一性，这是城市人居景观风貌系统相对于其他系统的独特之处，由城市人居景观风貌系统的综合性决定。联系空间生态结构核在城市风貌空间结构中的作用，可以将其划分为不同的层次，产生下一级的次空间生态结构核。

　　城市人居景观风貌系统在时间结构中表现为风貌区或风貌层。在这些层、区中，那些对整个系统的功能起着一定主导作用，同时占据了一定优势的部分，称为时间文态核。对于具体的城市人居景观风貌而言，时间文态核尚必须具有以下属性：其一，稳定性，不随自然力和一般的人工影响而经常发生变化；其二，全部或部分嵌含了人类劳动的成果，反映了一定阶段人类的文明程度或特定的地方文化、外来文化或特定阶段政治社会生活的状况；其三，有较为均质的机理、统一的文化气氛和形式格调，一般使用相似风格的空间和形态符号，反映了一致的伦理准则、技术水平，以及由伦理准则衍生出的设计思想。

　　经过以上运用系统学观点对城市风貌空间生态结构和时间文态结构的分析可知，只要掌握了风貌系统中起主要关键作用的部分，就可以影响和引导整个系统功能的发挥和优化。这些起一定关键作用的部分，归结起来，可以分成两类，即城市风貌的空间生态结构核和时间文态核，两者共同组成了城市的景观风貌核或称风貌基因(图 6.5)。

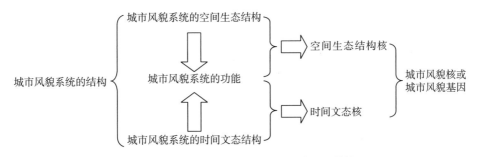

图 6.5　城市人居景观风貌核或风貌基因结构

第三节　城市人居景观风貌的研究方法与风貌特色浅谈

一、城市人居景观风貌的研究方法

　　城市人居景观风貌的研究包括广义的和狭义的城市人居景观风貌研究。

　　广义的城市人居景观风貌研究，即宏观的城市人居景观风貌研究，主要包括以下三个方面的内容：其一，结合时代发展，了解哲学、社会学、伦理学的历史与发展背景，这是进行城市人居景观风貌理论研究的基础和平台；其二，明确城市人居景观风貌研究的学科构成与主要拓展方向，充实城市人居景观风貌研究的理论内容，其涉及城市学、建筑学、土木学、生态学、人文地理学、美学等内容；其三，城市人居景观风貌的实施技术研究与综合管治研究。

狭义的城市人居景观风貌研究的方法与内容主要包括：①城市人居景观风貌的评价研究，其中包括选择典型指代物的简单评价以及内容较多样、层次较丰富的模糊评价等。②城市人居景观风貌的原理与技术支持研究。其中包括：城市人居景观风貌的类型学原理、隐喻原理、同时自相似与同时对比原理、地理文化圈和时间文化层原理、人文与环境的协同进化原理、生态位与生态幅等生态学原理、外部成本内部化、末端治理与过程跟踪、成本隧道效应等经济学原理以及景观风貌的 AEHL 多维叠合原理，等等。城市人居景观风貌是多学科的叠合研究，所以涉及 4S 技术、土木技术、建筑技术、生态工程、生态技术、数字虚拟技术、影像多媒体技术、模型模拟技术等。③城市人居景观风貌的实施技术与管治研究。新的城市管治理念认为，在政府、社团、行业协会、企业、专家、个人等中，没有一方拥有足够的智慧、资源、能力、精力能够单方面解决所有错综复杂的城市问题。因此，公众参与、制度创新等越来越成为城市人居景观风貌管治研究的热点。

二、城市人居景观风貌中的特色问题浅谈

（一）关于城市特色的基本观点

城市特色不是什么特别的、特立独存的对象，它是按照城市人居景观风貌的普通原理进行城市建设顺其自然的结果。简言之：它是一定地理生态空间范围内，一定历史发展阶段上，人类物质技术水平与人类文化水平发展的、连续的记录。这种记录形成了城市自己特有的故事，一个城市就是一个神奇的故事，故事在展开，于是特色也在丰富和延续。

城市人居景观风貌特色总是负载了不同空间层次的地理文化属性，由于事物发展时域的无限性，其在某一层次上表现为共性的内容，在更高的层次上会转化为个性。对地理文化圈层次的认识有助于更准确地把握和认知城市特色。城市特色总是针对一定的生态圈层背景而言，脱离了一定的共性基础，城市特色就变成了难以把握的对象。另外，根据以上的研究方法，如城市人居景观风貌原理、技术和管治理论的观点，城市特色应该是城市建设顺其自然的结果。为进一步明晰这一观点，以下举例部分城市人居景观风貌原理，均与城市特色息息相关。

（二）城市特色与人居景观风貌生态幅原理

承接前言一的设问，城市人居景观风貌从哪里来？景观风貌生态幅原理认为：城市人居景观风貌的丰富程度和变化范围受限于城市的景观风貌生态幅，景

观风貌生态幅孕育了城市景观不同而丰富的侧面,从而提供了城市人居景观风貌的范围和幅度。景观风貌生态幅主要包括:地理圈生态幅、文化层生态幅、型制或技术规制的生态幅、量或规模的生态幅、功能或功用的生态幅,以下做简要介绍。①地理圈生态幅是指以一定自然地理生态区域为特征的地理文化圈,它一方面提供了城市人居景观风貌的生态特点和容量背景,另一方面提供了城市人居景观风貌的文化特点和背景。地理圈的生态与人文知识具有从宏观至微观的丰富层次,是城市人居景观风貌形成的厚实基础。②文化层生态幅是指城市的物质技术与文化发展阶段。城市的发展阶段是和社会发展阶段、社会制度、社会生产力水平相一致的。社会的生产力水平主要表现为一定时期的技术与经济水准。科学技术与经济的水准又从根本上制约了一定时期人们的观念习俗,乃至宏观的社会制度。城市人居景观风貌总是忠实地碑刻出一定阶段社会制度的变化与变更以及地方的文化与风俗特点。③型制或技术规制的生态幅,一方面指传统或风俗中的型制,如轴线型制、风水格局、院落型制、山地型制、少数民族的诸多型制等,另一方面是指每个社会阶段工程技术的法规、规范型制。④量或规模的生态幅是指城市的规模和量的范围。不同规模和级别的城市具有不同的景观风貌特点,城市人居景观风貌应重在品质,而不在攀比规模。⑤功能或功用的生态幅是指城市的功能,或担负任务的范围与特点。这一要求往往从城市的性质中部分地反映出来,特殊的城市职能往往产生有特殊风格的城市,如军事防卫的、贸易票号业的、港口码头的、商贸的、旅游的、政治的等,各领风骚。

根据景观风貌生态幅原理,现实中的城市人居景观风貌特色大致可以归结为两种类型:柔性的城市人居景观风貌特色和刚性的城市人居景观风貌特色。①刚性特色即纯形式的特色,缺乏功能、文化、生态机理、社会和物质技术条件等的因果支持。譬如一度盛行的 KPF 风、欧式风等就是形式主义的刚性表现,因其能带来短时间的新奇感,具有较大的迷惑性,容易形成城市人居景观风貌的硬伤。另外,目前的解构主义也是这样,其试图对传统的逻辑、理性,以及符号系统进行彻底的重建和革命。但是,解构主义最突出的意义不在于改变普通的现实生活,而在于其哲学思考的贡献。因此,解构应用在拓展视野的展览、研究、知识性、开拓性建筑设计中是比较符合其意义和功能的,但不可滥用。②柔性的城市人居景观风貌特色是指在城市生态幅内生长出来的特色,是顺其自然的特色。简言之,刚性特色是形式主义的特色,柔性特色是与生态幅协合、与功能协合的特色。

(三)城市特色与人居景观风貌的三色原理

承接前言一的设问,城市人居景观风貌要到哪里去?它将追寻怎样的目的抑或状态?景观风貌的三色原理认为,城市人居景观风貌研究与实践的目的将致力于实现自然生态(绿色)、社会文化(黄色)和经济(红色)的多维叠合与良性循环。

简言之，城市人居景观风貌研究与实践的目的在于实现三色协调，并使三色之间相互支持，互益循环，互惠共生。

目前，结合三色原理，城市景观面临的危机主要表现为绿色危机和黄色危机。多年来盛行的"城市特色的文化决定论"，概多因缘于黄色危机。黄色危机一方面指地方文化被全球化中的工业文化所湮没，另一方面指技术经济的发展过程中，人向机器、向非人性方向的异化。如德国美学理论家阿多诺所总结："只要地球的面貌依然陶醉于功利主义的伪进步，它到头来就不可能去掉人类理智中的这一思维，即：尽管所有证据相悖，但前现代世界无论落后与否，总比现在更好且更具人性。"人类在远离人性的方向上英勇地越走越远。人类不但损害着孕育自身的环境——自然生态，同时也在悄然中异化着自身。众所周知，文化具有比较宽泛的内涵，其内容包括价值观、伦理、生活范式、符号之网、意义等。文化研究固然重要，但是，单纯追求文化特色，或者单纯追求某一方面的特色，如生态特色等，都嵌含了一个危机，即三色能否协调的危机。城市特色必须、也只有在三色协调的基础上，才有可能稳定、可持续，并具有更加宽阔的空间进一步发展和灿烂。因此，多维叠合的三色，即稳定的绿色、丰富的黄色和清洁健康的红色是城市人居景观风貌维育的基础，也是城市特色内涵的不尽源泉，且三者之间的良性循环将有助于城市特色品质的不断提升。缺少其中任何一种颜色的追求或理想，都将使特色褪色。而协调的、循环的、多维叠合的三色，将调配出一个多彩的美好的未来图景。

参 考 文 献

董鉴泓，阮仪三. 1993. 名城文化鉴赏与保护[M]. 上海：同济大学出版社.

董雅文. 1993. 城市景观生态[M]. 北京：商务印书馆.

谷荣，顾朝林. 2006. 城市化公共政策分析[J]. 城市规划，(9)：48-51.

李红卫，吴志强，易晓峰，等. 2006. Global-Region：全球化背景下的城市区域现象[J]. 城市规划，(8)：31-37.

施维林，张艳华，孙立夫. 2006. 生态与环境[M]. 杭州：浙江大学出版社.

孙施文，张美靓. 2007. 城市设计实施评价初探——以上海静安寺地区城市设计为例[J]. 城市规划，31(4)：42-47.

吴莉娅，顾朝林. 2005. 全球化、外资与发展中国家城市化——江苏个案研究[J]. 城市规划，(7)：28-33.

吴良镛. 2005. 系统的分析统筹的战略——人居环境科学与新发展观[J]. 城市规划，(2)：15-17.

吴良镛. 2005. 以城市研究与实践推动规划发展——在2004城市规划年会上的发言[J]. 城市规划，29(4)：9-13.

吴志强，李华. 2005. 1990年代北京外商投资空间分布的产业特征研究[J]. 城市规划，29(9)：14-21.

张继刚，蔡辉. 2000. 城市特色的剖析与维育[J]. 规划师，16(06)：79-83.

张继刚，蒋勇. 2000. 城市风貌信息系统的理论分析[J]. 华中建筑，18(4)：38-41.

张继刚，蒋勇，赵钢，等. 2001. 城市风貌的模糊评价举例[J]. 华中建筑，19(1)：18-21.

张继刚. 2000. 对城市特色哲学分析的初步认识[J]. 规划师，16(03)：113-116.

张继刚. 2000. 浅谈城市规划中的公众参与[J]. 城市规划，(7)：57-58.

赵秀恒. 1995. 城市景观的控制要素[J]. 时代建筑，(03)：13-15.

Lynch K. 1990. City Sence and City Design[M]. Cambridge：MIT Press.

Michael C，Philippe S. 1998. Sharing the World[M]. London：Earthscan Publications Ltd.

第七章　城市人居景观风貌策划中的特色探寻

城市人居景观风貌策划对城市发展理念、城市定位、战略结构、动态过程，以及形态、文态、生态等多方面进行分析，是勾勒和孕育城市特色的重要前提和框架。城乡景观风貌策划视野下的特色研究，一方面应立足地域和城乡本身资源基础的内部性精深分析，另一方面应结合区域乃至全球化的动态多维外部性条件，进行宏观视野下的综合对比。本章主要针对城市人居景观风貌策划中的特色进行简要探讨。

第一节　城市人居景观风貌策划的目的和一般过程

城市的策划，即在综合分析和预测内外部性条件的基础上，为城市有限可知的未来寻找和提供有限的策略和思路。城市策划是一项以城市建设和发展为对象的综合性研究分析活动，涉及土地性质、空间利用、环境质量、经济发展等物质层面，以及城市风貌、城市文化、城市管理、城市品质等精神层面，以寻求经济发展与社会和谐、城市建设与环境友好的协调。通过城市内部性资源条件的掌握和外部性区域环境的分析，达到盘活有效资源，整合优势资源，发挥长效资源的目的。

城市策划的目的在于使城市发展结果的可能性预测与选择，出现在一个靶向科学的、可持续的、利于操作的相对较小的动态范围内，以保证城市发展的安全与高效、统筹与调适，同时体现各阶段一定的动态性和争取满足各方尽可能大的灵活度。因此，城市策划应该做到，一方面通过调查研究，收集、处理和分析各种信息，对各种约束条件和资源进行确定来建立问题的解答框架，将城市发展的可能性缩小到一个有限可控的范围；另一方面，城市策划又不妨碍和限制各学科与各领域人员的创新。城市策划的过程是对城市多因素的系统整合，将理想和现实进行协调，是科学和艺术的结合，观念与智慧的结晶，策略和执行的统一。系统的城市策划过程包括调查研究、观念设计、定位、资源整合、实施切入、形象塑造、文化底蕴、政治糅合(图7.1)。通过城市策划将多学科进行结合，形成新的方法，找到最佳切入点，多方合力，达到城市发展和建设的目标。以下结合城市策划，简要探讨一下城市策划中的城市特色问题。

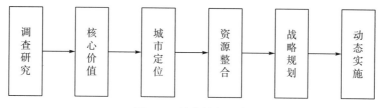

图 7.1　城市策划程序

第二节　城市人居景观风貌策划视野下城市特色的外部性解释

一、全球化与区域化的外部性

全球化与区域化的发展促进对城市与地域特色的关注。在全球化与区域化的进程中，文化碰撞与文化侵略、技术性细分与技术性统一、"小型化、细分化、灵活化"与"大规模项目的国际技术化"倾向是同时存在的，因此，多年来对地域特色和城市特色的众说纷纭与忧虑，概源于此。然而总体上和根本上，经济技术与社会生产的发展始终不可能替代地域的自然遗产、人文遗产乃至精神向度的独特性功能和特色资源的基础性差别。虽然技术的发展可以改变时间与空间的相对关系，但在有限可知的未来，即使是最发达的数字与虚拟技术，也不可能改变时间与空间本身，因此，全球化和国际风格不但不会对地域特色形成淹没，反而会极大地反衬和推动地域的特色振兴与文化振兴。多年前曾经出现过局部失误（如欧式风等），近几年，出现了全国范围的一致性反思与回归趋势。进一步地，从一个新的视野分析，经济技术的发展、文化的积淀和环境保护，三者并不矛盾、并不冲突，处理得好，反而相辅相成、相互促进。所以，国际风格（作为经济技术发展的象征之一）和地域风格，两者并不是对立和压覆的关系，而是相辅相成、相互促进的。在地域化的城市特色探寻中，这里从外部性角度提出"创新适应"与"理念策划"，从而为实现"有限的取舍"和"有序的共存"提供总体的参考性思路。

二、创新适应

创新性适应是指内部性对外部性的创造性适应，包括空间变化的外部性适应和时间变化的外部性适应。城市（镇）发展中的外部性问题，有区域性的，也有制度性的。关键在于，必须做到内部性与外部性的创新性调整和适应，才能发现机会并创造机会。不创新就不能适应，单纯的被动适应，只能导致更加不适应，甚至被淘汰，所以要适应，就必须创新，在创新中适应，在适应中创新。

创新性适应是全球化与地域化相协调发展的需要。也是地域化特色创造的需要。未来的世纪是发展特色城市、特色区域、特色国家(仅指城乡建设)的世纪。世界是多姿多彩的,没有特色与个性也就没有生命力,世界将变成共享技术与信息环境下的技术堆砌。

三、理念策划

一定地域的发展理念能够全方位地影响一个城市乃至一个行政地区内城镇的发展模式,包括经济模式、人文模式、生态模式等。于是,在地域化对全球化的适应中,"理念识别"(mind identity,MI)与"理念策划"就显得极其重要。小到单位和地方,大至国家和区域,都需要"理念策划与理念创新"。国家和区域的规划政策,首先可以被视作一个国家或区域经由集思广益的策划而形成的"理念策划与理念创新"及其核心的"行动计划"。如果将规划上升至公共政策的层面,那么,城市规划中的城市特色创造,依据外部性的要求,一方面必须体现地方城市的"理念策划与理念创新",同时,也必须落实到整个国家和区域总体规划的"理念策划与理念创新"框架中。在落实的过程中,根据地方的内部性特点,并结合外部性研究,进行创新性适应。

第三节　城市人居景观风貌策划视野下城市特色的内部性解释

一、"文态""形态"与"事件"三位一体的分析方法

无论根据系统学的研究方法(从整体到局部的方法),信息学全息的研究方法(从局部到整体的方法),还是现象学的研究方法(从事物本身分析的方法)分析城市,都可以认识到,城市的空间形态变化、时间文态变化与城市历史事件(包括自然条件的变化和人为的活动,尤其是重大历史事件)的进行和发生有着极其密切的联系,三者相互映射并相互全息地统一在一起、融解在一起(图7.2)。

二、文化分析及其对城市特色的影响

(一)空间地理文化圈分析方法

从全球的角度进行文化分析,按照各地区文化的历史、影响和自成熟程度,世界地理文化圈有九分法、五分法和三分法之说。九分法的分类如下:埃及文化、中国文化、印度文化、巴比伦文化、希腊罗马文化、阿拉伯文化、西欧文化、

图 7.2　城市风貌评价数据库结构参考图

墨西哥文化、俄罗斯文化。五分法的分类如下：印度文化、埃及文化、美索不达亚米文化、中国文化、墨西哥和秘鲁文化。三分法的分类如下：以印度为代表的高地文化(宗教特色的文化)，以中国为代表的大河平原文化(哲学特色的文化)，以欧洲为代表的海洋文化(科学特色的文化)(向翔，1997)。依此类推，空间地理文化圈在不同区域范围内可以继续细分，在一定范围内表现为特色的内容，在更高的层次上会转化为城市的共性，所以，城市特色的内涵不是固定的。研究城市特色，首先必须清楚是在怎样的范围和层次上分析对象，因为在不同的层次上城市特色对应着不同的内部性特征，同时反映着嵌套式自相似的迭代特点。

(二)时间历史文化层分析方法

如同考古学中存在"文化层"现象一样，城市的景观与风貌特色在时间的维度上也存在着极其生动的"文化层"现象。正如人自身的新陈代谢过程一样，城市文明的积累与发展同样无法回避不可抗拒的自然规律，即任何城市文明的出现和存在都是有条件的。其发展具有明显的阶段性，在具体形态上生动体现为多个城市文化层。作为城市文化主体和载体的人，通过其复杂多样的社会劳动，将整个社会劳动的具体形式(劳动的内容、技术手段等)与劳动组织的抽象形态，直接或间接、明显或隐喻地嵌印在他们的劳动成果中，即作为人类文明标志的城市"文化层"的碑文里。如果说地理文化圈是城市特色的空间载体，那么城市"文化层"则是城市特色的时间载体。地理圈反映的城市特色侧重于气候、地理以及因缘于气候和地理的人文内涵，文化层反映的城市特色则侧重于制度文化的流变、伦理道德观念的潜移默化、经济技术的进步、重大历史事件的遗迹与影响、人类的素质与自我发展的不断进步等。这些变化会以多侧面的城市碑文（如社会制度、生活方式、生产方式、建筑、雕塑、道路、戏曲、服饰、民俗等）的形式凝固在城市的物质形态中，并积遗在人们不自觉的集体意识中。所以，城市特色的内涵不仅仅是基于现状的面貌，而是多侧面和多阶段的，包括显在的，也包括潜在的内容。研究城市特色，其次必须清楚是在怎样的时域和角度上分析对象，因为在不同的时域和角度上，城市特色对应着不同的内部性特征，同时反映着平行式自相似的特点。

第四节　城市人居景观风貌特色的探寻——由多维走向一致性的实施行动

一、特色的探寻方法

（一）通过"资源基础方法"的探寻——特色的"元生产"分析

"元生产"是相对于传统的物质产品生产而言的，其内容更倾向于策划产业、创新软件、知识产品、形象设计、新产品开发等，元生产的产品往往具有"独特性""唯一性""创新性"。元生产是以一定的资源条件为前提的。城市资源是城市空间区域范围内的各种资源总和，包括自然资源如气候、水、土地、地形地貌、地表生物和矿产资源，社会资源如历史人文、城市形态、城市精神、人力资源（包括人的数量、观念、技能、素质等），以及区位资源如城市地理区位、市场区位和政策资源等。在众多的城市资源中，需要对能成为特色的城市资源进行辨析。根据资源基础理论（resource-based theory，RBT），在同一产业或策略群中，不同拥有人所掌握的策略资源是不同的，而且这些相异的资源将导致各拥有人彼此间的差异，这些差异性会因为这些策略性资源并不容易被其他拥有人模仿而延续下来。资源基础理论认为，企业的超常利润来自其竞争优势，而竞争优势由差异性资源产生，并强调竞争优势的持续性。资源基础理论认为竞争优势持久的原因是拥有资源的差异性、不可移性价值和稀少、不可模仿及不可替代性。在城市特色资源中，自然环境就是关键性的因素之一。英国的田园城市理论和中国古代的风水学说都是利用自然环境营造城市特色的理念，充分体现了城市自然资源的地域和地方特点。城市的人文和历史资源是城市发展过程的沉淀，也是城市无可选择和不可替换的重要资源，其进一步构成城市特色的精神内核，反映了城市的内在气质和精神向度。在城市特色资源分析中，需要抓住城市的基础资源与特色资源进行探源和生发，才能实现城市特色的"元生产"，从而体现"独特性""唯一性"与"创新性"。

（二）通过"差异性分析"方法的探寻——特色的同时对比与同时差别分析

随着全球化与全球市场的统一，随之而来的不仅仅是麦当劳和肯德基，而更为深刻的改变是文化的输出和侵略，以及随推土机开进街巷弄堂、作坊字号等"落后城区"一起被掩埋的地方精神、地方文化和生活方式。尤其在发展中和欠发达的国家和地区，世界上越来越多的非物质形态文化正在实现"现代化"的过程中消失，"同时自相似与同时差别"的研究将有助于对这一现象的重视和修复，因为那原本一幅幅丰富而和谐的画卷，是相似性与差异性共同创造的鬼斧神工。无论是整体与部分之间的嵌套式自相似，还是部分与部分之间的平行自相似，都是基于相同的文化基因而言的。对于同一文化基因背景下的这两种相似现象，我们称其为同时自相似（同时自相似原理是类型学研究与分析的重要基础之一）。而不同文化基因背景下的整体与整体、部分与部分之间，带有整体性、基础性的差别，我们称其为同时差别。如不同文化背景下的建筑与建筑、服饰与服饰、风俗与风俗、方言与方言等，都表现了这种平行而丰富的差别，又因这种差别中存在着共性，是一种相似的差别，所以称其为同时差别。

生物多样性使整个自然多姿多彩。差异性是世间万物生存的基础，也是自然进化，适者生存竞争的平台。城市策划工作的一个重要方面就是"创造差异"。城市策划的目的之一就是寻找城市的核心价值与灵魂。城市的个性、城市的自然与经济特色、城市独有的历史文脉和文化主张是影响和形成城市灵魂的重要因素。凯文·林奇在《城市形态》中认为"城市最简单的感受形式是'地方特色'"。"地方特色"也就是城市的差异性。城市特色所表现出的差异性是万事万物相互区别的标志和赖以生存的基础。在城市策划中，通过调查研究，确立城市的个性、城市的特色、城市独有的历史文脉和文化主张，寻找城市所拥有的，同时又是别人没有也无法复制的东西，让公众感受到城市的个性和魅力。

（三）通过"内外部性"方法的探寻——特色的 SWOT 技术分析

城市策划需要对城市特色进行分析，为了抓住城市特色，需要对城市特色的内外部资源条件进行分析。通过调查研究，采用罗列法和分层法，列出所有的城市资源，然后进行比较筛选和鉴别，对城市资源进行排序，然后进行 SWOT 分析。SWOT 通过对城市资源自身（内部条件）所具备的优势（S）和劣势（W）分析来判断资源的实力，通过对资源所处环境（外部环境）中的机遇（O）和威胁（T）来判断资源的可开发性和吸引力(图 7.3)。依据 SWOT 分析,确定城市资源的利用和城市特色的转化。

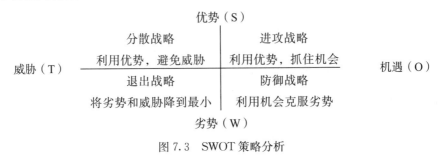

图 7.3 SWOT 策略分析

二、经由多维走向一致性与有序性的理念

全球化的发展及其过程中出现的多元化倾向迫使人们开始思考价值复合、整体性协作、社会循环和环境友好等诸多问题,不可避免地影响到地域特色的研究,并影响和改变着我们的方法论。尤其是城市问题,具有多维和多侧面性。面对多侧面和多外部性的城市对象,我们的总体策略应该是:探索经由多维而走向一致性与有序性的规律和方法。城市人居景观风貌的三色原理认为,城市人居景观风貌研究与实践的目的将致力于实现自然生态(绿色)、社会文化(黄色)和经济(红色)的多维叠合与良性循环。简言之,城市人居景观风貌研究与实践的目的在于经过有序混合,实现三色协调,并使三色之间相互支持,互益循环、互惠共生。文化研究固然重要,但是,单纯追求文化特色,或者单纯追求某一方面的特色,如生态特色等,都嵌含了一个危机,即三色能否协调的危机。城市特色必须、也只有在三色协调的基础上,才有可能稳定、可持续,并具有更加宽阔的空间进一步发展和灿烂。因此,多维叠合的三色,即稳定的绿色、丰富的黄色和清洁健康的红色是城市人居景观风貌维育的基础,也是城市特色内涵的不尽源泉,且三者之间的良性循环将有助于城市特色品质的不断提升。缺少其中任何一种颜色的追求或理想,都将使特色褪色。而协调的、循环的、多维叠合的三色,将调配出一个多彩的美好的未来图景。

三、实际案例分析

长江与嘉陵江交汇于重庆,水系形似古篆书"巴"字,故有"字水"之称。"宵灯"映"字水",形成重庆特有的"字水宵灯",从清乾隆年间起被称为"巴渝十二景"之一。自古以来,重庆依山而建、沿江发展,科学策划和编制重庆市都市区"两江四岸"规划和设计不但具有特别重要的战略意义,同时也有利于突出山城特色和促进特色经济以及宜居环境的协同发展。

"两江四岸"指长江、嘉陵江的江岸线，主城区范围内从嘉陵江上游的北碚到渝中区朝天门；从长江上游的九龙坡区西彭到江北区五宝镇。岸线共长321km，沿江腹地面积近200km²。重庆市成立了"两江四岸"规划领导小组，统一负责协调相应的工作，启动"两江四岸"整体策划，计划用两年实现规划全覆盖，建设国际一流的滨水地区，同时启动国际招标，有针对性地解决滨水地段的利用问题。经过系统的工作，基本完成"两江四岸"规划建设现状摸底工作，对生态敏感区进行了综合评价，确定了"两江四岸"地带城市设计范围。然后多角度开展了基础研究工作，形成了20个专题研究报告和8个城市设计专项分析报告。为增加公众对规划的认同度，加大公众参与力度，开展了4次社会各方代表参加的研讨活动，建立了国际国内知名规划专家组成的专家库和国际国内知名规划设计单位组成的设计机构库，制定了《主城两江四岸滨江地带城市设计工作方案》，并经市政府批准，确立规划基本思路。通过反复比选，委托美国易道公司开展"两江四岸"滨江地带总体战略规划和城市设计框架策划，形成初步成果——《两江四岸滨江地区总体战略规划和城市设计框架》（以下简称《框架》）。《框架》将革新传统思维，充分体现以人为本、建设宜居城市的理念，突出公共生活功能和景观文化功能。《框架》抓住重庆的城市特色，很好地处理了经济建设、城市发展、自然生态、文化传承之间的关系，是对重庆市城乡总体规划的细化与落实。

为了充分抓住重庆"两江四岸"的特点和相应的特色资源，重庆市政府和规划部门向全球、全国相关的专家、企业和广大的民众问计问策进行城市建设定位、核心价值的确定和资源整合。经过分析和论证确定"两江四岸"的规划建设要充分体现重庆的特点，在城市形态、城市景观、建筑风格和经济发展上具有重庆特色。作为山水之城，只有显山露水，才能体现重庆作为山城和水城的标记。充分利用山水价值，重塑山水城市的风貌，打造宜居城市。在具体的策略方面，美国易道公司提出的思路是，通过融入生态策略、人文策略和经济策略，进行沿江用地和空间的重新布局，"两江四岸"的滨江地区完全有潜力成为重庆未来经济社会发展新的引擎和标志。一方面把两江从单纯的交通通道转化为经济活力与城市魅力汇聚的"河流"，从工业生产的水岸变成城市生态、生产和生活活跃的黄金水岸；另外，通过重新规划，使"两江四岸"的战略产业有一个提升，将沿江建成都市休闲区、城市中央商务区核心，以及会展、度假汇集的综合区域；此外，借助沿江发展金融等高端服务业。根据《框架》，重庆市启动主城区"两江四岸"滨江地带城市设计，目前共划分六大片区。从功能定位上划分包括：北部新区滨江片区为宜居宜业、自然水岸；井口片区为文化产业、生态水岸；溉澜溪片区为两山一谷、都市水岸；杨家坪片区为商圈拓展、生活水岸；重钢片区为工业记忆、创意水岸；钓鱼嘴片区为北城南园、休闲水岸。重庆"两江四岸"城市设计不单纯是工程设计，而是向符合自然原理及生态原理转变。今后"两江四

岸"滨水地带要打造成城市滨水生态示范区，包括保护或修复溪流、江河、岸
线、湿地等，创造出自然或近自然的生态空间。重庆"两江四岸"总平面如图
7.4 所示。

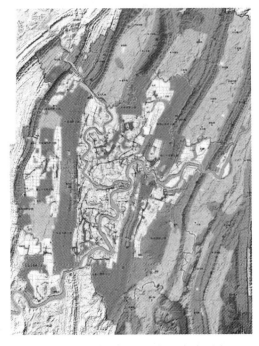

图 7.4 重庆"两江四岸"总平面图

在重庆市"两江四岸"六大功能片区策划中，对重钢片区的定位为工业记
忆、创意水岸。参选方案之一的加拿大艾克斯蒂设计公司（Ecstics）与重庆日清城
市景观设计有限公司合作设计，提出了"钢都涅槃、创意之城、时尚盛典、多彩
滨江"的主题（图 7.5）。

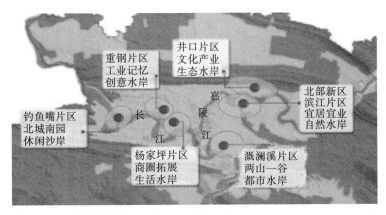

图 7.5 "两江四岸"六大功能片区

　　重钢片区的开发策划通过利用创意设计并融入新旧共生、空间交融、遗产利用原则，将原来的工业遗产和新的片区开发有机结合，突出对现有工业遗产进行有效改造，凸显工业遗产的唯一性、独特性和策划创新性，扩大城市发展空间，推进产业结构优化升级。采用保留和利用开发两种途径，建博物馆，设立旅游观光项目，建文化设施等，将厂房改造为艺术画廊和商业中心；仓库设计为攀岩和酒吧、艺术中心等场所；冷却池变为潜水训练基地；鼓风炉建观景台等。整个厂区可以改造为摄影家们的摄影场，艺术家们的创意天堂。未来在重钢片区可以形成创意产业集群和服务产业集群，成为重钢片区打造高档生态宜居社区的有机配套和区域亮点。

图 7.6　重钢片区方案之一

　　重庆在编制重庆市都市区"两江四岸"规划中，遵循了"好的规划来自好的策划，好的策划来自好的理念"。结合重庆"山水园林历史文化名城"城市定位，科学地确定城市滨江区的功能组织、发展目标和总体框架，正确处理需要和可能、局部和整体、当前和长远、发展和保护的关系，把保持城市原有的特色和展示城市发展前景有机地结合起来，凸显地方特色景观和历史文化，充分提取城市独特的"山水园林历史文化名城"规划元素，真正使城市滨水区的规划经得起实践和历史的检验。重庆市都市区"两江四岸"的策划与规划体现了科学发展观，同时也继承保护并孕育彰显了城市的特色。

参 考 文 献

陈放. 2007. 城市策划五大板块[J]. 魅力中国，(8)：62-65.

程冀，陆华. 2004. 城市策划与城市规划[J]. 城乡建设，(3)：47-48.

韩静. 2005. 对当代建筑策划方法论的研析与思考[D]. 北京：清华大学.

洪亘伟，姚安海，刘志强. 2008. 基于城市发展的城市特色定位研究[J]. 高等建筑教育，17(3)：48-51.

黄兴国，石来德. 2006. 城市特色资源辨析与转化[J]. 同济大学学报(社会科学版)，17(2)：31-38.

吴良镛，武廷海. 2003. 从战略规划到行动计划——中国城市规划体制初论[J]. 城市规划，27(12)：13-17.

吴良镛. 1998. 积极推进城市设计提高城市环境品质[J]. 建筑学报，(3)：5.

吴志强. 1999. 论二十一世纪中国城市面临的严峻挑战及其准备[J]. 建筑师，(4).

吴志强. 2000. 论新世纪中国大都市发展战略目标——从国际城市发展趋势及城市管理学科研究热点着手[J]. 规划师，16(1)：4-7.

武辉，张春祥. 2007. 城市特色的求索[J]. 上海城市规划，(2)：46-48.

向翔. 1997. 哲学文化学[M]. 上海：上海科学普及出版社.

徐颖，沈叶明. 2006. 重塑中国城市特色[J]. 规划师，22(5)：92-94.

张继刚，蔡辉. 2000. 城市特色的剖析与维育[J]. 规划师，16(6)：79-83.

张继刚. 2007. 城市景观风貌的研究对象、体系结构与方法浅谈——兼谈城市风貌特色[J]. 规划师，23(8)：14-18.

赵善扬. 2007. 城市："魂"归何处[J]. 混凝土世界，(6)：64-65.

http://cqghyj.cn

http://jj.cqnews.net

http://www.classic023.com

http://www.cq.gov.cn

http://www.cqla.cn/

http://www.cqupb.gov.cn

第八章 城市人居景观风貌维育——公共空间环境风貌体现

动物与其生存的环境之间，是一种选择、合理改造和适应的过程，两者之间不仅仅是食物和住所的关系，也是情感的联系。虽然动物没有创造出复杂的符号世界，但就多数动物所表现出的情感而言，并不比人类逊色。作为万物之灵，人类与自身生存环境之间的关系就更加密切。这种关系已经复杂为内容丰富的生产和生活程式以及与之相联系的符号(语言、图腾、价值观、爱憎等)系统，即表现为不同地理圈的文化和不同时域层次的文化现象。复杂的文化圈和文化层现象对于人的重要意义之一就是情感认同和精神享受。

回顾人类自身生存环境的变化，从远古的洞居与穴居到现代化的空中、地下与海上住所，物质环境条件发生巨大改善，人类情感与精神生活质量也在不断提高。然而，环境物质条件的改善有时并没有完全同人类的文化情感愉悦与精神享受提高相平行。所以，人的幸福感和精神满足并不能与纯粹的科技和物质水平提高相一致，有时是滞后抑或超前的，甚至是相悖的。但追求更加舒适和健康的文化环境，并进一步追求情感的愉悦和精神的享受是人类不息的探索和追求。

19世纪以来，人类对环境建设做了很多探讨，譬如：

1857年，英国制定了《公共卫生法》(*Public Health Act*)，提出了标准的给排水系统、街道的宽度等规划要求，以控制城市疾病和公共空间的混乱。

1890年，英国颁布了《工人阶级住宅法》(*The Housing of the Working Class Act*)，提出了旧城改造中关于给排水、道路、日照等的系列要求，以改善工业革命导致的恶劣生活环境。

1893年，美国芝加哥举办的哥伦比亚世界博览会(The World Columbian Exposition)使美国城市美化运动掀起了高潮。

1933年，现代建筑国际会议(Congres International D'Architecture Moderne，CIAM)第四次会议通过的《雅典宪章》，理性地总结了城市的四大功能，提出了城市与乡村的互动关系，特别地，提出了保护历史建筑与地区的重要性。

1977年，现代建筑国际会议(CIAM)在秘鲁利马(Lima)通过了著名的《马丘比丘宪章》，宪章更多地关注城市对人性和情感的要求，提出诸多创新性的观点，弥补了《雅典宪章》的许多缺陷。《马丘比丘宪章》提倡人的交往，提倡高于空间形态的另一种要求，即宽容和理解的精神，提倡城市功能的适当综合，提倡重视规划的动态过程，提倡优先发展公共交通，提倡保护城市具有文化价值的部分并延续其生命力，提倡建筑、城市和园林的统一，提倡公众参与，提倡防止高技术手段的盲目使用，提倡防止盲目抄袭等。《马丘比丘宪章》对我国现阶段的城市建设仍然不失其先进性和指导意义。

在我国，改革开放以后，迎来了城市建设的春天，关于城市环境质量的相关探讨也从未停止过。其间成果丰硕，难以概全，挂一漏万，譬如：

1985年，中国建筑学会在北京召开了中青年建筑师座谈会，其间与会建筑师代表探讨了建筑的外部环境及公共空间问题。

1987年，《中国美术报》召开了以环境艺术为主题的座谈会，与会的规划界、建筑界、评论界、艺术界、哲学界等广泛的人士发起并筹建了中国环境艺术学会，会长为周干峙先生。

1988年，《全国城市环境美》大型学术研讨会在天津召开，与会的著名学者李泽厚、吴良镛等许多专家从多角度研讨了公共环境的理论与实践问题并出版了研讨会文集。

1997年，山地人居环境可持续发展国际研讨会在重庆召开，在《山地人居宣言》中提出切实贯彻《21世纪议程》，贯彻人居环境的可持续发展，提出促进和睦社区与友好邻里感，提出促成城乡一体化的有机网络，提出政府与非政府组织的通力合作等。

1999年，第20届世界建筑师大会在北京召开，大会分"建筑与环境"等6个专题研讨。大会一致通过《北京宪章》，该宪章阐明了"全球化与多元化共生"等诸多策略。

2001年，首届世界规划院校大会在上海同济大学召开，大会共包括"城市与区域在全球化中的地位"等16个专题，从多角度多层次探讨了城市规划问题。

2001年，中国成都城市公共环境艺术论坛在成都国际会展中心举办，论坛主题——城市景观、传统与未来。对处在传统与未来十字路口的公共环境艺术，与会代表进行了广泛探讨。

基本上，每次与城市规划与建筑相关的大会，都关注了城市的公共环境与环境的文化问题。城市的环境景观质量以公共空间为突显，城市公共空间是反映城市物质和精神面貌的镜子，通过其风貌的显态信息和潜态信息，可以解读一个城市，它的过去、现在甚至未来，在这里都会有所全息和折射。譬如：城市是否尊重和重视它的文脉？是否充满创新和生命力？是否忘记了它的荣辱与艰辛？是否继承了历史奔流的势和开放涌动的力？是否发扬了地域的文化精神？现在，这个城市在思考什么？价值观上重视什么？它崇尚着什么？追求着什么？人们的整体与综合素质如何？人们的精神风貌如何？他们在实践着什么？处于怎样的精神状态？抑郁的还是亢奋的？实际的还是浮夸的？是否充满希望？是踏实中的希望还是浮夸中的欺骗？它的未来在哪里？……城市公共空间——城市的厅堂，通过它所传播的文化和精神氛围，会轻轻地告诉它的读者。

城市公共空间是城市的厅堂和门面，其风貌信息包括显态风貌信息和潜态风貌信息。显态的城市风貌信息包括：城市公共空间的尺度、空间的形状、比例、色彩、肌理纹理、材料材质、天际线、地界线、环境雕塑、标识等，自然特征如早霞晚霞、阳光、微风、季相、天象、山形、树形等，以及公共空间中活动的人，包括人的多少、服饰、语言，人活动的形式、习俗、特征等。潜态的城市风貌信息包括：公共空间的建筑风格、年代、环境的文脉、历史记载、人文故事、空间是否方便安全、是否利于交往、是否体现关爱、是否具有美感、是否体现积极健康的精神指向，以及空间中人的潜态因素，如人的族别、性别、职业类别、收入级别、受教育程度、价值观异同等。

城市公共空间是表现城市风貌的重要场所，是城市风貌的一面镜子。近多年来，各地建造了不少公共空间场所，对改善城市风貌大有裨益，但同时也暴露出细微的不足。面对一些现实，不禁要想：这样的地方，使用的人是否喜欢？面对冰冷、巨大的尺度和重复陌生的造型，是否感到安全和亲切？是否乐于停留？是否便于交流？是否接受和认同遍地的花岗岩？是否怀念旧时的风情与意境时？不仅感慨良多。城市公共环境形式上是在呼唤多样性、生动性、故事性，本质上是在呼喊情感、呼唤人性、呼唤文化内涵、人文关爱和风貌特色。城市或曰任何生物的居住环境都宜是生动的、亲切的、温暖的，它不仅是生活的物质场所，同时也是情感和灵魂的住所。那么，怎样才能使城市公共空间更多地体现人文关爱、文化特色和风貌特色呢？本章从环境应体现对人的关爱和体现城市风貌的目的出发，探析城市公共空间五个方面的建设与设计要求。

第一节　城市人居景观风貌维育的平台要求

城市公共环境首先必须是安全的，这是一切活动展开的平台。这个平台的构建包括自然生态安全、基础设施与卫生安全、社会文化与经济安全三个支柱。它们的物态内容是城市风貌得以表现的基础。

一、自然生态安全

目前，自然生态安全已经严重威胁到我们的日常生活和子孙后代的生存，影响到城市风貌维育和城市的持续发展，如日渐频繁的沙尘暴、城市水源紧缺或枯竭、气温骤变(暴风暴雨、气温失常等)、废气污染、地面下沉等。除此之外，还有一些更具体的场地生态问题，譬如高边坡、滑坡与塌陷、泥石流、采空区沉降、动植物群落退化、地表水吸收与地下水补充、光污染与声污染、局部小气候变化(如城市热岛、城市峡谷风、河岸风、昼夜温差、日照时间等)，以及因建设而导致的土壤构成变化、空气质量变化、河流水系水质变化等。

除却城市和场地本身的生态监测、保护和防护治理外，城市生态安全已经不仅仅是城市本身的问题，而是一个城乡接合以至于城城乡乡、山山水水相接合的大区域问题，归结起来，是一个人类面对自然采取怎样的生产和生活方式的问题。托马斯·贝瑞指出："人们没有意识到我们做了什么及其影响的深远程度。我们试图通过废弃物收回、降低能耗、限制使用私人汽车、减少开发项目等一些小尺度上的做法来修复环境，解决城市问题，其实是治标不治本。问题在于我们做的这些事情，主要不是停止对地球基本资源的掠夺而是通过减轻其消极后果而使我们掠夺式的工业生产模式和生产方式得以延续。我们错误地估计了我们面对问题的复杂程度和系统范围。我们面对的挑战主要是宏观生态学问题，即地球复合生态系统的整合功能问题。"因此尊重自然生态，选择科学的可持续的生产和生活方式，是城市自然生态安全的保障。

城市自然生态安全同时也是城市风貌的重要组成，正如维哈兰恩(Verlaine)所描绘："la mer est plus belle que les cathedrals"，英译："sea is more beautiful than cathedrals"(寓意自然的比人工的美)。无论怎样的城市，自然生态之美都是城市风貌中不可或缺的美的重要组成之一，同时也是城市风貌的景观基础和背景。

二、基础设施与卫生的安全

基础设施与卫生条件是城市体现人文关爱与城市风貌的重要基础之一。首先，基础设施尤其是道路交通格局以及相配套的市政设施的安全与方便，是城市风貌的重要基础。其次，与道路相关的交通方式和交通工具，也是影响城市风貌的重要因素。除此之外，基础设施与卫生的安全还包括：防止突发疫情、防止突发灾害(洪灾、旱灾、风灾等)时的基础设施安全，制定特殊气候条件下的防灾预案，夜晚照明与综合治安，改善日照与通风，解决震时战时的疏散与避灾，等等。

许多古镇的卫生问题主要集中在排污不畅，再加之通风日照不良，更加剧了卫生条件的恶化，大大降低了城镇传统风貌的魅力和品质。但凡城镇风貌宜人者，多具备了较好的排污等基础设施条件，因此改善基础设施是任何城市、城镇维育风貌必不可少的举措。对于大城市与特大城市而言，基础设施的意义同等重要。2004 年 7 月 10 日，北京一场五年一遇的暴雨造成的积水、灌填、倒塌、断电、拥堵等灾害给人们留下了深刻的记忆。

三、社会文化与经济安全

社会文化与经济安全是城市体现人文关爱与城市风貌的重要基础之一。社会文化是生长的。经济也是生长的。从较短或较窄的视野审视两者的关系，两者有可能是矛盾的，甚至是严重冲突的。但是，就城市和地区的长远和整体而言，社会文化与经济的关系总体和本质上是相辅相成的。因此，社会和谐、文化繁荣和经济增长如何在良性兼容与互动中生长、变化和提高，并使这种关系保持健康和稳定就显得非常重要。具体而微地讲，发展地方经济不能以破坏有价值的文物建筑及其环境为基础，不能以污染环境换取暂时的经济效益为基础，不能简单临摹不切合当地文化和气候特征的设计换得暂时的哗众取宠为基础，等等。社会文化生长与经济生长只能选择相辅相成的出路，不能只求其一而忽缺整体。因为，长远而言，地方历史文化、地方特色、地方和谐等都可以转化为生产力，它们是潜在的生产力。

第二节　城市人居景观风貌维育的文脉要求

　　城市是可以阅读、感悟和交流的……，城市不仅仅是物质的积累，同时是历史记忆的积淀和对未来的向往，也是情感的住所、价值观的表现和精神的寄托……。城市是有生命的，城市生命的活力在于文脉的延续和生长。因为有文脉的延续和生长，城市才生动而丰富；因为有文脉的延续和生长，城市才可以承前启后，继往开来，不守旧、不裹足；因为有文脉的延续和生长，城市才能找到自我，找回特色，不盲从，不攀比；因为有文脉的延续和生长，城市才不但有骨头，而且有血有肉；同时因为有文脉的延续和生长，城市这个巨大的产品或艺术品才拥有了整体的对外形象和品牌。

　　老子曰：欲去明日，问道昨天。也如《马丘比丘宪章》所倡导的那样："城市的个性和特征取决于城市的体型结构和社会特征，一切能说明这种特征的有价值的文物都必须保护，以使这些文物具有经济意义的同时，继续具有生命力，也就延续了城市的生命。"城市建设应满足人文历史延续的需要，其含义绝不仅仅停留在保护文物和遗迹，绝不是停留在保护某几个符号，更重要的意义在于创新、发展和延续。通过文脉的延续、创新和充实，城市的生命得以延续和发展。《吕氏春秋》仲冬纪·第十一《长见》中言"今之于古也，犹古之于后世也。今之于后世，亦犹今之于古也。故审知今则可知古，知古则可知后，古今前后一也。故圣人上知千岁，下知千岁也。"众所周知，城市是一本打开的书，通过文脉的记录和展开可以使读者上知千年下知千年。城市不但记录着过去，更重要的是书写和创造着今天，向往和描绘着未来，三者是一个脉动的整体。城市公共空间环境是文脉表演的主要舞台。文脉的延续，仅仅尊重历史是不够的，还需演绎时尚。譬如：如何兼容传统风格与现代的时尚，并使两者和谐共生，上海新天地和金茂大厦的尝试就是良好的范例。城市是一个巨大的黏合体，其不仅是空间的黏合体，而且是时间上的黏合体。当文脉的创意、有机和逻辑关系体现在城市的不同层面时，城市这个巨大的黏合体，就在悄悄向一个巨大艺术品的方向靠近，向一个有机的、生动的、充满生命力的生命体的方向靠近。

第三节　城市人居景观风貌维育的人本要求

一、人对环境的尊重和改造

　　人只能依据一定的气候、地理、大地生态和人文历史条件在一定程度上改造和利用环境，以保证环境安全和环境可持续，在此基础上，进而适应环境。根据人的不同需要，公共空间创造出各种适合事件发生和展开的"境"。从人对环境的尊重和改造角度推敲，公共空间环境的功能应该包括两个层次，即宏观功能和细部功能。宏观功能即一般而言的行政、集会、交通、纪念、景观、商业、文化、金融等功能，与之对应的是市政广场、市民广场、交通广场、景观广场或景观大道、纪念广场等不一而足。但无论何种公共空间，虽宏观功能各异，但都需有人的参与、人的使用。于是，任何公共空间环境都必须尊重并符合人的心理、生理需求，即细部功能。细部功能包括满足人的身体尺度和视觉尺度、习俗习惯需求，文化与审美的需求，休息的需求，安全的需求，温暖的需求，交往与沟通的需求，阅读的需求，嬉戏的需求，遮阴的需求，对早霞夕阳、风雨雷电、草木花香等自然物象的需求，表演的需求，运动的需求，向往与探索的需求，对信息的需求，对文化的需求，对清洁卫生的需求，甚至对饮水的需求等等。这些看似微不足道的细部功能的有无，决定了公共环境的成败和层次，决定了公共空间是否是一个称心的城市客厅、是否是市民的家园。

二、环境对人的育化

　　温暖的城市，城市公共空间环境应该是安全的、清洁卫生的和具有文化与精神内涵的。良好的公共空间环境可以放松人的心情、缓解人的情绪、增长人的知识、改善人的交往、协调人际关系、影响人的习惯、潜移默化地改变人的公共观念、提升人的素养。除此之外，良好的公共空间环境还有助于避免公共卫生突发事件、减少社会刑事案件、增强社会安全、增加集体自豪感和认同感，并有助于建设和谐社会。

　　城市公共空间对人的关爱可体现在很多细微的地方，即微观环境层次，如公共清洁措施、休息措施、遮阴措施、交流措施、瞭望措施、消毒措施、提醒措施、明示措施等富有关爱意义的环境，以它无言但却坚定、持久的方式育化人、影响人、提高人的公共行为素质。中国有句俗话：各人自扫门前雪，莫管他人瓦上霜。梁启超先生曾深刻地指出："我国民所最缺者，公德其一端也……吾中国道德之发达，不可谓不早，虽然，偏于私德，而公德殆阙如"。城市公共空间环境是教育培养人们公德观的一个活课堂，不但需要好的设计，同时也需要精心的后期管理。公共空间环境的功能和效益发挥非常依赖后期的维护管理，犹如教室建好了，并不等于提高了教学质量，更需要好的教学管理。公共空间犹如整个城市的集体教室。诚如是，公共空间的清洁要能做到细致认真，公用电话亭要拂拭灰尘，公共洗手间要保持没有异味等等。如此种种，可以唤起市民家的意识、主人公的意识，唤起并培养市民的公共道德意识和公共秩序意识。古人早已懂得"仓廪实而知荣辱，衣食足而知礼节"。城市公共空间环境就是城市公共的居室，是城市公共的服饰和面子，是城市公共景观物质的仓和精神的粮，其品位的提升有助于市民"知荣辱"和"知礼节"。

三、人和环境的互动

人可以改造环境，环境也可以育化人，甚至塑造人。环境和人之间是一种互动的关系。人和环境之间是一种无声的交流，两者的关系依然可以说是，"话不投机半句多，酒逢知己千杯少"，进一步就是"物我互爱两相宜"。宜人的环境应该能够体现环境对人的关爱，包括给人以安全感、清洁舒适感、真实感、自然感、趣味感、新奇感、亲切感，以及情感和精神上的充实感，等等。环境对人的关爱，顺其自然，又会引起人对环境的爱惜之情、留恋之情甚至于自豪之情等。所以才有"相看两不厌，只有敬亭山"（李白，《独坐敬亭山》），"深林人不知，明月来相照"（王维，《竹里馆》），"好似春风湖上亭，柳条藤蔓系离情。黄莺久住浑相识，欲别频啼四五声"（戎昱，《移家别湖上亭》），"若为化得身千亿，散上峰头望故乡"（柳宗元，《与浩初上人同看山寄京华亲故》），"卧看满天云不动，不知云与我俱东"（陈与义，《襄邑道中》）。人和环境是互动的、融合的、一体的。城市公共空间也然，其与空间的使用者是一个整体，其联系是无形的，但却是紧密的。

第四节　城市人居景观风貌维育的真实性与
创新性、整体性与多样性要求

城市公共空间风貌的真实性与创新性，首先是定位和规模，从实际需要出发，量体裁衣，忌攀比，避免造成浪费，诚如曾培炎先生言：最大的浪费是规划的浪费。其次，争取建材、花卉草木，以及配套材质等本地化，回归自然、回归真实。本地生的野草花卉，以及那些残垣断壁和古树枯藤都可以化腐朽为神奇，因为那些看似普通的断墙、磨成扁圆的石板必然潜含着丰富而珍贵的风貌信息。这些信息对过分依赖仪器的现代人而言，还无法记载和清晰地阅读它，但它必然存在着，因为一块历经风雨的城墙石头与一块水泥仿制品相比，具有完全不同的感觉和意义。这种精妙的程度是如此的神圣和威严，它让人类无法复制，并深深

地震撼着心灵最深、最幽、最秘密的地方，让一切虚假的思考无处可逃。城市风貌宜既有传承，又有所新意，在创新中延续，在延续中创新。城市从过去走向未来，是一个有生命的脉动过程。城市人居景观风貌维育必须在反映自身真实生命的前提下体现创新，必须避免抄袭和搬用，否则，再华丽的内容也不属于这个生命，也就没有生命力，风貌和特色也就变成了哗众取宠。

城市是一个巨大的黏合体，多样性是整体性前提下的多样性。大至整个城市，微至一般公共空间，整体性即主题、即整体构思。归结起来，没有整体性就没有整体风貌和特色；没有创新和多样性就没有趣味、没有故事、没有情节、没有延续和发展，也就没有生命力。

第五节　城市人居景观风貌维育的特色要求

因为共性和个性是相辅相成的，所以特色的真实、全部的内涵应该是良好的共性基础上的、真实丰富的个性表演。没有良好的共性基础，追求特色是徒然的，皮之不存，毛将焉附？因此，没有自然生态安全、基础设施与卫生安全、社会文化和经济安全作为共性、作为平台，个性也将失去表达与表现的基础，特色也将无以表演。特色其实不在特色本身，而在乎两个方面：其一是良好的共性基础，其二是展示和挖掘自身真实和丰富的个性，诸如尊重和展示自然条件的真实、演绎人文和历史的真实以及时尚多元化的真实等。通过文脉的延续和生长，城市各部分艺术地有所维系与脉动、有所联系与对比。特色内涵丰富的同时，又不失却文脉要求。文脉的延续和生长兼容了有机性、多样性、艺术性、灵活性，它使特色具有了根，同时具有了丰富的生命力，使其可以继续展开和生长。所以，维育城市特色，尤其重要的是，可以借鉴成功的理念，但不可以照搬照抄形式和盲目搬用其他国家或地区的范例，因为照搬照抄的生冷内容不属于这部文脉的演出，不属于这部文脉展开的戏，也就不属于这个城市的生命。正如《马丘比丘宪章》所倡导的那样："规划中要防止照搬照抄不同条件、不同文化背景的解决方案。因为不同的国家和民族，不同的历史文化，不同的经济发展水平，对解决城市问题的方案应该是不同的。如果照搬西方国家的规划，对发展中国家来说有可能是灾难性的。"那么我国一些城市50年以后还能给世界留下什么样的城市风貌呢？也许来自国外的游客看到我们许多城市将来就变成这样了：站在高楼往下望，世界各国的建筑都有了，唯独没有中国风格的建筑，没有体现本地风貌的建筑（仇保兴 等，2006）。

形式上，城市公共空间风貌对人的影响和感染结果应该是安全的、亲和的和认同的，而不应是陌生、冷漠甚至是危险的；本质上，城市公共空间的风貌，归根结底，应传递如美、善、和、爱、净、清、正、敬、谦等信息，即文脉延续与生长中充满地方特色的崇尚、希冀和向往。环境因之能给人以精神陶冶和精神享受。城市风貌的营造应力图避免房子成为住人的机器，避免城市成为住人的工厂，房子应是情感的巢，城市应是精神的乐园。周敦颐曰："文以载道"，其实，城市也然。城市是用砖石写就的书，城市是一篇大文章，不但载道，而且载情、载爱，还要世代续写下去。提倡并重视城市公共空间环境的人文关爱和风貌体现，可以促使每个城市内含不熄的人文精神，通过一个个各具风貌的地球城市，传载一个个世代流传、内容各趣的地球文章与特色各异的地球故事。

参 考 文 献

仇保兴. 2005. 中国城市化进程中的城市规划变革[M]. 上海：同济大学出版社.

仇保兴，高慎盈，尹欣，等. 2006. 仇保兴把脉"城市病"[J]. 温州人，(3)：18-21.

康艳红，张京祥. 2006. 人本主义城市规划反思[J]. 城市规划学刊，(1)：56-59.

李和平. 2006. 论历史环境中非物质形态遗产的保护[J]. 城市规划学刊，(2)：63-66.

理查德·瑞吉斯特. 2002. 生态城市：建设与自然平衡的人居环境[M]. 王如松，胡聃，译. 北京：社会科学文献出版社.

陆明，吴松涛，郭恩章. 2005. 传统风貌保护区复兴实践——以哈尔滨道外区传统风貌区控制性详细规划为例[J]. 城市规划，29(11)：89-92.

阮仪三，蔡晓丰，杨华文. 2005. 修复肌理重塑风貌——南浔镇东大街"传统商业街区"风貌整治探析[J]. 城市规划学刊，(4)：53-55.

吴良镛. 2005. 系统的分析统筹的战略——人居环境科学与新发展观[J]. 城市规划，(2)：15-17.

吴志强，干靓. 2005. 世博会选址与城市空间发展[J]. 城市规划学刊，(4)：10-15.

俞孔坚. 2001. 城市公共空间设计呼唤人性场所[J]. 成都. 城市公共环境艺术论坛.

下 篇

城乡生态与景观研究
——以成渝地区为例

第九章　城市生态与景观中的坡地研究
——以重庆为例

第一节　城市坡地的概念、类别与功能

一、概念

（一）坡地

我国是一个多山的国家，山地面积占国土面积的 2/3，山地居住人口约占全国人口的一半。大量的人口居住在山地环境，不可避免的是，大量的城市、城镇和村落就坐落在坡地上。而由于坡地自然生态的敏感性和脆弱性，再加上山地城市建设缺乏生态容量评估，缺乏科学的规划和有效的管理，坡地存在着开发强度过大、水土流失、地下水缺乏等问题，从而导致生态环境恶化、水土流失、滑坡、崩塌、泥石流、地面沉陷等山地灾害。因此研究山地环境中的坡地问题就显得特别重要。

坡地是具有上升和下降两个方向的起伏状地面，它上承山梁峰脊，下接沟谷河流，是一种最基本、最普遍的地貌类型。无论对地貌类型怎样划分，任何正负地形之间都是以坡地形态过渡的，阶地、沟坎只是坡地不同形式的表现。因坡地的普遍性和坡地面积占有很大的比例，山区城市建设不可能逃避山坡地，坡地是山地城市建设用地的主体部分（刘芸，1997）。

本节坡地分缓坡地（3%～8%）、中坡地（8%～15%）和陡坡地（15%以上）。坡地指总体上具有大致走向（内部也可能存在多种小坡向），规模和范围在城市用地中具有明显的自然地理界线或人工构筑界线，自然地理的总体走向坡度比较明显（总体走向坡度不小于 3%）的城市建设用地和非建设用地。坡地根据其范围大小又分为大地形坡地、中地形坡地和小地形坡地。

（二）坡地城市

多山地，也是多坡地，是国土陆地的一个重要特征。全国陆地总面积中：山地 33%，高原 26%，盆地 19%，平原 12%，丘陵 10%。山区（包括山地、丘陵以及比较崎岖的高原）约占全国陆地面积的 2/3。截至 1992 年底，全国有建制市479 个，其中山地城市 360 个，占总数的 75%。

以重庆市为代表的山地大城市，全市 82 400km² 的土地内，山地面积占 90%以上。所有工农业生产建设，公路、铁路、水利、市政工程等建设与自然环境密切相关，都离不开与边坡打交道。众多边坡的存在使依附其上的各种构筑物、建筑物错落有致，使城市显得有层次感，形成特有的山地、坡地城市景观。

在城市用地范围内，当中坡、陡坡地成为城市用地的主要内容（50%以上）或当坡地能够代表和反映城市用地结构的主要特征时，这样的城市称为坡地城市。

（三）边坡

边坡是坡地城市中常见的地形，是坡地城市特有的地貌特征。边坡与边坡系统的总体策划、设计与治理，在一定程度上影响着坡地城市景观风貌的成败。

根据研究范围的不同，边坡具有不同内涵，包括：建筑边坡、市政边坡和城市边坡等。

1. 边坡概念一（建筑边坡）

在建（构）筑物场地或其周边，由于建（构）筑物和市政工程开挖或填筑施工所形成的人工边坡和对建（构）筑物安全或稳定有影响的自然边坡，称为建筑边坡。

2. 边坡概念二（市政边坡）

边坡是指地表面一切具有临空面的地质体，是广泛分布于地表的地貌景观，它外显为自然或人工形成的斜坡。从工程学的角度而言，边坡是指各种工程（如公路、铁路、工业民用建筑、矿山、水利、水电工程等）及农业活动所形成的具有一定坡度的斜坡、堤坝、坡岸坡地和自然力量（如侵蚀、滑坡、泥石流等）形成的山坡、岸坡、斜坡。它具有以下特点：

(1)有一定坡度外显面；

(2)自然植被可能遭到不同程度的人为或地质灾害破坏；

(3)易发生水土流失；

(4)易失稳（发生滑坡、泥石流等灾害）；

(5)具备可塑的景观再造基础。

3. 边坡概念三（广义的边坡）

广义的城市边坡是指自然或人工形成的，坡度较周围地面相对凸出的稳定的和非稳定的斜坡。它包括永久工程边坡、临时开挖边坡、山体或丘陵自然边坡、河岸边坡等。边坡是坡地城市地貌的一个主要特征。

（四）生态

1. 生态与生态学

德国动物学家海克尔于 1865 年提出"生态"这个词。从动物研究角度，他认为动物与有机和无机环境之间的关系就是生态。1895 年植物学家瓦尔明又从植物学的角度提出了植物生态学的概念。1935 年英国生态学家坦斯利又进一步提出了系统生态学与生态系统的概念，即有机体必然与它的生存环境形成一个自然的生态系统。时至今日，一般认为生物与环境的关系就是生态，研究这类关系的学科叫生态学。根据研究的侧重点不同，生态学又可以继续细分为环境生态学、经济生态学、社会文化生态学等；根据研究范围的不同，又可分为全球生态学、区域生态学、城市生态学或城乡生态学等。

2. 景观生态与生态景观

早在 1939～1971 年，德国著名生物地理学家 Carl Troll 提出"景观生态（landscape ecology）"的概念，开拓了由地理学向生态学发展的道路。Troll 把景观看作是"空间的总体和视觉所触及的一切整体"，把陆圈（geosphere）、生物圈（biosphere）和理性圈（noosphere）看作是这个整体的组成部分。Troll 认为景观生态学是"地理学和生态学的有机组合"，景观代表生态系统的一种尺度单元，并表示一个区域整体。另一位德国著名学者 Buchwald 进一步发展了系统景观生态，他认为景观是一个多层次的生活空间，是一个由陆圈和生物圈组成的、相互作用的系统。1986 年，美国学者 R. Forman 和法国学者 M. Godron 认为景观由相互作用的镶嵌体（生态系统）构成，并以相类似的结构和形态重复出现，空间由不同异质性的区域组成。1995 年，Forman 进一步将景观定义为空间上镶嵌出现和紧密联系的生态系统的组合。在较大尺度的环境范围中，景观是互不重复且异质性强的基本结构单元。概括起来，他们认为，一个景观应具有四个方面的特征：①对应于生态系统的聚合；②对应于各生态系统之间物质和能量循环的一定关系；③对应于一定的气候和地貌特征；④对应于一定的干扰状况，或多种干扰的聚合。我国著名景观生态学者肖笃宁认为，景观是由不同土地单元镶嵌组成，且有明显视觉特征的地理环境实体，是一个兼具经济、生态和美学价值的复合系统。肖笃宁认为：城市是以人为主体的景观生态单元，它和其他景观相比具有不稳定性、破碎性、梯度性，斑块、廊道、基质是构成城市景观结构的基本要素。城市景观生态规划遵循的原则有：①生态原则：新生、保护自然景观，保护环境敏感区，环境管理和生态工程相结合，增加景观多样性，建设绿化空间。②社会原则：尊重地域文化，将改善居住环境、提高生活质量和促进城市文化进步相结合。③美学原则：使城市形成连续和整体的景观系统，赋予城市性质特色与时代特色，符合美学及行为模式，观赏与实用（肖笃宁 等，1998）。

当把景观生态视为一个复合系统时，对景观生态系统的认识和研究一般可分为三个层次：系统宏观尺度的空间构架与结构、系统中观尺度的空间组合、系统组成元素的形态特征。

从不同的角度对景观进行认识和分析，景观有不同的分类，譬如自然景观、人文景观以及更加细致的划分。当从生态学的角度对景观进行认识、研究和分析，并利用生态学的规律对生态环境进行控制、保护、恢复、补偿、培育而努力的过程景观与目标景观，谓之生态景观。景观的形成受两方面影响，一是地貌和气候条件，二是干扰因素。气候和地貌会对一定地区的自然条件产生决定性的影响，所以，一个景观必然具有一定气候地貌特征。干扰是引起景观或生态系统的结构、基质发生重大变化的离散性事件。这类事件可能是自然的，也可能是人为的。一定的干扰状况聚合造成一定的景观，城市景观就是人类干扰状况聚合而形成的特殊景观类型（胡辉 等，2004）。由于生态意识的普及、生态环境的恶化，生态景观的恢复、保护、补偿、培育与创造越来越受到广泛的关注，加强生态景观维育已成社会共识。

（五）景观风貌

1. 景观

"景观"一词的英文是 landscape，最早见于《圣经》，用来描绘耶路撒冷所罗门王子的神店、皇宫和庙宇。现在的景观概念，不同的领域具有不同的理解。譬如，生态学的景观是指具有结构和功能的完整生态单位；地理学的景观是"某个地球区域内的总体特征"或"某个地域范围内的生物和非生物现象"；系统论的景观是指相互制约又相互依赖的要素的组合；物理学的景观是指物理的宏观或微观结构模型；艺术的景观是指通过透视关系所形成的现实或假想的美的形象，等等。人们从不同的研究角度对景观自然有不同的认识。景观（landscape）这个词有多重解释，但总的来说有三种：一是作为视觉美学上的概念，与"风景"同义。景观作为审美对象，是风景诗、风景画及风景园林学科的对象。二是地理学上的理解，将景观作为地球表面气候、土壤、地貌、生物各种成分的综合体。这样，景观的概念就接近于生态系统或生物地理群落等术语。三是景观生态学对景观的理解，即景观是空间上不同生态系统的聚合。这些生态系统在空间上彼此相邻、功能上互相联系。

这里，"景"是指自然环境与人工环境所传递的综合信息，"观"是指外界信息通过人的感官，并结合一定文化心理反应，在大脑皮层产生的感受、联想或情感。所以，"景观"是客观世界外在信息与主观世界内在感受的综合。

2. 风貌

从词语结构而言，"风貌"一词可以引申出两种解释，一种是被视为并列关系的联合结构，其意义可解释为"风度和容貌""气势和外观""风格与面貌"等，另一种是被视为修饰关系的偏正结构，其意义可解释为"有风度的外表""有气势的面貌""风格化的景致"等。

　　这里，使用中国传统的观察与理解方法来解释"风貌"，问题就迎刃而解。"风貌"一词在中国这一特有的文化背景下，理解为内在与外显、具体与抽象的联合结构，可谓全面也较为贴妥，与东方文化的"阴阳观""朴素的辩证观"相一致，并容易被接受。"风"者，神也，可理解为风采、格调，"貌"者，形也，可理解为面貌、景观。总起来看，风貌即风采格调与面貌景观。

　　城市物质实体与城市社会生活是实践的主体（即人）改造和利用客观世界的劳动结果。城市的物（包括自然的物和人工创造的物）以及生活在这个特定物的环境中的人共同构成了实实在在的、活生生的城市。城市风貌不仅仅指物，同时也包含人的表现，从这个意义上讲，城市是有生命、有格调的。早有李剑新先生提出"城市魂"的概念，看来先生已经将这种生命力的表现提到了一个赋予精神内涵的高度，这样的认识对全面深入理解城市风貌无疑是有益的。因为城市是一种特殊的产品，其重要的特殊性不在其复杂与庞大，而在于人创造了它，反过来它又塑造人。在这种复杂的互动关系中，是什么样的法则在起作用呢？按照中国文化的哲学视角，很自然地就会想到一个概念——"道"。"形而上者是无形体者，故形而上者谓之道也；形而下者是有形体者，故形而下者谓之器。"[1]"……先道而后形，是道在形之上，形在道之下。故形外以上者谓之道也，自形内而下者谓之器也。"[2] 具体到城市，城市魂、城市风格、城市格调、城市风气等是"无形体者"，应属于"道"的范畴，城市景观、城市面貌、城市形态、城市格局等是"有形体者"，应属于"器"的范畴。进一步具体到城市风貌，结合前文关于"风貌"解析的结论，城市之"风"属于"道"的范畴，城市之"貌"属于"器"的范畴。综合起来讲，城市风貌主要包括有形的"貌"，即"器"，主要指城市的地形地貌、城市形态、结构、面貌等，侧重城市景观的研究，和无形的"风"，即"道"，主要指城市魂、城市风格、城市格调、城市风气，侧重城市文化的研究。

二、坡地城市景观坡地系统的分类、主要功能与建设应用

（一）坡地系统的分类

　　坡地系统主要是指坡地城市中不同空间层次、不同规模层次上，坡地在地形、地貌、动植物、水文和小气候等方面反映出的整体结构内容。坡地系统首先是有层次的，在不同层次上，坡地系统具有不同的内容。其次，坡地系统具有整

---

[1]注：张载《张载集·横渠易说·系辞上》
[2]注：孔颖达《孔颖达·周易正义·系辞上》

体性，具有整体的形态特征和整体的功能内容。

1. 坡地系统类型

按坡度分：缓坡系统、中坡系统、陡坡系统。

按朝向分：向阳坡系统、背阳坡系统、侧向坡系统。

按位置分：水岸坡系统、山麓坡系统、丘陵坡系统、峡谷坡系统。

按质地形态分：①土质类坡地系统（包括单一土质结构、多元土质结构、土石混合结构、土石叠置结构等）；②岩石类坡地系统（包括岩浆岩边坡，由岩浆岩构成，可细分为侵入岩边坡及喷出岩边坡；沉积岩边坡，由沉积岩构成，可细分为碎屑沉积岩边坡、碳酸盐岩边坡、黏土岩边坡、特殊岩"夹有岩盐、石膏等"边坡；变质岩边坡，由变质岩构成，可细分为正变质岩边坡、副变质岩边坡）；③岩体结构类坡地系统（包括整体结构坡、块状结构坡、层状结构坡、碎裂结构坡、散体结构坡）。

2. 边坡类型

边坡是自然或人工形成的，边界特别明显，坡度较周围地面特别凸出的稳定的和非稳定的斜坡。它包括永久工程边坡、临时开挖边坡、山体或丘陵自然边坡、河岸边坡等。边坡是坡地城市地貌的一个主要特征。边坡是坡地系统中常见的局部地貌类型，一般具有独立、完整、明确的长高宽，特别是具备凸出的坡度和坡面。边坡按外形特征的分类见表9.1。

表 9.1　边坡外形分类表

分类依据	名称	说明
坡高	超高边坡	岩质边坡坡高>30m，土质边坡坡高>15m
	高边坡	岩质边坡坡高15~30m，土质边坡坡高10~15m
	中高边坡	岩质边坡坡高8~15m，土质边坡坡高5~10m
	低边坡	岩质边坡坡高<8m，土质边坡坡高<5m
坡长	长边坡	坡长>300m
	中长边坡	坡长100~300m
	短边坡	坡长<100m
坡度	缓坡	坡度<15°
	中等坡	坡度15°~30°
	陡坡	坡度30°~60°
	急坡	坡度60°~90°
	倒坡	坡度>90°

续表

分类依据	名称	说明
坡度	稳定坡	稳定条件好，不会发生破坏
	不稳定坡	稳定条件差，或已发生局部破坏，必须处理才稳定
	已失稳坡	已发生明显破坏
构成组合	单边坡	工程中只有一个侧面存在边坡
	双边坡	分两种类型：上边坡与下边坡；峡谷型边坡
	环形边坡	边坡围绕市政工程形成环状
立面形状	壁形边坡	边坡立面陡峭，如同壁墙
	梯形边坡	边坡立面状似石梯，分层构成
	壁坡结合形边坡	由挡土墙与有倾斜度的坡面结合形成

边坡按破坏类型分类，包括岩质边坡和土质边坡破坏两种，土质边坡破坏一般是圆弧面。岩质边坡破坏类型见表9.2。

表9.2　岩质边坡破坏类型

破坏类型	特征
平面破坏	主要结构面的走向、倾向与坡面基本一致，结构面的倾角小于坡角且大于摩擦角，产生顺层滑坡形式的破坏。滑面是层状岩层层面或不同岩组之间的各种接触面，特别是岩层中夹有易滑的软弱层，如页岩、泥岩、泥灰岩等。当地天然侵蚀或人工开挖基面又与软弱层分布部位邻近时，更易于产生顺层滑动
楔形破坏	两组结构面的交线倾向坡面，交线的倾角小于坡角且大于其摩擦角
曲面破坏	碎裂结构、散体结构边坡中，因岩体节理很发育、破碎而出现的滑移破坏，滑移面是圆弧面或非圆弧的其他曲面
倾倒破坏	岩体被陡倾结构面分割成一系列岩柱，当为软岩时，岩柱产生并向坡面弯曲；当为硬岩时，岩柱可再被正交节理切割成岩块，向坡面翻倒

平面破坏、楔形破坏和曲面破坏一般是在坡面2m以下产生剪切滑移破坏，属于深层失稳，滑移倾泻的土石方量较大，危害大。倾倒破坏一般发生在陡峭层状的岩体。此外，边坡还有一些浅层破坏，一般在2m以下，主要破坏地表植被，其类型包括：剥落、落石、崩塌、堆塌、表层溜坍、风化剥落、错落、坡面浅层滑坡等。

（二）坡地城市景观坡地系统的主要功能与建设应用

1. 坡地城市景观坡地系统的主要功能

1）景观坡地系统作为城市非建设用地，构建城市绿廊

坡地由于复杂的地形地貌，在城市规划和建设中可以因势利导、变废为宝。坡地中的许多复杂地形如壕沟、水岸、湿地等可以作为非建设用地进行保护。非

建设用地在坡地城市的地表形态上主要表现为河流、河谷坡地、山谷坡地、湿地、半湿地，或需要进行生态补偿的裸地、草地、林地等，以及因为控制的需要而进行生态恢复的用地。根据城市用地综合评价划分，非建设用地主要包括禁止城市建设区和部分的控制城市建设区。非建设用地的控制与保护对于一个城市的可持续发展至关重要，因此已构成了单个城市、城市连绵区，乃至更大区域持续发展的生态安全策略的重要内容。重庆总体规划中明确提出了"禁止城市建设区"和"非建设区"的内容。香港在1991年修订的城市规划条例中明确规定了非建设用地的组成内容，包括：景观保护区、生态敏感区、郊野公园、绿化带、乡村发展区、露天仓库等。

在大部分城市区域，生态性用地已经从大面积的景观生态本底（基质）退化为残存的自然"斑块"。这些残存"斑块"的生态服务功能一方面受限于斑块面积的大小（"斑块"面积越大，自我完善、维持与恢复功能越强），另一方面受限于与外界进行能量、物质沟通与交换的条件和能力。所以，"廊道"在城市生态格局中的重要意义之一就是连通"廊道"系统覆盖范围内的"斑块"。根据连接方式的不同，其结果或是增大了斑块面积，或是增强了斑块与外界的沟通与交换能力，或兼而有之。通过这样的连接，斑块的生态意义得以加强和体现，其生态服务功能综合为廊道服务功能的一部分而成倍或数倍地增加。

不同国家和地区对绿色廊道有不同的概念，如green corridors（欧洲景观学派），green chain（英国伦敦规划，1977），corridors verdes（葡萄牙），blueline（Adirondack公园区规划设计），greenbelt（Ebenezer Howard，1989），greenway（多数美国学者）。本书沿用国内使用较多的概念corridor。"廊道"或"廊"是景观生态学的一个重要概念，一般是指不同于两侧基质的狭长地带。①根据内部结构和组成，廊道可分为线状廊道（边缘物种占优势，无内部生境）、带状廊道（一般较宽，有边缘种和内部种）和河流廊道。②根据人工介入和影响的程度，廊道可分为人工廊道和自然廊道。从空间形态的角度分析，构成廊道空间的基本形态要素有斑块、廊道、基质、缘等。由于廊道的规模以及功能的定位层次不同，因此，同一个物态实体在不同等级的廊道中，在不同的空间坐标标准下，有时会代表不同的空间形态要素。廊道对城市的可持续发展具有重要的生态意义，其功能是多方面的，因此关于廊道功能的归纳也比较多。本书认为，绿色廊道的功能一言以概之就是它作为城市重要的非建设用地补充完善了城市建设用地无法完成的诸多功能，包括生态、交通、休闲、教育等方面，从而使城市的发展建立在更加安全、健康和可持续的基础上。

绿色廊道是一个多层次的生态系统，就全市性的廊道结构而言，形成廊道主体的结构一般较宽，从几百米到几十千米。不同层次的廊道空间具体涉及的一些斑块或生境的保护距离和影响范围不同。车生泉先生对此提供了一些相关研究结论：对草本植物和鸟类来说，12m是区别线状和带状廊道的标准，宽度为12～

30.5m 时，包含多数边缘种，但多样性较低，宽度为 61～91.5m 时，有较大多样性和较多内部种；森林的边缘效应宽度为 200～600m，宽度小于 1200m 的廊道不会有真正的内部生境；河岸廊道的宽度为 15～61m，河岸和分水岭廊道的宽度为 402～1609m 时，能满足动物迁移，较宽的廊道还可为生物提供连续性的生境等等。以上研究是针对某个地区或具体某项生态工程提出的，由于气候的多样性，以及地表动植物类型、群落、结构的千差万别，以上相关研究仅可作为参考。车生泉先生在总结这些不同的经验宽度时指出：河流植被的宽度为 30m 以上时，就能有效地降低温度、提高生境多样性、增加河流中生物食物的供应、控制水土流失、抑制河床沉积和过滤污染物。道路廊道宽度为 60m 时，可满足动植物迁移和传播以及生物多样性保护的功能。绿带廊道宽度为 600～1200m 时，可以创造自然化的物种丰富的景观结构。另外，为保护某一物种而设的廊道宽度，依被保护物种的不同而有较大的差异……各种类型的廊道宽度和组成廊道的植物群落结构密切相关，上述廊道宽度都是在廊道植物群落结构完整的情况下提出的。

重庆市生态构想是结合"生态控制区"建设"生态廊道"。"生态廊道"的构想是："都市区的生态廊道主要包括山脊生态廊道、水域生态廊道、交通绿地廊道。都市区内山脊一级生态廊道包括缙云山、中梁山、铜锣山、明月山等山体；都市区内山脊二级生态廊道包括龙王洞山、北部中央山脊线、渝中半岛中央山脊线、南部中央山脊线、桃子荡山等。水域一级生态廊道为长江、嘉陵江；水域二级生态廊道为御临河、五布河、梁滩河、一品河、黑水滩河、后河、花溪河。规划依托高速公路和铁路干线形成环状加放射状的交通绿地廊道。"生态廊道的控制为："长江、嘉陵江（常年水位线）在城市建成区内两侧各 20～30m，在非建设区段则两侧各为 20～50m；御临河、五布河、梁滩河、一品河、黑水滩河、后河、花溪河等二级支流的干流，在城市建成区内两侧各 20m，在非建设区段两侧各为 20～50m（常年水位线），该区域内要保护原有的状况和自然形态，对已有人为破坏的必须进行生态恢复，禁止破坏生态环境的开发建设行为。高速公路、铁路在城市建成区内两侧各控制 20～30m 的防护绿地，在非建设区段两侧各为 50m。"

2）景观坡地系统作为城市风廊

坡地城市的气候特征，尤其是通风条件，譬如坡地条件下的风频、风向、风速，与平原城市大相径庭。由于受到山地形体的遮挡或引导，以及海拔升高或降低的影响，坡地城市往往有着比较复杂的通风条件。由于许多坡地城市是建立在山间盆地、河谷盆地或山脚山腰坡地上，因周边环境中的连绵群山遮挡，形成道道弯曲屏障，城市静风或小风频特征明显，静风频率较高。例如，重庆为 33%，昆明为 36%，遵义为 52%，兰州为 62%。静风频率高的城市地区，空气悬浮物水平运动减少，空中污染物很难稀释和飘散，往往随局部气流和昼夜温差做垂直循环运动，加剧了空气污染和多雾天气。

在坡地城市，大的坡地地形往往是城市开敞空间形成的基础。开敞空间作为坡地城市的风廊主要表现在：

(1)当坡地开敞空间走向与城市主导风向一致时，坡地开敞空间是重要的城市风廊。

(2)当坡地开敞空间具有滨水(滨江、滨河、滨湖)条件时，由于水面和坡地地面，以及建城区地面的不同介质、肌理、辐射热，水体部分的气温较低，再加上昼夜温差，往往形成昼夜方向相反的坡地河谷风。

(3)当坡地开敞空间的顶部作为山顶生态公园时，生态公园不仅具有减少水土流失、游览、眺望的作用，同时具有调节小气候的作用。山顶生态公园产生的氧气会通过河谷风改善城市的空气质量，又可以吸收城市住区部分产生的污染毒素、二氧化碳、二氧化硫等，起到过滤空气的作用，同时还可以降低热岛空气的温度。

(4)坡地城市的坡地空间作为城市风廊，应充分利用主导风向，在滨水开发控制良好，在山头、山顶生态保护良好的条件下，会形成一个良好城市风廊调节器，一方面可以把外来清新气流带入城区，另一方面通过河谷风可以使外部清新气流沿横向进行二次循环和输送。

通过以上分析，为了使坡地城市的坡地空间更好地发挥风廊效应，建设开发中应注意：

(1)滨河的坡地地形不可在近水区域建设高层，尤其在静风频率高的盆地城市，不允许滨水岸建设连续的板式高层。由于滨水的环境景观效益，若设计与控制不力，市场的力量会使河岸两侧出现连续的高层建筑之墙，一方面高层会阻挡盛行风，另一方面严重破坏河谷风。同时局部建筑的景观收益会破坏整个城市的亲水性和景观质量。

(2)坡地或山地的顶部尽可能留出较大的空间作为非建设用地，作为城市的氧气加工厂，作为城市河谷风的滤清器。

(3)较大的滨水坡地地形，在景观与建筑高度限制中，应适当垂直分层和水平分缝。城市景观沿山体分层有利于通风，同时有利于立面景观组织。城市景观沿开敞空间走向分缝，有利于组织河谷风向河谷两侧循环，同时"缝"的作用还在于可以结合街道、景观大道、梯道、缆车道形成景观视廊。

3)景观坡地系统作为城市景观的视廊、景廊和景仓

坡地空间在坡地城市中，因其特殊的视野条件，为提供较大的视觉景观容量创造条件，一方面可以提供较大的景观容量，另一方面因其本身又是被观赏的对象，所以地形地貌总是与一个城市的景观风貌特色紧密联系在一起。鉴于坡地城市的特殊地形地貌，坡地不但提供了三维的空间立面特征，而且提供了丰富的城市开敞空间体系。开敞空间是城市景观的巨大容器，是坡地城市景观系统的景仓。城市开敞空间体系提供了坡地城市景观"观赏"与"被观赏"的空间支持条

件，产生了坡地城市丰富的坡地景观资源。

坡地空间为坡地城市提供的珍贵开敞空间资源，是坡地城市不可多得的具有唯一性的自然地理条件。城市建设中应倍加珍惜和爱护，充分利用开敞空间的空间和地形优势，挖掘其景观风貌效益，使坡地空间真正成为聚宝藏玉的景观聚宝盆。充分发挥坡地城市的分层景观、俯瞰图、吊脚楼、半边街、滨江滨河景观带、皇冠效应、台座效应、城市阳台效应等个性景观特征，使坡地城市中的坡地开敞空间成为城市的景仓。

4）景观坡地系统作为城市的氧气工厂

一个城市，具体而微地也可比喻成一个复杂的建筑。绿色建筑是能量循环与利用率很高的建筑，它大量采用太阳能采光板进行被动式加热和冷却，尽可能选用低能耗、无毒和可再生的建筑材料。对一个城市而言，边坡就是城市这个巨大建筑中的通风廊、空气滤毒带、温度调节器、小动物的居室等。它是城市这个巨大建筑中特别重要的低能耗、无毒的部分，并且是保持空气自然循环的重要的自然基础条件之一。

较之于平原城市，坡地城市有较多的条件进行绿化种植，培育城市的氧气工厂。坡地条件下，培育氧气工厂的来源主要包括坡地城市中的自然沟壑、冲沟边坡、山头绿地公园和人工规划建设的公园绿地以及生产防护绿地。

城市的迅猛发展导致土地资源匮乏，进而引发高密度、高强度的过度开发，于是大量自然坡地被推平、大量自然植被被剥落、大量自然土质地面被硬化……，带来的结果是"钢筋混凝土森林""城市人库""住人的机器""热岛效应"等。

边坡绿地系统是坡地城市绿地系统的主要内容，边坡绿地系统的植被为坡地城市制造了大量的氧气，是坡地城市不可缺少的氧气工厂，是城市绿地植被对改善城市生态环境的重要作用之一。绿色植被同时吸收大量的空气有毒物质。除此之外，植被还能调节气候，改善城市气温，减少水土流失，涵养地下水，对城市生态平衡起着重要的作用。

鉴于边坡绿地系统是城市绿地系统的重要组成部分，边坡绿地系统的造氧功能必须充分利用。表现在：①顺应坡地城市的盛行风向，与盛行风向大致平行的沟壑、冲沟、河道、江道、交通廊道、景观廊道、生态廊道等应提高绿化效率，在空间功能允许的情况下，注意提高绿化的生态效益。譬如，在不影响开敞空间功能发挥的前提下，尽可能多种植乔木，但是，对于河道和江道要满足通航和行洪要求，另作别论。②禁止在边坡绿地系统、开敞空间的盛行风向之上进行风向规划和建设污染项目。坡地绿色植被系统应作为城市的氧气工厂来维育，同时，也可以作为城市休闲与游玩活动场所，发挥氧气工厂的综合效益。

5）景观坡地系统作为城市的动植物基因库

人是一种高级生物。作为生物，人的内心深处依然存留着对自然的深深渴望。人类创造的技术无论多么先进，都无法摆脱人与自然的这一健康的生物关系，而很多时候，这一关系被危险地丢弃或忽视了。坡地城市中的边坡系统可以作为城市绿地系统的骨架，并与城外乡村以及城市组团间的绿地一起形成一个连绵不断的生物足迹连绵区，同时，作为一个巨大的动植物基因库，与人类存在的足迹一起生生不息。

　　边坡地带首先是野生动物包括部分空中鸟类的栖息地，同时也是植物多样性表现最为相宜的地区，正如《生态城市》所描述的"保留现存荒野只是开始，在离人口密集区很近的地方应努力保存和再建更大更连续的自然缓冲带，在城内和周边地区，我们要重建连续的绿色和蓝色生命带，努力恢复水道、海岸线、山脊和野生动物走廊，形成连续的动植物生境"。"城市出现后，人类与其他物种之间的矛盾已逐渐酿成一种越来越严重的灾害，城市化加剧了这种灾难，并且到了失控的地步。其实城市如果建设得好，其物种多样性是可以超过自然界中任何地方的。"

　　山地城市的边坡往往与山地河谷坡地结合在一起，与河谷或江岸一起形成千姿百态的近水生物区。整体上保持一致的自然系统叫作生物区——一种具有自然边界的景观，常常是流域，由这个区域内特有的相互联系的不同物种构成。在城市区域内，为了与城市的整体结构相协调，可以把这样的生物区称为生物廊道。这样的生物廊道除了滨水区域，还包括坡地城市的冲沟系统、山头绿地系统等，这些生物廊道若能和城市的整体结构结合起来，那么，自然界生物物种的足迹也将和人的足迹平行存在于城市环境中，那将是一幅和谐、生态、天人合一的图画。这样的图画是可以实现的，因为边坡地带是城市生态规划中城市结构的重要支持条件，良好地利用天然的城市边坡地带，往往产生宛若天开的城市结构，给人耳目一新之感。

　　坡地系统不仅仅是富有自然意义的城市结构，更重要的是其对整个城市功能所产生的改变，以及由此带来的良好生态效益，它可以减弱城市中心的压力，改善城市的气候气温和空气毒性等生态条件。《生态城市》中提出的理想："城市可以建立多个活动分中心，把单一功能的居住区变为有经济和文化功能及活力的真正城镇，以分散市中心区的压力。""生态健康型城市的解剖结构应具有以步行街为主的城市商业中心、捷达方便的交通转换中心、不时与野生动物走廊立体交错的景观大道，以及市中心附近的城市农业园地。紧凑而多样的城市主中心以及各街区中心将很普遍。""城市到处都有水体，有小溪、瀑布和雕刻精致的鱼梯，有自然的也有人工的，在公共空间和建筑的组合中成为视线的焦点。街头演出者的音乐、流水的声音和阳光下人们的聊天侃谈声，外侧挑出街头和街心广场的咖啡屋或茶馆的人们讨论、说教、低语和高兴发出的声音，这些都掺杂在一起，形成一种和谐的人类生态交响曲。城市是如此之小，在任何一个中心的制高点都可以看到它的边界，人们将享受与自然界接近的天伦之乐。"这样的城市，将是如此的让人神往。而在这样的城市结构中，边坡是提供廊道空间、提供生物物种生存的基础条件。同时，边坡地带的存在有利于城市的生态功能与更大更广阔地区的生态系统相协调，并进一步联系为一个更为广阔的整体，使城市的生命力更加生机勃勃。在如此空间上普遍联系的连绵不断的生物廊道系统中，多样的物种被保留和存活下去，以边坡绿地系统为基础的生物廊道将成为坡地城市生动的有机的动植物基因库，并与人类建设的城市和谐地存在。

6)景观坡地系统作为城市重要的三维效应

三维效应是指城市的景观、风貌特色、小气候、生态、机理、交通等方面在坡地城市特有的三维平面与三维立面形态基础上所表现的特征。

相比于平原城市和其他类型的城市，山地的城市规划与设计很大一部分精力就是处理边坡问题。边坡提供了山地城市的空间特色和空间美感。

边坡提供了山地城市一个特别重要的空间特点，即三维特征，因为边坡是三维的，并由此带来了山地城市千变万化的景观面貌。

7)景观坡地系统作为城市重要的台座效应

台座效应是指城市景观、风貌特色在总体造型上呈现的台座特征，以及基于台座特征所表现出分层效应、边缘效应、皇冠效应、通透效应、稳定效应、安全效应、鸟瞰效应、夜景效应等。

台座效应之台座包括三部分内容：底座、分层和顶冠。

8)景观坡地系统作为城市重要的边缘景观效应

坡地城市的三维特征使坡地城市在空间形态上呈现出更多的边缘形态，这样的边缘包括水岸边缘、山体底脚边缘、沟壑边缘、绿带边缘等。坡地城市中如此之多的边缘对城市的景观风貌产生巨大的影响，成为影响城市景观风貌特色的主要因素之一。

9)景观坡地系统作为城市重要的边坡生态效应

坡地城市的边坡生态系统充分利用城市边坡绿化，恢复和重建边坡植被，改善城市小气候，维育动植物资源，进一步提高城市绿地率，综合改善城市生态环境质量，美化城市景观。边坡生态系统的核心内容是边坡加固和植被培育，其是边坡生态系统建立的主要内容。

边坡绿化种植的重要作用在于生态意义，它是城市生态系统中不可缺少的内容。对于坡地城市而言，边坡绿化甚至有可能是城市生态系统的骨干和主要内容。

除却边坡绿化的生态意义，边坡绿化种植还是城市景观的协调者，它可以协调城市中极为矛盾的人工景观构筑物造型。其原因在于，绿化种植在形态上是天然的、中性的，也是美的，总能得到人的接受，因此也就影响和柔化了周围环境中对比因素的紧张关系，本书称之为绿化的协调效应。坡地城市若没有大量边坡绿化的协调作用，城市景观的整体性将大打折扣，景观的组合效果、整体效果将有可能显得凌乱、嘈杂、干瘪。

2. 坡地城市景观坡地系统的建设应用

1)坡地城市的边坡系统是城市绿地系统(绿带和绿斑)的主要内容

坡地城市的绿地系统或称绿带是城市生态支持系统的重要组成,因此绿廊是坡地城市景观风貌的基础条件和安全保证,同时又是景观风貌物态内容的有机组成部分。坡地城市较平原城市而言,由于具有多变和复杂的地形地貌条件,因此,有可能培育出更多更自然的绿化面积和更高质量的动植物生境。坡地城市的绿地条件是坡地城市景观风貌中不可缺少的内容,它影响到坡地城市景观的立面肌理、立面分层构成,影响到城市景观的轮廓线形态,包括天际线、绿化轮廓线、水际岸线、建筑群轮廓线等形态,影响到城市公共活动空间的景观质量,譬如城市各种类型中心广场的景观品质、城市阳台和城市凉台的景观品质、坡地城市的空气质量、坡地城市的地下水文状况、坡地城市大量工程边坡和自然边坡的地质稳定、坡地城市的生态安全和可持续发展,等等。城市绿地系统是城市中唯一有生命的基础设施,在保持城市生态系统平衡、改善城市面貌方面具有其他设施不可替代的功效,是提高人民生活质量的一个必不可少的依托条件。坡地城市地形地质条件复杂、地质灾害隐患较多,因此绿地系统对坡地城市的生态安全而言,对坡地城市独特的景观风貌质量而言,意义更加重要。

肖笃宁认为:城市是以人为主体的景观生态单元,它和其他景观相比具有不稳定性、破碎性、梯度性,斑块、廊道、基质是构成城市景观结构的基本要素。

2)坡地城市的边坡系统是文化古迹保护系统(紫带或紫斑)的重要内容

伊利宁曾说:让我看看你的城市,我就知道你的市民在追求什么。城市风貌系统无不反映一定的文化特征,文化的沉淀与历经洗练形成城市风貌系统的精神内核,任何一个城市的风貌都确定并具体地反映着它所处的文化圈层,其中的历史城市尚记录着它所经历的文化冲击与文化交融的过程。

近几年来,随着对文化研究的重视,有关文化的定义可谓繁多,有人统计过其定义有两百多种。广义的文化包罗万象,指人类社会发展进化的一切物质文明与精神文明的成果。而在中国古代,文化一词主要指意识形态,如汉代刘向《说苑·指武》:"圣人之治天下也,先文德而后武力。凡武之兴,为不服也。文化不改,然后加诛。"可见,文化在这里是统治阶级文治教化的怀柔工具。近代,文化多指思想文化,而本书中的文化一词,更倾向于英国学者泰勒在其《原始文化》一书中关于文化的定义:文化(或文明)就其广泛的人种意义而言,是一个复杂的整体,包括知识、信仰、艺术、道德、法律、风俗以及作为社会成员的人所获得的才能和习惯。文化对城市风貌的影响是潜移默化,也是根深蒂固的。总的看来,任何一个城市的风貌特征都无一例外地打上了文化的烙印。就古代东西方城市风貌而言,两者的相异很大程度上源于两者文化传统上的不同。中国古代称皇帝为天子,孔子说:"唯天为大",由于对天的莫名崇拜,并由此衍生出神圣严格的社会伦理等级制度，反映在城市风貌中就是严整的结构、有序的层次、和谐的整体以及人们社会交往的隔离和保守。

西方古代文化中的民主与人文主义倾向，反映在城市风貌中就是城市布局自由、易于交往和注重建筑技术的不断探索与改进。文化之于城市风貌相当于灵魂之于人一样重要，只有准确把握并挖掘城市的文化特征，才能使城市的风貌富有灵性。在城市的更新过程中，应当珍视城市的文化传统，使城市的文化命脉得以延续，体现城市生长的有机过程，同时结合时代和社会的发展，不断注入新的活力和营养，这就需要自觉地把握传统文化的深刻内涵，做到科学地利用，合理地传承，真正体现文化在城市风貌中的审美价值。

城市风貌总是与一定的时间维度相关。在城市发展的长河中，各个时期的城市风貌受到政治、经济等多种因素变迁的影响，会持续地处于建构与自组织过程当中。人们从不同的视角观察和研究城市时，有的运用与生命相关的原理对它进行剖析，有的运用史学家的严谨考证与深邃思考来透视城市发展的规律，有的形象地把城市比作一本打开的史书，所有这些研究都把城市和时间维度紧密联系在了一起。也正是时间维度的存在，赋予了城市风貌系统可贵的精神内涵。这种精神内涵一方面意蕴于城市有形的古建筑、古桥道、古城墙等实体中，另一方面反映在城市的思想成果中，并通过市民的群体交往、生活与思维习惯、地方风俗等闪现出来。这种精神内涵同时也是市民产生地方自豪感的渊源，使人们产生强大的凝聚力和战胜困难的勇气，并激励着人们不断地开拓前进。诚如孔子所言："夏礼，吾能言之，杞不足征也。殷礼，吾能言之，宋不足征也。文献不足故也。足，则吾能征之矣"（《论语·八佾》）。在城市风貌培育中，若"文献"足，我们的城市（或市民）则"能征之矣"。

我国是个多山的国家，山地或坡地是多民族居住的地方，具有多民族的特点，因而也就具有多样的历史传统和文化，丰富的民族文化和不同的民族特点是城市风貌特色得以延续的内在生命力。因此，山地城市的文化古迹系统之于山地城市景观风貌是生命力的源泉。重庆具有悠久的历史，在数千年的历史发展进程中，巴渝人民创造了灿烂的文明，给我们留下了丰富的文化遗产。因此，挖掘巴渝文化遗产的内涵，涉及地方园林、建筑、诗词、赋画、饮食、服装、戏剧、文学、历史故事、革命传统、民间习俗、婚丧嫁娶、礼仪往来等内容，延续、继承、发扬、充实和完善历史文化传统，对创建和维育坡地城市特有的景观风貌意义深远。

文化遗产包括物质形态和非物质形态两种。非物质形态的文化内涵主要包括：价值观、精神信仰、习俗习惯、礼仪、一定文化圈内的道德爱憎、民间婚丧嫁娶、相互往来的约定俗成的规矩等。文化遗产的物质形态内容包括：文学与戏剧作品、题刻、古建筑、古建筑群、传统街区、古典园林与风景名胜、地下文物等。它们是城市文化景观中特别重要的部分，直观生动地反映城市的历史，传递着地域的文化气息，加大城市景观风貌的深度和厚度，成为城市景观风貌生命力的源泉，因而充实着城市景观风貌的内在生命力并延续着城市的生命。

3）坡地城市的边坡系统是城市水系（蓝带）系统的重要内容

水是生命之源，水系乃维育城市生命的源头。坡地城市由于地形的原因，往往有着丰富的水系资源。水系之于城市的生态意义、实际生产生活的意义是非常重要的，同时在水系的这些功能中，还叠合有重要的景观风貌的意义，因为水系往往是坡地城市最富特色和动感的开敞空间，而开敞空间是城市的景仓或景廊。

水系首先是城市生态廊道的重要组成。水系作为重要的生态廊道，其生态意义在于，不仅能保持水土、贮水调洪、维护大气稳定，而且能调节温湿度、净化空气、吸尘减噪，改善城市小气候，有效调节山地城市生态环境，增加自然环境容量，促使城市持续健康发展。其次，水系具有极其重要的生产生活功能。水是维持生命的必需物质，在城市淡水资源日益紧缺的状况下，城市水系是城市饮用水的重要来源，保护水系和淡水储量变成许多城市的命脉工程。水系同时为山地城市提供了游乐、观光、赛事、灌溉、运输、排涝之便。其三，水系同时具有重要的景观风貌意义，"山有水则美，地有水则灵"。城市水系提供的千姿百态的自然水体，不仅为生产和生活所必需，同时也是城市的重要景观资源。连续的水面不但有稳定和统一整个城市立面景观的强大功能，而且提供了特别重要的开敞空间，开敞空间是孕育城市景观的巨大容器。水系由不同的等级层次组成，依托这样的层次，充分发挥水的可塑性，充分挖掘水的表现力，在自然水体的基础上，进而还可以创造出更加多彩的静水、流水、落水、跌水、泄水、喷水的人工水景。总之，坡地城市的水系不但影响着城市的总体空间结构，而且深深影响着城市的景观风貌特色。历史上重庆的景观就曾被称为"字水"（即重庆的水系结构象形于古"巴"字）二字，尽得会意风流。山地城市特殊的地形、地貌与水体结合，可以造化出无穷无尽的人间美景，如由于江、河的冲蚀作用，结合山地城市滨水区的滩涂、孤岛、水湾、河谷、陡岸、半岛等特殊景观，可以构筑生动的滨江景观带；结合城市总体照明，声、光、波、山、舟楫、车马流动等景色，可以形成独特的山地夜景。

重庆集江、山、城于一体，"片叶沉浮巴子国，两江襟带浮图关"是对重庆山城形象特色的典型描述。重庆市主城范围内的地表水系统主要有"两江五河"，即：长江、嘉陵江、花溪河、桃花溪、盘溪河、清水溪和跳蹬河。

4）坡地城市的边坡系统是城市景观与开敞空间系统的重要内容

边坡地带往往具有广阔的开敞空间，开敞空间为城市景观提供了视觉条件，同时也是城市观看自然天象和山水景观的重要条件。

城市景观风貌系统与一定的空间维度相关。空间地域是城市景观风貌系统的载体，从名城大都到偏僻古镇，空间地域的特性深深地影响着城市的风貌特征。城市风貌往往与它所处的空间地域存在着某种因果联系，并浑然一体地存在着。

例如，张良评汉长安："夫关中，左崤函，右陇蜀，沃野千里，南有巴蜀之饶，北有胡苑之利，阻三面而守，独以一面东制诸侯"。诸葛亮说金陵："钟阜龙蟠，石城虎踞，真乃帝王之宅也。"前人谈北京："幽州之地，左环沧海，右拥太行，北枕居庸，南襟河济，诚天府之国。"城市的地域位置不但决定着城市的影响与等级，同时也陶冶着人们的精神生活，决定着城市的风貌特征。例如："片叶浮沉巴子国，两江襟带浮图关"的重庆，"一带江流曲抱城，阆州城南天下稀"的阆中，"七条琴川皆入海，十里青山半入城"的常熟，"据龙盘虎踞之雄，依负山带江之胜"的南京，"云护芳城枕海涯"的青岛，"四面荷花三面柳，一城山色半城湖"的济南，"群峰倒影山浮水，无水无山不入神"的桂林，"借得西湖水一圈，更移阳朔七堆山"的肇庆，等等，无不是联系一定地域空间环境对城市风貌的颂赏。

地形地貌总是与一个城市的景观风貌特色紧密联系在一起。鉴于坡地城市的特殊地形地貌，坡地不但提供了三维的空间立面特征，而且提供了丰富的城市开敞空间体系。开敞空间是城市景观的巨大容器，是坡地城市景观系统的景仓。城市开敞空间体系提供了坡地城市景观"观赏"与"被观赏"的空间支持条件，产生了丰富的坡地景观资源，如分层景观、俯瞰图、吊脚楼、半边街、滨江滨河景观带、皇冠效应、台座效应、城市阳台效应等。

重庆的开敞空间体系内涵十分丰富，作为重庆景观资源重要的空间支持系统，是重庆营造山城景观特色的内在骨架。重庆的开敞空间体系包括以下几个层次：

（1）两江空间。即以长江、嘉陵江在市区范围内的流域及其上空所形成的巨大开敞空间，是重庆主城区景观的最大景仓。

（2）各区各组团之间的自然空间分割带。重庆"有机松散、分片集中、分区平衡、多中心、组团式"的布局结构，不但有利于重庆未来的生态安全和可持续发展，而且创造和保留了诸多开敞空间资源，为体现山城特色埋下了伏笔。

（3）城市入口。主城核心区主要城市入口包括渝长、渝合、渝黔、渝邻、成渝、遂渝、重庆北站、重庆西站（以上为陆路）、江北国际机场（空路）、朝天门客运码头（水路），构成三维多门户多层次景观系统。

（4）城市各种层次中心和广场。重庆已形成以解放碑为市中心和沙坪坝、观音桥、南坪、石桥铺、杨家坪等一系列组团中心或副中心。此外还有人民广场、朝天门广场、九龙广场、嘉陵广场等广场空间。除此之外，还有形形色色的街头游园、小区中心、旅游景点、体育中心、植物园、动物园、生态公园、娱乐游园、山庄等。

（5）城市街景。首先包括城市主要干道提供的空间资源，如渝中区三条干线两侧构成开合有致的街道空间。其次包括山城的一般街道，同时，还需特别重视小街与步行巷道空间景观，小街与巷道景观是保存山城建筑风貌特色印象的重要内容之一。活生生的风貌其实就是鲜活的生活内涵，包括生活的居住形式、生活活动特征、交往习俗、生活习惯、节奏等，小街与巷道景观能真切地反映这些内容。特别地，以重庆较场口十八梯为例：自上而下，自下而上，往返走一下十八梯，对于"山城重庆"四个字会有更加真切的感受和领悟，而且这种领悟穿透了历史，能深深体会到城市跳动的脉搏和"旧重庆"生命的微弱呼吸。那曲折而自然天成的街道空间，超过了设计师绞尽脑汁的神来构想，因为那是许许多多人许多年代的集体创作。那近人的尺度，那腾挪躲闪之间创造的奇怪的平台、楼梯，那熙熙攘攘的氛围，那热闹中透出的人气、平静与祥和，是场所理论以及那些高谈阔论最好的实践例证。它的形成没有专业设计师的介入，近乎是自然的。

　　以上所列的几大系统都直接、生动地影响着坡地城市景观风貌的质量，但是坡地城市景观风貌质量的提高还有赖于更多系统叠合产生良好的叠合效益，包括与道路交通系统、市政给排水系统、通信系统、防灾系统等有机和谐，共同协作，这样才能充分展示坡地城市特有的景观风貌吸引力并综合提高景观风貌的质量。

第二节　城市生态与景观中的坡地研究

　　人类创造了城市，但由于现代人对城市的过度开发，城市综合环境质量严重下降。自1962年美国海洋生物学家卡森女士（Rachel Carson）发表著名的《寂静的春天》（*Silent Spring*），人们开始直面人类的傲慢与幼稚。卡森女士在书中写道，"控制大自然这种说法是一个妄自尊大的想象的产物，是在生物学和哲学还处在低级幼稚阶段的产物……"。赵永植先生1974年在其《重建人类社会》中写道："请抛弃傲慢与野心，恢复人间的本来面目吧！"国际"绿字会"呼吁：保护自然环境，确保人类和所有生物的未来。在这样的背景下各国各地纷纷开出诊治城市病态的药方：都市更新（urban renewal）、都市再生（urban regeneration）、都市再开发（urban redevelopment）、都市景观（urban landscape）、公众参与（the public participation）等，以图重新焕发城市的活力。1966年美国公布了模范都市方案（*Model Cities Program*），主张采取综合措施，阻止城市衰退。1977年英国政府公布了内城政策白皮书（*Policy for Inner Cities*），明确指出解决内城问题绝不是单纯的实质环境改善。根据美国城市学者P. M. Northam的理论，我国正处在城市化加速发展阶段。经济的快速增长，城市人口规模的迅速扩大，往往给人一种错误的导向，似乎人类面对自然的技术手段和能力已经所向披靡，可以不顾及城市特有的地质地貌条件。于是"数十年来，主要由于不顾生态条件而进行的'破坏性建设'，造成了山地民俗文化、生物多样性和山地住区建筑风格等方面的巨大损失，出现了照搬平原城镇的片面做法。这种片面性体现在忽视山区条件的多样性，忽视多姿多彩的传统设计和在山区流行的建筑思维。人居环境可持续发展的先决条件是保持和保护好脆弱的生态系统，包括对森林植被、生物多样性和水资源的保护，防止水土流失，减少自然灾害，维护生态环境的平衡"。

面对日益严重的城市生态环境问题，人们在不断地探索综合改善城市环境的各种生态学办法。1984 年 12 月，中国生态学会在上海举行了"首届全国城市生态研讨会"，成立了"中国生态学会城市生态学专业委员会"，标志着我国从此开始城市生态的研究工作；1999 年 8 月，中国生态学会城市生态学专业委员会在昆明召开会议，与会代表重点探讨了生态城市建设和生态产业建设的问题。

坡地是山地城市和坡地城市中重要的地形特征。如前所述，坡地系统与城市的氧气工厂、景观廊道、绿地系统、文化古迹系统、水域系统、开敞空间系统等紧密联系，并嵌套叠合，坡地在以上各系统中均有所体现。因此，坡地城市的景观风貌只有顺应以上的多系统叠合特征，充分反映坡地的地形、地质、地貌、水文、气候等地理要求和生态要求，才能使坡地城市避免建设性破坏，并充分展现坡地城市生态景观风貌的个性和特色。

一、坡地地形地貌与城市空间形态

城市的发展，技术的进步，平庸国际形势的蔓延，摧毁了多姿多彩的地域建筑和地域场所感。快速的城市化使城市超强度开发、人口密集、空气污染、空间狭窄、居住压抑，再加上噪声干扰、植被贫乏、混凝土地面、岩石裸露、水位下降、交通拥挤、出行不便等，城市生态环境日益恶化。人们感到，在快速的城市化进程中，正越来越远离自然。回归自然成了一个时代呼唤，如维哈兰恩（Verlaine）所描绘的："la mer est plus belle que les cathedrals"，英译："sea is more beautiful than cathedrals"（寓意自然的比人工的美）。坡地环境中的自然边坡是城市回归自然极其重要的依据和条件，其不仅提供了异于人工设计的自然构图，而且提供了立体、多样、多质、高效的生态环境。因此，自然边坡在坡地城市空间形态中也越来越受到重视和体现。

"结构向环境趋适律"认为"山地城市的空间设计将不得不重新关注山地自然的特征和演进机制，研究自然环境的可能和限制，寻求现代城市空间与气候、自然资源和生态环境的结合，探索一种可实现的适应自然生态的空间设计理论。""毋庸置疑，山地自然环境是影响山地城市空间布局结构的十分重要的方面，如地形摩擦力的作用、山地生态条件、山地气候、资源分布等均可使城市空间的区位性质发生变化、空间结构出现移位。"（陈玮，2000）因此，坡地的地形特征在大量传统山地城市中得以体现。

（1）坡地城市中地形尺度的划分。按照地貌学关于地形的一般认识，地形在尺度上一般划分为小型地形、中型地形和大型地形。其中小型地形是指影响城市建筑物的平面布置，面积在 25hm² 以内、长度小于 1km 的独立地形或局部地形；

中型地形主要是指影响城市的整体或局部布局，面积在 1 万 hm² 以内、长 10～15km 的独立较大片地形或是较小的、多样的、复杂地形的综合体；大型地形主要是指影响区域城市的布局(决定城乡、流域以及山脉系统的大区域范围)，面积达 100 万 hm²、长达 100km 的大型地形(山脉、山谷、盆地等)。

(2)坡地城市中地貌类型的划分。坡地城市中地貌类型充分反映了坡地城市特有的地貌形态特征。地貌影响了整个城市从整体到局部的城市形态，因而坡地城市景观风貌的诸多方面都受到坡地地貌的影响。按照地貌学关于地貌形态的认识，山地的地貌类型一般包括山丘、山脊、山坡、山冈、山嘴、山坳、山垭、山谷等基本地貌形态，而实际中的地貌形态是以一种或几种为主，或者是几种地貌形态的自然组合。

坡地城市的空间形态是坡地城市在其建城区及其影响区域(城市阴影区)的范围内，所呈现的总体平面形态(包括建设用地和非建设用地)和空间立体形态的综合。

坡地城市地形地貌复杂，城市空间形态千变万化、千姿百态。通过历来的归纳总结，城市空间形态依据不同的地形地貌特征可以进行如下概括分类。

(1)坡地城市形态从平面几何特征分析和归纳，可归纳为圆形、带形、扇形、环形、星座形、树枝形等。

(2)坡地城市形态从地形的空间几何特征分析和归纳，可归纳为高地型、盆地型、谷地型、海湾型、半岛型、坡地型等。

——高地型　城市位于高出周围地形的宽阔山顶、山脊，或较为平坦的分水岭上，或者是位于数个这种地形的组合体之上。

——盆地型　城市周围群山环绕，周边为高丘、山脉，地形总体上大部分围合，中间具有平坦的平坝。

——谷地型　城市处于峡谷、山谷和山岭之间狭长地带，往往邻近有河流水体。城市空间形态不但受山岭、山脉的限制，还受河流、水道的影响，多呈狭长形、弯曲形或枝状。

——海湾型　城市处于大的水域附近，周边为半围合地形，一侧依山，一侧面海。城市空间结构形态一侧适应半围合的山脉、山岭，一侧适应于海洋水体的限制。

——半岛型　城市一般位于三面环水的山脉、长丘地形，地形环境边界为水面所环绕。如重庆市渝中区，三面环水，中心如半岛，形如秋叶，诗云"片叶浮沉巴子国，两江襟带浮图关"，概括了山城重庆总体的空间形态。

——坡地型　坡地面积较大，地形地貌的总体特征比较简单，城市一般是后靠山脉，前临水面，或前为沟谷，后为高坡，深谷也可能有水系流域。坡地型与以上各种城市类型并不重复，是一般情况和特殊情况的同时共存。

当用坡地城市的平面类型和地貌空间形态同时表述一个城市的空间形态特征

时，可以反映更多的城市空间信息，如扇形坡地型城市、圆形半岛型城市等。

从微观的小地形分析。坡地城市的地形特征除在城市整体空间形态上的反映外，还反映在城市许许多多的中间和微观景观形态层次上。我国的城市建设历来讲究象天法地、形势意向、神似意向、顺山就势、宛若天开、背山面水等，因此，坡地城市的景观形态，从整体到局部，无不和地形地势相关联，并将地形地貌的特征提高到由形似到神似的会意高度。从一些城市的地名，譬如朝天门、浮屠关、两路口、小龙坎等，也可以窥见地形地貌的形似抑或神似的反映。重庆的地形地貌丰富而多样，一方面增加了建设难度，另一方面为坡地城市的景观形态塑造提供了千姿百态的自然条件(表 9.3)。

表 9.3　原重庆市地形特征统计

地貌	平坝	台地	丘陵	低山	中山
面积/km²	771.59	1810.89	1 2085.21	6606.13	1481.87
百分比/%	3.3	7.8	52.3	28.6	6.4
坡度/(°)	0~7	7~15	15~25	25~35	>35
面积/km²	4159.72	9800.53	6675.80	1746.23	373.41
百分比/%	18.0	42.4	28.9	7.5	1.6
高程/m	<200	200~300	300~500	500~800	>1300
面积/km²	511.47	6904.51	1 0965.16	3319.98	1412.83
百分比/%	2.21	29.87	47.45	14.36	6.11

转引自:《重庆市志·地理志》，四川大学出版社，1992 年。

从宏观的大地形分析。坡地城市所处大地形尺度内的地形地貌是城市整体景观形态的大背景，因而从整体上影响着城市景观形态的类型，以及城市的气候特征、土壤构成、水系构成、植被构成等，进而影响着城市的景观形态和景观风貌特点。

重庆的宏观大地形特点。重庆市位于东经 105°11′~110°11′和北纬 28°10′~32°13′之间，地处四川省以东，湖北省以西，陕西省以南，贵州省以北，湖南省西北。纵横幅度东西最长 470.4km，南北最宽 448.7km，面积 82 403km²。重庆市域全部属扬子准地台构造范围内。地质构造按地质力学的标准可划分为三大构造体系、五个地质构造带。三大构造体系分别为：新华夏构造体系、经向构造体系和西北向构造体系。五个地质构造带分别为：新华夏构造体系的川中褶皱带、川东褶皱带和川鄂湘黔隆起带，经向构造体系的川黔南北构造带，西北向构造体系的大巴山褶皱带。

重庆市域大地形范围内的地形地貌特征影响了这一范围内城市与城市群的布局结构，影响了每个城市居民点的城市总体景观形态、城市结构形态走向及具体的景观形态，譬如：以山地形态为主、城市景观中多山脊线、城市空间具有复合特征、海拔不同的层状分布、大梯坎、大堡坎(防滑坡)、垂直交通景观。其中每一项都有着丰富的坡地内涵，譬如坡地城市的复合空间包括地上空间、地下空间、半地上半地下空间，向阳空间、向阴空间、侧向空间，开敞空间、围闭内向空间、半围合空间，通透空间与曲折空间等。而其中特别具有山地特色的空间形态包括地下空间、半地下空间(一侧在地上、一侧在地下)、全阴空间(阴坡)、全阳空间(阳坡)、滨水空间、山地开敞空间、半边街、一线天、梯道空间、静风空间(山凹窝)等。

二、坡地城市的边坡

我国是个多山的国家。在辽阔的国土中，通常所说的山区(包括山地、丘陵，以及比较崎岖的高原)约占全国面积的 2/3。除个别省(自治区、直辖市)市外，大多省(自治区、直辖市)均以山区面积为主，许多省(自治区、直辖市)的山区面积达到 90% 以上，相当一部分城镇坐落在山水之间。人多耕地少的基本国情促使农村人口不断向城镇迁移，使山地城镇成为人口稠密、土地资源紧张的地区。因此，开发山地城市的土地资源，建设山地城市，防止各种山区地质灾害成为当前社会经济建设与发展中亟待解决的问题之一(黄求顺，2003)。

在举世瞩目的三峡工程建设中，由于三峡库区坡地地形复杂，边坡的治理与防护工程难度大、风险高、投资大。根据长江三峡工程库区山体灾害调查资料显示，库区山体灾害的总数量约 4149 处，其中崩滑危害变形体 4073 处，约占 98%，泥石流 76 处，约占 1.8%。按规模，面积小于 $1 \times 10^4 m^3$ 的 1937 处，占 46.7%；$(1 \sim 10) \times 10^4 m^3$ 的 1092 处，占 26.3%；$(10 \sim 50) \times 10^4 m^3$ 的 260 处，占 6.3%；$(50 \sim 100) \times 10^4 m^3$ 的 119 处，占 2.9%。单个滑体面积为 $0.36 \sim 1.79 km^2$，总面积 $6.06 km^2$。

(一)坡地城市的边坡简述

广义的边坡包括城市建设用地内以及非建设用地内的各种建(构)筑物边坡、市政边坡、原生状态边坡，或与非城市建(构)筑和非市政设施相关的独立的、长久的或临时的具有边坡特征的斜坡面，如河滩地、临时堆积的冲积物、滑落物等。更加广义的边坡甚至还包括建(构)筑物的可以覆土种植的屋顶斜坡面。这些广义的边坡往往对城市的景观起着重要的衬托、美化和生态支持作用。

1. 边坡分类

第一种分类方法，按照现行《建筑边坡工程技术规范》(GB 50330—2002)，边坡一般分为土质边坡和岩质边坡。岩质边坡的破坏形式包括滑移型和崩塌型两种。此分类方法与规范的适用范围相对应，主要针对规范定义的建筑边坡。

第二种分类方法，以比较广义的边坡作为研究对象，并以不同的标准如成因、岩性、坡高、坡长、稳定性等进行分类。

第三种分类方法，按边坡崩塌安全系数的不同特征来划分。如《斜坡岩土工程手册》将斜坡分为新造斜坡、现有斜坡、天然斜坡、临时工程。

2. 边坡工程的基本技术规范要求

建筑边坡的安全等级共分三级，主要依据可能造成的破坏后果（危及人的生命、造成经济损失、产生社会不良影响）的严重性、边坡类型和坡高等因素确定。另外，一个边坡工程的各段，可根据实际情况采用不同的安全等级；对于危害性极大、环境和地质条件复杂的特殊边坡工程，其安全等级应根据工程情况适当提高。

边坡支护结构型式可根据场地地质和环境条件、边坡高度以及边坡工程安全等级等因素综合确定。根据《建筑边坡工程技术规范》的要求，"①规模大、破坏后果很严重、难以处理的滑坡、危岩、泥石流及断层破碎带地区，不应修筑建筑边坡。②山区地区工程建设时宜根据地质、地形条件及工程要求，因地制宜设置边坡，避免形成深挖高填的边坡工程。对稳定性较差且坡高较大的边坡宜采用后仰放坡或分阶放坡。分阶放坡时水平台阶应有足够宽度，否则应考虑上阶边坡对下阶边坡的荷载影响。③当边坡坡体内洞室密集而对边坡产生不利影响时，应根据洞室大小、深度及与边坡的关系等因素采取相应的加强措施。④边坡工程的平面布置和立面设计应考虑对周边环境的影响，做到美化环境，体现生态保护要求。边坡坡面和坡脚应采取有效的保护措施，坡顶应设护栏。"

（二）城市景观风貌维育中的 EEHL 多系统方法

城市景观风貌的维育，不是单纯的生态学、建筑学、土木工程学、社会学、人文学、美学等某个学科或某个系统能够独立完成的。城市景观风貌质量的提高有赖于多系统的和谐叠加与共融共生。本书提出一定地理与气候条件下的 EEHL （engineering、ecology、humanity、landscape）多系统协合理论，以期对城市生态景观、人文风貌等的研究与实践有所裨益。

较平原城市而言，坡地城市具有多变和复杂的地形地貌条件，具有大量的人工的（如建筑边坡、市政工程边坡）和自然边坡（如冲沟、江河岸坡等）斜面。充分利用这些边坡条件，将其作为边坡绿地进行生态立体开发利用，坡地城市有可能培育出更多更自然的绿化面积和更高质量的动植物生境。坡地城市的绿地条件是坡地城市景观风貌中不可缺少的内容，它影响到坡地城市景观的立面肌理、立面分层的构成，影响到城市景观的轮廓线形态，如天际线、绿化轮廓线、水际岸线、建筑群轮廓线等，影响到城市公共活动空间的景观质量，如城市各种类型中心广场的景观品质、城市阳台和城市凉台的景观品质、坡地城市的空气质量、坡地城市的地下水文状况、坡地城市大量工程边坡和自然边坡的地质稳定、坡地城市的生态安全和可持续发展等。可以说，坡地城市的边坡绿地系统（或称边坡绿带、绿廊）是坡地城市景观风貌的基础条件和安全保证，同时又是景观风貌物态内容的有机组成部分。

在"重庆主城区市政工程边坡园林景观系统研究"课题中，研究人员提出了EEH系统，作为市政工程边坡园林景观系统多系统叠合的创新成果。EEH系统是工程系统（主要是土木）、生态系统和人文系统的综合性系统，它是研究市政工程边坡园林景观系统的综合性、系统性理论成果。

本书以坡地城市的景观风貌作为研究对象，更多地侧重边坡之于景观风貌的作用，因此，在EEH系统成果的基础上，进一步增加了独立的景观系统，即EEHL系统。

EEHL系统是工程系统、生态系统、人文系统与景观系统的综合性叠合系统。EEHL系统在EEH系统的基础上，将景观系统作为一个独立的系统来研究。以下对EEHL系统的四个子系统进行简述。

1. 工程子系统

工程子系统是边坡EEHL系统叠合处理理论的基础，是构建安全边坡的重要保证。工程子系统的工作共分四个部分。

第一部分：掌握地基及地基环境的相关资料，包括工程用地红线图，建筑平面布置总图以及相邻建筑物的平、立、剖面和基础图等；场地和边坡的工程地质与水文地质勘查资料；边坡环境资料；施工技术、设备性能、施工经验和施工条件等资料；条件类同边坡工程的经验。

第二部分：分析边坡类型、破坏类型，确定安全等级。

第三部分：确定正确的边坡支护结构形式和设计方法。边坡支护结构形式可根据场地地质和环境条件、边坡高度以及边坡工程安全等级等因素综合确定。为确保边坡工程安全，根据规范要求，一级边坡工程应采用动态设计法。应提出对施工方案的特殊要求和监测要求，应掌握施工现场的地质状况、施工情况和变形、应力监测的反馈信息，必要时对原设计做校核、修改和补充。同时，二级边坡工程宜采用动态设计法。

第四部分：边坡安全的综合评估和安全监测。边坡工程往往结合生态防护综合治理，因此涉及边坡环境条件的诸多因素，譬如坡面植被工程、坡面防护措施、坡面水的排除措施、坡体周边的排水措施、环境施工震动、地下水位变化与地下排水措施、空隙压力变化、地表位移、地下位移等。因此，应加强边坡安全的综合评估和后期的安全监测。

工程子系统主要研究边坡处理的工程技术问题，尤其是高边坡和超高边坡的技术处理。工程系统不仅要考虑边坡处理的安全技术，还要综合考虑边坡的综合治理和景观与生态效果，涉及泥土覆盖或客土绿化问题。主要护坡类型如下。

（1）挡土墙形式的边坡处理系统。

通常采用的挡土墙类型主要有：

①按结构形式分类有：重力式挡土墙、半重力挡土墙、悬臂式挡土墙、扶臂式挡土墙、扶垛挡土墙、特殊挡土墙。

②按形态、材料分类有：直墙式、坡面式、混合式等（图9.1）。

③按边坡挡土墙工程设计的景观手法分类有：化高为低、化整为零、化大为小、化陡为缓、化直为曲、化硬为软。

直墙式　　　　　　　　坡面式　　　　　　　　混合式

图9.1　挡墙类型（按形态、材料分类）

（2）混凝土斜式连坡。

混凝土斜式连坡主要有以下几种形式：

①在挡墙后面的斜坡上做水泥圬工处理，以避免边坡水土流失或崩塌。

②在挡墙后面的斜坡上进行素水砂浆喷锚，这类边坡的坡度较平缓，地质条件较稳固。

③在挡墙后面的斜坡上加钢丝网并固定铆钉后进行水泥砂浆喷锚，这类边坡坡度较陡，且地质条件欠佳。

④对地质条件较差、安全稳定要求高的边坡，往往通过钻拉锚杆加肋板浇筑，形成安全稳定的边坡。由于有锚杆加固，这类边坡坡度可以达到90°而保持安全（图9.2）。

施工中的肋板锚杆：钻孔中   施工中的肋板锚杆：已浇筑

图 9.2　施工中的肋板锚杆

2.　生态子系统

1）生态学相关基本概念和原理

（1）保护生物学和恢复生态学。

就坡地城市大的地理环境而言，城市往往处于山川水系的网络中，是"地理网织的工艺品"。同人类选择适宜的生存大环境一样，其他生物也会选择适宜生存的地理环境。因此，坡地城市的区域大环境中往往物种丰富、得天独厚、山川秀美。但是，城市是一个巨大的人工环境，是地理网络中巨大的人工斑块，它的介入一方面对大的地理环境中的生态结构、环境质量、物种繁衍和生存、城市发展和扩张以及城市人类活动延伸产生干扰，造成生态退化和物种减少等，另一方面近乎彻底地改变了城市空间及其阴影区（边缘区、城乡接合区）地表、地下所有的生态因子状况，出现了大量的荒地、弃地、垃圾场、噪声或粉尘等严重污染的厂区、污染的水体、污染的河谷甚至整个流域等。因此，综合运用保护生物学和恢复生态学的原理和技术，保护坡地城市及其大的地理环境中的生物种群、生态结构和网络，为坡地城市的生态建设创造一个生态环境系统良性循环的、生态服务效益高的大的生态环境平台或背景就显得特别重要，这样的大环境生态平台是坡地生态城市建设的基础。大的生态环境系统若遭到过度的干扰和破坏，在大的地理环境中存在的城市人工斑块的生态建设将失去重要的环境基础。

保护生物学是在大量小种群生物面临灭绝和部分生物物种已经灭绝的情况下，人类保护生物多样性，防止生物物种灭绝的科学。保护生物学通过研究人类活动对生物多样性的影响和自然环境条件变化对生物种群生存的影响以及遗传因子的共同效应，防止由于人类活动的干扰、环境变化、自然灾害或遗传随机性而导致大种群退化为小种群，防止小种群生物因敏感的生存环境因素而进入灭绝旋涡。通常进入灭绝旋涡的种群，如果不能改善其生存环境使其恢复到最小生存种群，种群会加速走向灭绝。

恢复生态学是通过分析生态系统退化的原因和生态学机理，综合运用生态学、系统学、地学、社会经济学和美学等的法则，研究恢复生态系统生态服务功能、重建生态系统(包括生物和非生物)物质能量良性循环的技术与方法的科学。20 世纪 80 年代以来，恢复生态学在土壤恢复、森林恢复、污染环境恢复、废弃地恢复、侵蚀地恢复、山林恢复、草地恢复、湿地恢复和水体恢复等方面做出了巨大贡献。恢复生态学主要的生态恢复技术体系有：①非生物(环境)要素(土壤、水体、大气等)的恢复技术；②生物因素(物种、种群和群落等)的恢复技术；③生态系统(结构、层次、功能等)的总体规划、设计与组装技术。

(2)生态因子与生态因子类型。

坡地城市地形地貌复杂、水系纵横、物种繁多，存在各种独特的小气候环境。地形、高程、水系的复杂关系形成一种交织效果，从而影响地表湿度、土壤酸碱度、风化厚度、土石混合程度、空气湿度、透明度、阳光照度、气温变化节奏等。因此，坡地城市及其影响区域环境中的生态因子非常丰富，分析坡地城市及其影响区域环境中的生态因子是坡地城市进行生态学研究的基础。

生态因子(ecological factor)是指环境中对生物的繁殖、生长、发育、衰老、代际更替及其行为和分布有直接或间接影响的环境要素，既包括环境生物生存需要的环境要素，也包括人类生存需要的环境要素。所有生态因子构成生物的生态环境(ecological environment)。具体的生物个体和群体在一定地段上生存的生态环境称为生境(habitat)。卢升高主编的《环境生态学》将生态因子简单分为生物因子和非生物因子，也可细分为以下五类：“①气候因子(climate factor)。包括光、温度、湿度、降水、风和气压等。②土壤因子(edaphic factor)。包括土壤的各种特性，如土壤的物理、化学性质、有机和无机营养、土壤微生物等。③地形因子(topographic factor)。包括各种地面特征，如坡度、坡向、海拔高度等。④生物因子(biotic factor)。包括同种或异种生物之间的各种相互关系，如种群内部的社会结构、领域、社会等级等，以及竞争、捕食、寄生、互利共生等行为。⑤人为因子(anthropogenic factor)。主要指人类对生物和环境的各种作用。”

(3)生态位与城市生态位原理。

生态位原是一个普通生态学概念，将生态位概念应用于广义的城市生态系统研究，有助于研究城市人类的生存状况，改善人类在城市生存和发展的适宜度。更广义地理解，生态位研究还有助于人和其他生物的和谐相处，为其他生物的生存预留适宜和足够的生存空间与生存条件，使人类与其他生物和谐共存、平等地享受阳光、清新空气和洁净水体并合理地占据生存空间的层次和位置。

生态位一般是指物种在群落环境中，其主要在时间、空间和营养关系方面所占的地位。通常情况下，生态位的宽度根据该物种的适应性而变化，适应性较大的物种往往占据了较宽和较优越的生态位。生态位最早指的是空间生态位(space niche)，后来增加了营养生态位(tropical niche)，以及进一步的 n 维生态位(n-dimensional niche)，它包括功能地位，以及在温度、湿度、风、日照等环境生存条件中所处的位置。

城市生态位(urban niche)是指特定城市提供给人们赖以生产、生活和进一步生存发展的各种环境条件的优越程度。因此，按照城市提供或所具备的生产和生活条件，城市生态位可细分为城市生产生态位和城市生活生态位。城市生产生态位包括主导与次要产业、产业链、进出对外贸易地位、就业机会、受培训机会、生产的文化环境、生产的自然环境、本地企业文化、生产效率等方面的优越程度；城市生活生态位包括城市环境(水、大气、土壤等)污染程度、动植物种类与覆盖程度、人口密度、社会交往、医疗条件、避难防灾设施、出行方便程度、休闲场所与健身条件、城市景观环境条件、城市人文环境条件、城市社会安全与和谐程度等。

(4)环境承载力原理(环境容量原理)。

环境承载力是为了避免人们对环境使用不正确的开发方式、超强度的过度开发或在不正确的时段干扰环境而提出的一个概念。环境承载力是指在某种特定的自然环境背景条件下，一定空间范围和区域内，为保证一定的环境生态目的(如不发生生态系统退化，或保护生物种群，或不发生自然灾害等)，环境所能承受的人类活动对环境的干扰内容、方式、程度、频率、强度和规模。

环境承载力为人们干扰环境的方式、力度、频度、规模等提出预测性的依据，提供了城市开发以及其他人类工程行为实施的受限范围，是保证建成环境综合生态质量在可控范围的重要技术手段之一。

(5)阿利氏规律(种群密度制约规律)。

阿利氏规律在生态学中是指适合生存的种群密度。推演到广义的城市生态学，阿利氏规律对调整一定区域范围的城市居民点密度、城市组团密度、城市生态廊道密度、城乡人口分布都有积极的参考意义。

阿利氏规律认为任何一种种群的密度过高或过低，对种群的生存和发展都是不利的。种群密度过高，会产生拥挤效应，即由于对食物、空间以及种群地位的竞争、心理与生理压力、排泄物的毒害、活动场所减少、生存条件质量的下降等导致出生率下降、死亡率上升；种群密度过低，雌雄交配机会少，且容易受到环境因素的干扰和攻击，出生率下降。因此，每一种生物种群都有自己最适合的种群密度，这就是阿利氏规律(Allee's law)。现代城乡之间的人口流动，从城市化的过分集中到逆城市化的反向乡村流动，都是阿利氏规律在悄无声息地起着作用。调查显示大城市人口生育能力远低于中小城市就是阿利氏规律的一个明证。因此，控制大城市人口密度、建设适当分离的组团式城市布局、保护预留宽阔的城市非建设用地和大区域结构的生态廊道就显得非常重要。

(6)多样性导致稳定性原理(物种多样性原理)。

生态系统的物种越多样,结构越复杂,层次嵌套越多,则系统的自组织能力越强、抗干扰能力越强、系统稳定性越强,同时系统的效益和生产力越高。这是因为在系统复杂的结构和食物网链中,当结构或食物链(网)中的某一环节发生异常或阻断,系统可以通过其错综复杂的网络得以补偿、代偿、抑制和修复,从而延续其内部能量和物质的流动。由于系统稳定性强,所以无须投入大量物质和能量来维持系统的生长和演替,因而系统表现出较高的效益和生产力。

坡地城市的山川河流地理背景中生存着大量物种,是物种多样性表现的重要区域。坡地城市的建设和城市人类活动的延伸,干扰了物种种群的生存。多样性导致稳定性原理有助于使人们认识到物种多样之于生态系统功能稳定和生态服务效益的重要意义,从而在城市大生态背景、边坡生态系统、城市生态廊道系统等建设中,维育和保护更多的生物物种。

(7)系统功能最优与多系统叠合最优原理。

提高整个系统的整体功能和综合效益优先于局部功能与效率,局部功能与效率应当服从于整体功能和效益。

多系统叠合产生新的叠合效益,因此分系统最优不是目的,因为分系统最优,也可能导致系统叠合的效益为零甚至为负,所以追求综合系统叠合效益最优才是目的所在。

坡地城市景观风貌质量的整体提升和变化,虽然牵涉城市诸多系统的协同配合,但 EEHL 叠合是对景观风貌最重要、最直接的影响。因为坡地城市景观风貌的任何一个组成部分的发展变化,都可以从 EEHL 四个主要系统(工程子系统、生态子系统、人文子系统、景观子系统)进行叠合诊断、分析优化。

(8)最小生存种群原理。

坡地环境中,多样的物种是珍贵的动植物基因库。为了避免和减少日益严重的生物物种灭绝,必须改善生物种群的生存条件,使其保持或恢复到最小生存种群。

生物学认为,当种群数量小于某一规模时,由于环境条件变化、自然灾害、遗传因子以及人类干扰的影响,种群的持续发展和繁衍生存会受到影响,若不能改善其生存环境恢复到最小生存种群(minimum viable population,MVP),就会进入灭绝旋涡,导致灭绝。因此,最小生存种群就是种群为免遭灭绝所必须维持的最低个体数量。对于数量波动程度不同的群种而言,最小生存种群有所差别,有研究认为,对于脊椎动物而言,保护 1 000 个个体就可免于灭绝,而对于种群数量变化大的物种(如某些无脊椎动物、一年生草本植物等)则至少要保护 10 000 个个体才能满足最小生存种群需要(卢升高,2004)。

(9)群落交错区和边缘效应。

坡地城市的三维特征使坡地城市在空间形态上呈现出更多的边缘形态,这样的边缘包括水岸边缘、山体底脚边缘、沟壑边缘、绿带边缘等。坡地城市中如此多的边缘对城市的生态景观风貌产生巨大的影响，成为影响城市生态景观风貌特色的主要因素之一。

群落交错区和边缘效应是生物学中的概念。相邻的不同生物群落之间往往有空间上的过渡地带，这一过渡区域往往被称为群落交错区或生态交错区。群落交错区往往有着复杂的地形地貌、复杂的小气候、丰富的地表资源等，综合而言交错区往往有着独特的气候因子、土壤因子、地形因子和生物因子。这些因子表现为更多类型的生物物种，更多的觅食、交配、隐蔽等生存条件，生物学上把这种交错区生物物种增多和密度增大的现象称为边缘效应。

(10)食物链与城市食物链原理。

一般地，生物学中的食物链是指生物赖以生存的能量和营养物质之间的联系。食物网是生物群落中许多食物链交错形成的复杂的营养和能量关系。将普通的生物学食物链原理应用于广义的城市生态系统时，通过食物链的人工干扰和代换，以及"加链""减链""加强链""减弱链"等调节手段，可以将"废品"转化为下一链条需要的原料，可以将污染重、利润低的环节剔除，可以将低价值的产品变成高价值的产品，将低能量的产品变成高能量的产品等。通过人工代换，改变物质、能量的转移途径和富集方式，从而改善城市生态系统的生态效益和生态质量。在城市生态系统中，人类处于食物链的顶端，人类的生存依赖于生态系统中其他各层级生产者的营养供应；人类对城市生态环境过度干扰、污染等的结果，最终会通过食物链(网)的途径(即污染物的富集作用)回返归结到自身。

(11)城市生态学和城市生态系统。

从严谨的生态学观点分析，城市并不是一个完整的生态系统，但是，城市系统确实具有自然生态系统的某些特征，具有某种相似的生态功能和生态过程。把城市作为一个生态系统来分析有助于城市系统的自我调适、效益提高和协调发展，有助于解决城市与区域的关系，因此城市生态的观点渐渐为人们所接受。城市生态学是以生态学理论为基础，应用生态学的方法研究以人为核心的城市生态系统的结构、功能、动态，以及系统组成成分间和系统与周围生态系统间相互作用的规律，并利用这些规律优化系统结构，调节系统关系，提高物质转化和能量利用率以及改善环境质量，实现系统结构合理、功能高效和关系协调的综合性科学(邢忠，2001)。

城市生态系统是城市空间范围内(空间边缘是开放的、模糊的、延展的)的人类及其建造的工程环境系统、社会(文化、经济等)环境系统和人类干扰与未干扰的自然环境系统共同组成的多层次的复杂的网络结构。由于城市生态系统中人对自然环境的高度干扰，因此城市生态系统更倾向于是一个人工生态系统，准确地讲，是一个社会-经济-自然复合生态系统(马世骏 等，1984)。

　　2)边坡相关联的生态子系统

　　(1)边坡的生态效应和景观协调效应。生态子系统主要是指充分利用城市边坡绿化，恢复和重建边坡植被，改善城市小气候，维育动植物资源，进一步提高城市绿地率、综合改善城市生态环境质量、美化城市景观的边坡生态系统。边坡生态子系统的核心内容是边坡植被的培育，其是边坡生态系统建立的主要内容。

　　毋庸置疑，边坡绿化种植的重要作用在于生态意义，它是城市生态系统中不可缺少的内容。对于坡地城市而言，边坡绿化甚至有可能是城市生态系统的骨干和主要内容。

　　除却边坡绿化的生态意义之外，边坡绿化种植还是城市景观的协调者，它可以协调城市中极为矛盾的人工景观构筑物造型，其原因在于，绿化种植在形态上是天然的中性的，也是美的，总能得到人的接受，因此也就影响和柔化了周围环境中对比因素的紧张关系，本书称之为绿化的协调效应。坡地城市若没有大量边坡绿化的协调作用，城市景观的整体性将大打折扣，景观的组合效果、整体效果将有可能显得凌乱、嘈杂、干瘪。

　　(2)边坡常用植被护坡技术。生态子系统包括原始自然植被条件良好的边坡系统与裸岩裸土植被条件恶劣、需要恢复植被的自然和人工边坡系统。以下主要介绍裸岩裸土植被条件恶劣、需要恢复植被的自然和人工边坡系统的护坡技术。

　　土质边坡常用的植被防护技术主要有：①阶梯植被；②框格植被；③穴播或沟播；④液压喷播；⑤植生带；⑥绿化网；⑦土工网垫。

　　周德培、张俊云(2003)对国内应用较为成功的植被护坡技术进行总结分类，可归纳为15项植被护坡技术，即：①挂三维网喷播植草绿化；②挖沟植草绿化；③土工(网)格栅植草绿化；④土工格室植草绿化；⑤垂直绿化法；⑥钢筋砼骨架内填土反包植草绿化；⑦钢筋砼骨架内加筋填土植草绿化；⑧钢筋砼骨架内加土工格室植草绿化；⑨有机基材喷播植草绿化；⑩路基边坡植树绿化；⑪以硬质岩填料为主的填方边坡植被护坡；⑫贫瘠土及石混合边坡植香根草护坡；⑬浆砌片石形成框格的植被护坡；⑭锚索格子梁植被护坡；⑮植草皮护坡。

　　按照边坡形态，植被护坡可分为一般边坡的植被护坡和高陡边坡的植被护坡。除此之外，为了解决岩质边坡的植被生长困难，一种新的厚层基材喷射植被护坡技术也在逐渐被采用，以解决岩质边坡无法生长植物的难题。

　　一般边坡的植被护坡方法包括：铺草皮护坡；植生带护坡；液压喷播植草护坡；三维植被网护坡；香根草篱护坡；挖沟植草护坡；土工格室植草护坡；浆砌片石骨架植草护坡；藤蔓植物护坡以及其他护坡方法(图9.3)。

　　高陡边坡的植被护坡技术主要包括：钢筋混凝土框架内填土植被护坡；预应力锚索框架地梁植被护坡；预应力锚索地梁植被护坡。钢筋混凝土框架内填土植被护坡是指在边坡上现浇钢筋混凝土框架或将预制件铺设于坡面形成框架，在框架内回填客土并采取措施使客土固定于框架内，然后在框架内植草以达到护坡绿化的目的；预应力锚索框架地梁植被护坡是指对那些稳定性很差的高陡岩石边坡，用锚杆不能将钢筋混凝土框架地梁固定于坡面，此时应采用预应力锚索，既固定框架又固定坡体，然后在框架内植草护坡；预应力锚索地梁植被护坡是对那些浅层稳定性好，但深层易失稳的高陡岩石边坡，不必用框架固定浅层，用地梁即可。

铺草皮护坡   土工格室植草护坡   藤蔓植物护坡

图 9.3 植被护坡类型

厚层基材喷射植被护坡技术是指采用混凝土喷射机把基材与植被种子的混合物按照设计厚度均匀喷射到需防护的工程坡面的绿色护坡技术。厚层基材喷射植被护坡构造主要由锚杆、网和基材混合物三部分组成。

除"喷草法"外，还有一些常用的技术，如"漂台法""燕巢法""阶梯法"。①漂台法是指在高陡的岩质边坡上，根据岩石节理和等高线方向，以一定的角度人工安装或现场浇筑水泥（预制）构件，形成连续的种植槽。②燕巢法是指在开采面上以悬挂燕窝状预制件或修筑种植穴的方式，创造植物生存的环境，点缀或呈序列状栽植各种植物，达到绿化和点缀美化坡面的效果。③阶梯法是指将开挖面设计为分段跌落的阶梯状，或根据自然岩质垂直壁面的凹凸结构，在每一级凹或凸平台上修筑种植槽，栽植乔木或攀缘植物，形成垂直生态系统，达到绿化岩质边坡的目的。

3. 人文子系统

边坡作为坡地城市的重要组成，和城市的其他组成部分一样，承载了一定的文化功能，体现了坡地城市的地方历史文化、精神风貌、时尚、经济和技术的发展状况。

城市空间形态不仅受到自然环境状况以及经济技术发展水平的制约，同时也受到传统历史文化的影响。空间形态会对特定历史时期社会生活、历史文化，以及经济和技术发展状况有所反映。山地城市空间布局在古代风水观的基础上提倡"背山面水，负阴抱阳"、顺山就势、宛若天开、顺应自然地形的布局形式。根据风貌的同时自相似原则，相应历史时期的社会历史文化、价值观、风尚和时尚、宗教信仰、民风习俗、技术水平等历史积淀的内在规定，构成了传统坡地城市形态的文化底蕴和自相似的基础，从而内在地决定着景观风貌的特色，如象天法地、阴阳变化和追求形胜的城市形意环境观念、整体有序、分台聚居的建筑群布局规律等。除此之外，这种自相似的特征还体现在更加细微的方面，如建筑与服饰、舞蹈与戏剧之间等。

作为体现城市风貌的两个重要原则，"同一文化型背景下城市风貌的同时自相似原则"和"不同城市风貌文化型背景下的同时差别原则"同样适用于边坡的文化功能体现。

同一文化型背景下城市风貌的同时自相似原则。在同一地理文化圈中的城市，其城市风貌文化型存在着诸多共同之处。文化型（基因）的共同之处导致城市风貌构成因子、方方面面的自相似性。因为这种自相似不仅仅反映在同类因子之间，而且也反映在完全不相同的因子之间，如建筑与服饰之间、舞蹈与戏剧之间等。这种发生在完全不同因子之间的艺术倾向、审美趣味等，称为同时自相似。自相似现象一方面说明了城市风貌文化型（基因）的潜在影响；另一方面也说明了城市风貌是一个普遍联系的统一的整体。

不同城市风貌文化型背景下的同时差别原则。在不同的地理文化圈中的城市，或处于不同历史文化层中的城市（历史文化层之间存在着文化型的较大变异），城市风貌的文化型存在着诸多相异之处。文化型的不同导致构成城市风貌的各组成部分、因子之间产生方方面面的差别。同样地，这种差别不仅仅发生在不同类别的因子之间，同时也表现在相同的风貌因子之间，如建筑与建筑之间、服饰与服饰之间、节庆活动与节庆活动之间。这种发生在相同因子之间的差别，本书称其为同时差别。同时差别的存在一方面说明了城市风貌文化型（基因）的潜在影响，另一方面体现了全息现象在城市风貌中的反映，即每个部分都是特定整体的部分，是整体的一个映射或类型。

在同一个城市的各部分之间，文化具有相互映射和嵌套的特征。边坡作为坡地城市的重要空间形态和文化载体，同样可以反映城市的地方历史文化、价值观、城市的精神风貌、人文特征等。由于边坡存在的特殊性，边坡可以成为大型宣传壁画、壁塑、壁雕、边坡小品的天然载体，成为书写和讴歌城市精神文化的立体画廊。

因为同时自相似和同时差别原则的要求，边坡可以充分挖掘和展示城市的文化个性特点，将城市的历史发展、历史故事、时代战歌、植物特色等历史的现代的风貌形象展示其中，成为展示城市文化特色的一道道风景线。

4. 景观子系统

因山地城市具有独特的地理条件、气候条件与视觉条件等，城市景观形态形成了独特的个性、内涵和视觉审美规律。本书归纳出台座效应、分层（分缝）效应、皇冠效应、三维效应、边缘效应、水际效应、多重轮廓线效应和山地建筑特色等内容，以窥山地城市景观形态规律与形态特色美之一斑。

　　相比于纯粹的自然生态景观而言，城市由于受到人类活动的诸多干扰，因此城市景观有其独特的生态学特点。首先，城市景观是以人为主体的景观生态单元。由于受到人类活动的强烈影响，城市的水文、小气候、地形地貌和动植物发生了巨大变化。其次，城市景观具有不稳定性。由于经济快速发展、城市开发的影响，城市景观处于连续的变化和更新中，具有强烈的不稳定性。其三，城市景观具有破碎性。城市功能区的划分、交通网的布局、建筑群的建设，将城市分割为各种大小不同的嵌块，因此城市景观从生态学观之，具有较大的破碎性。

　　本书所说景观主要是指形态景观，即景观在形态上所表现的一般的美的规律，如比例、构图、质地、材料、分层、节奏等。

　　城市的形态可以分为如下两个类别：①整体规则的城市形态。一般而言，城市有明确的形状特征，同时又有大小的严格限制。如《周礼·考工记》中对城市形状的礼制约束，即"方城""垂直""居中""旁门""对称"和"祖、社、朝、市"的布局，一直影响着后世封建都城的建设。这些从礼制角度对城市和建筑所做的限制，形成了中国封建社会城市型制粗线条的轮廓。更由于《营造法式》（宋）、《木经》（明）、《工程做法则例》（清）、样式雷（清）以及造园技法等细线条的成熟勾勒和充实，使明清时代的封建城市，从城市整体到园林再到建筑的型制都走向成熟，实现了整个封建社会城市形态的完型。②相对自由的城市形态。有较为明确的城市形状示意或分类，但没有大小的限制，如指代风水概念的城市型。其他如带状城市、环状城市，以及山地城市如紧凑集中型、带状、放射型、树枝型、环状、网状、带状综合型、组团型也属于这一层次的城市型。因缘于相对自由的城市形态和多样的边坡地形，这类城市在景观的诸多方面譬如城市总平面、鸟瞰效果、山水关系、天际线、城市立面、开敞空间、坡地建筑、坡地街景等，为产生和维育城市特色提供了天然条件。

　　城市景观特色是城市形态在观众心理上留下的城市型的独特印象。城市的型在公众心理上，被抽象为一种代表公众的文化心理和潜在感情倾向的图像。这种孕育于景观，受影响于文化，同时又共鸣于情感与心灵的现象，恩斯特·卡西尔（Ernst Cassirer）将其定义为符号。苏珊·朗格（Susannek Lnager）继承和发展了卡西尔的符号思想，她进一步将符号区分为语言的逻辑符号和非语言的情感符号。深层次的城市形态是一种非语言的"表象符号"或曰"情感符号"，它自始至终联系着无数市民的集体情感，它的这一特征可以借用卡尔·古斯塔夫·荣格（Carl Gustav Jung）的词汇"集体无意识"来进行象征性地表达。虽然荣格的"集体无意识"最终走向了神秘唯心主义的方向，但是我们可借取其中有益的解释。按照荣格的解释，集体无意识是由原型组成和表现的，原型是一种"集体表象"，是同一种经验经由大脑遗传凝缩和结晶的先验形式。这一解释显得过于玄虚，我们不妨携取其中"集体表象"的成分，用深层次审美和情感倾向的集体记忆来解释，这样理解深层次的城市型倒是顺理成章，也较为妥贴。那么，有没有反映坡地城市的集体记忆呢？是什么样的集体记忆使公众对坡地城市、对山城产生了情感？这样的情感符号如吊脚楼、半边街、大台阶、涵洞、码头、桥索等。在这些纷呈的景观形态中，有一种形态制约着以上景观形态的变化，它就是山地城市的边坡。国际山地会议用两个"M"状的边坡线条象征山地城市，无疑是对山地城市特色和山地"集体无意识"的简洁而深刻的概括。

边坡之于景观的意义是多层次的。从城市的总体景观到局部场地景观，坡地城市不同层次的景观无一例外地带有边坡的烙印，并反映着清晰的边坡特征。本书从不同的角度对这些特征进行分析和阐述。

三、坡地城市中的三维效应

三维效应是指城市的景观、风貌特色、小气候、生态、肌理、交通等方面在坡地城市特有的三维平面与三维立面形态基础上所表现的特征，其表现在使城市景观更富有立体感、使城市特色和个性更加突出、使城市的生态容量增加、使城市的小气候更加复杂与丰富、使城市的立面肌理和交通形式等更加多样。

相比于平原城市和其他类型的城市，山地的城市规划与设计工作很大一部分精力是处理边坡问题。边坡为山地城市提供了空间特色和空间美感，为山地城市带来了千变万化的景观面貌。

自然赋予的边坡空间是个极其丰富的领域，在空间规模上存在着多样的大小层次之别，在造型上存在着宽狭陡缓的诸多形态，在植物群落、地表机理、土壤构成、局部小气候等方面又存在着千变万化的特征，所以边坡景观生态中的空间美具有丰富的内涵，譬如城市的结构美、景观（如传统风水）中的气象气势美、城市轮廓如天际线美、城市的植物如城市花镜美、山谷或坡岸河岸的局部气候美，等等。

边坡景观生态中的空间美具有丰富的内涵，而往往由于对边坡空间信息的认知不完善，对边坡空间的信息丢失，边坡的特征并没有充分利用，边坡美的内涵并没有充分地展现。

三维的坡地空间特征对于建设更加生态的城市是极其有利的，并且生态城市的设计也是提倡充分发挥三维效应的。按照生态系统的本来面目，即三维、一体化的复合模式来建设城市。如同生态系统一样，城市应该是紧凑的，应该是为生物群体，尤其是为人类设计的，而不是为机器，比如为汽车而设计(任立，1999)。

四、坡地城市中的台座效应

台座效应是指城市景观、风貌特色在总体造型上呈现的台座特征，以及利用台座特征所表现出的分层效应、边缘效应、皇冠效应、通透效应、稳定效应、安全效应、鸟瞰效应、夜景效应等。台座效应之台座包括三部分内容：底座、分层和顶冠。

(一)底座效应

城市底座是一种形象的说法。在一般的认识视野中，更多关注的是城市的上部，譬如城市的肌理、立面、制高点、地标、天际线等，而城市的底部特征却被景观研究者忽略了。但恰恰十分重要的是，在台座的三个组成部分中，底座是基础，是最重要的构成要素。底座的特征决定台座效应的诸多表现内容。譬如，底座土质抑或石质影响建筑的风貌，底座的植被水系构成影响城市的平面结构，底座的地质稳定性评估影响建筑的高度和用地的性质确定，底座的坡度和坡度构成影响城市的立面形态和建筑布局，底座水平展开形成的底座边线如山脚线、水际岸线等影响城市的重要景观天际线。

为什么地际线会影响天际线呢？辩证地讲，有城市天际线就有城市"地际线"，天际线有天空作为背景，它的形状明确而肯定，但城市"地际线"就比较模糊了，因而，这里使用了城市底座这个概念。建筑要有台基和裙房才能显得稳定，城市也然。城市的底座可以是带状的绿化、山体坡脚、巨大的水面、整齐而肌理一致的建筑群、带状的公路等。清晰的建筑群体底脚线、山体坡脚线、水际岸线可以强调和提示城市底座的存在。城市底座对轮廓线的稳定和统一协调有着不可低估的作用，这种效应称之为台座原理。一些滨海或滨湖的城市容易形成独特的城市轮廓线，这是因为一方面巨大的水上开敞空间提供了可视条件，另一方面巨大的水域提供了一个天然的、有能力稳定与协调城市轮廓线构图的台座。我国秦汉时期出现的高台建筑，就是这种原理的自觉运用(当然其不仅具备景观的意义，也满足了防卫和统治功能的需要)。

(二)分层效应

分层是台座效应的重要内容之一。分层的重要作用在于形成分层景观。分层景观可以形成城市的竖向节奏。仅仅具有城市天际线、城市肌理的横向延伸、横向节奏只是城市景观的一个方面，如作为坡地城市，竖向景观就显得尤其重要。因为竖向景观可以更多地展示和体现坡地城市的坡地和山地特征，所以有必要对竖向景观进行独立的研究。而分层正是竖向景观研究中不可缺少的内容。

分层的研究内涵包括：分层的肌理构成、分层的功能构成、分层的层级线构成、分层的建筑高度控制、分层的交通构成、分层的颜色构成、分层中的竖向景观联系、分层中的城市阳台或城市凉台效应等。

(1)分层的肌理构成。主要研究坡地城市立面横向的层状肌理构成、条理，并协调肌理构图，通过延伸、打通和限制城市立面的局部建设，创造和美化城市整体的立面肌理层状形态。

(2)分层的功能构成。主要研究如何依据和结合复杂的地形地貌和地质条件，在坡地城市的平面和立面合理布局不同功能的用地(如低层建筑、高层建筑、绿化长廊、道路长廊如半边街、交通长廊如轻轨、滨水长廊等)为城市立面的形成创造基础。

(3)分层的层级线构成。主要研究坡地城市立面中的横向线条构成，其可以是人工也可以是天然的，也可以是人工和天然交错的。分层的层级线包括：建筑群体底脚线、山体坡脚线、水际岸线、山体局部轮廓线、建筑局部轮廓线、绿化轮廓线、道路交通流线、溪水岸线、大型防灾工程构筑物轮廓线等。

(4)分层的建筑高度控制。结合坡地城市不同地块的开发强度及开发利益的可实施性，根据城市景观建设的需求，综合确定地块建筑高度分布。这一研究，国内外已有较多的实践。

(5)分层的交通构成。主要研究坡地城市立面分层景观中的横向交通联系与竖向交通联系特征与形态。坡地城市有着比平原城市更具特色的交通形态，如坡地城市水平交通的外显特征，坡地城市特有的竖向交通方式，坡地城市特有的索道、涵洞、桥梁系统等。

(6)分层的颜色构成。主要研究坡地城市立面中的颜色构成，包括基调色、分组的基调色(如绿化、建筑、水系、分组的建筑群或分组的区块)、主要色彩和色系、主要表现或跳动的色块(或色点或色线)。

(7)分层中的竖向景观联系。分层与不分层是对立统一的，因此分层不但不排斥竖向景观的存在，反而需要竖向景观的穿插，进一步衬托和活跃坡地城市的里面景观，是谓相辅相成。分层中的竖向景观包括竖向建筑、坡道竖向交通、扶梯竖向交通、竖向溪水、竖向绿化、其他竖向构筑物等。

分层的横向景观与竖向景观是相对而言的，在特殊情况下，如小范围的坡地城市，完全有可能以竖向景观为主，形成独特的皇冠效应。

(8)分层中的城市阳台或城市凉台效应。主要研究坡地城市立面景观分层中的一种独特景观，即城市阳台或城市凉台效应。城市阳台或城市凉台主要是指分层景观中的局部城市公共空间，交通位置适宜、视线开敞度较大、视野景观质量良好，为城市提供了自然或人工的、宽敞的、安全的观赏场地和观赏条件。

(三)顶冠与皇冠效应

顶冠是台座效应中特别重要的内容之一。坡地城市立面形态中给人印象最深的是城市立面的顶冠部分，其传递顶冠形态信息的内容，主要包括：坡地城市立面天际轮廓线的整体韵律和节奏感，制高点系统或地标系统高层建筑物的整体造型尤其是建筑的顶部处理，轮廓线最高点和最低点形成的对比，顶部的色彩处理，顶部轮廓的夜晚照明效果，等等。

良好的坡地城市顶冠轮廓是由一系列美妙的顶冠组成，犹如走珠串玉的一系列皇冠，由一系列皇冠缀成的顶冠轮廓线无疑是美妙的城市名片，会传递深刻的城市印象，本书称其为皇冠效应。

如果建筑体量得当，沿着等高线层层错落布置，时隐时现的建筑群体底脚线衬托山体的上升，顶部再以精巧的建筑造型点缀，也可产生不同凡响的艺术效果。如诺曼底的圣·歇米尔所言，人工建筑与山岩浑然一体，产生了极具个性与特色的轮廓线。同样，以一个高层建筑为中心，向周围依次递减，也会形成皇冠效应。多个皇冠造型水平连续展开会形成跌宕起伏的城市轮廓，往往给人留下深刻的印象。

五、坡地城市中的边缘效应

边缘效应原是一个生态学概念，其产生于群落交错区。相邻的不同生物群落之间往往有空间上的过渡地带，这一过渡区域往往被称为群落交错区或生态交错区。群落交错区往往有着复杂的地形地貌、复杂的小气候、丰富的地表资源等，综合而言交错区往往有着独特的气候因子、土壤因子、地形因子和生物因子。这些因子表现为更多类型的生物物种，更多的觅食、交配、隐蔽等生存条件，生物学上把这种交错区生物物种增多和密度增大的现象称为边缘效应。

什么是坡地城市建设的边缘效应呢？在山水城市中，特殊的地理区位使边缘区富有较高的生态价值（涵盖经济、社会、环境的广义生态价值取向），通过规划、设计使边缘区的各种潜力得到发挥，赋予相邻地区乃至整个城市经济、社会、环境综合效益的现象，称为城市的"边缘效应"。

坡地城市的三维特征使坡地城市在空间形态上呈现出更多的边缘形态，这样的边缘包括水岸边缘、山体底脚边缘、沟壑边缘、绿带边缘等。坡地城市中如此之多的边缘对城市的景观风貌产生巨大的影响，成为影响城市景观风貌特色的主要因素之一。

坡地城市景观风貌研究中，应特别重视边缘效应。除却边缘的生态意义、山水意义、经济意义，边缘之于坡地城市景观风貌同样也有着重要的意义。边缘在坡地城市景观风貌中已形成一个独立的体系，与之对应地，也形成了一个边缘立面体系和边缘轮廓体系，如水岸边缘线、山体底脚边缘线、沟壑边缘线、绿带边缘线、建筑群体天际轮廓线、建筑群体地际轮廓线等。这些重要的景观要素，无不对坡地城市景观风貌产生特别重要的效用。

六、坡地城市中的生态效应

生态城市谋求人类和自然充满健康和活力的发展，这是生态城市理念的全部内涵，并且已经足够了——因为它足以成为其他一切的引导。

　　边坡是山地城市和丘陵城市一个典型的地形特征，它往往与大的江河水系以及丘陵山系结合在一起，是江河水系的岸，同时又是丘陵山系的脚或背，因此边坡不但自身是一个内容复杂的生物区，同时又是更大生物区交汇的边缘区。边坡具有敏感又重要的生态意义，这种生态意义已经超越了它作为景观的美学意义。边坡的地质条件、地下水变化、土壤构成、地形坡度、地表植物种属与特性以及边坡地带的通风、排洪排涝、滑坡、泥石流、动物生存条件等，使边坡的生态学意义特别突出。边坡可以作为边坡地区城市建设与景观艺术的基础，其不但是基础条件，而且具有更加宽广的空间和时间上的意义，因为它涉及子孙后代的生存机会与生存安全。正如麦克哈格所说："不要问我你家花园的事情，也不要问我你那区区花草或你那棵将要死去的树木……，我们是要告诉你关于生存的问题，我们是来告诉你世界存在之道的，我们是来告诉你如何在自然面前明智地行动的。"因此，科学解决人地关系的景观生态问题是解决其他问题的基础。俞孔坚先生在其《还土地和景观以完整的意义》一文中明确地指出，"解决人地关系的问题又怎就一个'美'字了得？又怎能是'艺术'了得？没有国土生态的安全，没有区域和城市及社区等尺度上土地合理规划布局和利用，'美'又从何而来？""现代景观设计学(landscape architecture)中，人们真的用生态、生物多样性或环保的科学标准或科技的先进性来衡量景观，而不是它的形式。"

　　鉴于坡地的生态敏感性和景观多样性，《景观设计学——场地规划与设计手册》对坡地开发有专门的论述，并且提出"等高线是主要的规划因素""坡地具有动态的景观特性""通过阶梯、眺台及挑台的运用，自然坡度的变化得以强化和夸张""坡地为景致增添了情趣""坡地具有排水问题""斜坡创造出许多很珍贵的水景特性"，等等。边坡和坡地对于山地城市的生态景观意义是多方面的。

　　坡地城市有着重要的生态意义，主要表现在四个方面：一，在较大的范围内坡地城市生态环境是平原地区净化空气库和肥沃土壤的来源之一，同时也是防止平原城市发生洪涝灾害的保障。一般情况下平原地势低，由于热力作用，平原地区产生的大量废气在热力学作用下向海拔较高的山地转移，山地清新空气因对流作用飘向平原地区。其次，在重力作用下，因地表径流的冲积作用，大量山谷中的地表物质被冲向下游平原，成为平原地区地表土壤的来源之一。另外，山地的自然植被生态环境一旦遭到破坏，将会对平原地区产生后果严重的自然灾害，譬如洪涝灾害等。二，山谷、森林、坡地、河谷、冲沟、水面等不同的地形地貌为丰富多样的生物种群提供了适宜的生存环境，使其拥有了丰富的动植物资源。三，生态环境的垂直分布特征。地形地貌海拔的变化，使自然条件如温度、日照、土壤、气候、土质、有机物等有着明显的垂直结构，从而导致了地质、地貌、植被、动物群落共同构成的垂直结构。一方面，植被按等高线分布；另一方面，随着等高线的高度变化，动植物的类别发生梯度变化。譬如：植物分布中，乔木一般分布于谷地或较低的山麓，低矮灌木多生长于山脊和坡顶，草地多分布于平地与山地的过渡区，而苔藓类植物多分布在阴湿的冲沟、河谷。动物分布中，兽类、鸟类多分布于山地中高爽的林地，两栖动物和鱼类多分布在河谷、冲沟，而山沟、河谷、溪沟则往往成为动物迁徙的廊道。四，坡地生态环境敏感脆弱。由于坡地的地形较陡，雨水径流的冲刷作用非常强，再加上地质条件复杂，非常容易发生滑坡、泥石流等其他自然灾害。

根据生物的环境适应特征，不同的地形地貌环境状况，不同的小气候特征，会产生相应条件下的动植物生态群落，反映出相应的生态特征。因此，了解山地地形与生态条件的关系非常重要。根据黄光宇先生的研究，将山地地形分为升高的、平坦的、下降的三大类别，不同地形下的生态特点如表9.4所示。

表9.4　不同地形共生的生态特点

坡态	升高的地形			平坦的地形	下降的地形			
	丘顶	垭口	山脊	台地	谷地	盆地	冲地	河漫地
风态	改向	风口	加速	顺坡风、涡流、背风	山谷风	静风	顺沟风	水陆风
温度	温差大	易变	不均匀	普通	谷地逆温	温床小	低温	低温
湿度	干燥	小	干燥	中等	大	中等	大	最大
日照	时间长	阴影区多	时间长	向阳坡多、背阳坡少	阴影区多	差异大	阴影区多	—
雨量	少	多	少	迎风雨多、背风雨少	多	多	普通	普通
地表水	多向、径流小	径流小	多向、径流小	径流大、冲刷严重	汇水易淤积	最易积淤	受侵蚀	洪涝严重
土壤	易流失	易流失	易流失	较易流失	—	—	易流失	—
生境	差	差	差	普通	良好	良好	良好	良好
植被	单一	单一	单一	多样	多样	多样	多样	多样

资料来源：成都山地所(1994).

为了使坡地城市更好地发挥其生态效益，城市建设必须遵循一定的生态学原则，譬如：进行自然环境的生态容量评价，进行地质灾害评价，尽量利用自然能源如自然光、自然风等，保护自然的水系边缘，保护其他自然的边缘，保护地表稀缺的土壤，保护地表自然植被，提高生物多样性，保护地上地下水的平衡与循环，等等。

七、坡地城市的水体资源

(一)飘积理论与水体的自然线势

飘积理论是美国造园学家约翰·格兰特和卡洛尔·格兰特在《庭院设计》中提出的，意指自然景观中的轮廓或形状，多因缘于自然力的作用。譬如，自然植物群落的形状受到风力对植物种子传播的影响等，这种现象称为飘积形体或飘积线势。将飘积理论进一步引申，那么就会认识到自然山体、坡地、丘陵以及岩石坡面、植物群落的形状轮廓是地质重力、地壳水平运动力、风雨自然力、地表径流和日照长期作用的结果。同样，江河岸线蜿蜒凹凸的形状是受到流水的水平运动和垂直重力影响的结果。这样曲折但却最流畅的自然线势不仅符合自然力综合作用的规律，而且形状协调自然、流畅均衡，常给人以无尽的美感。因此，对于江河水系的自然岸线走势、形状要顺应水流规律，以顺应疏导为主，辅之以水工实验，不可强行改造，否则会造成灾难性后果。对于人工湖面、水面的营造，飘积理论也有其值得借鉴的意义。自然力形成的边缘、表面往往具有浑圆、均衡、稳定、流畅、曲线、下向、动感的特点，将这些特征应用于水面营造，可以提出如下设计要求：①水面边缘不能具象于某种生活中事物，应该力求自然，具象于某种事物，就会产生刻板、非自然的生硬感觉。②水面应由主次空间组成，除主要水面空间外，以桥、涵、洞、榭、组石、溪等连接多个次要水面空间。③在岸域主要观景视野内，岸线曲折应多于三个层次，较大水面可以湖心岛改善视线的单调。④水面边缘不能过于光滑规整，应辅以山石、花木、小舟或休息、亲水设施以丰富边缘质感(刘福智，2003)。

(二)水体对景观的协调效应

许多坡地城市都有滨水的天然条件。水体的重要作用除本身借以创造重要的城市滨水景观外，还在于其对城市景观的整体效应。因此，水体可以起到统一城市景观，增加其协调性和整体性的作用。杂乱的山地立面景观若下衬以连续平静的江面、河面或海面，景观的整体性会陡然增强。许多滨水城市具有画卷一般的沿江或沿海立面，原因不仅仅在于立面本身，更在于水面和立面的相互衬托、相互补充，因此水面的协调效应不可忽视。

水体与城市建设最为敏感的关系是对水体岸际的处理。根据生态学的一般要求，应根据水体水流的运动规律，在减少对水流干扰和驳岸稳固的前提下，水际处理要尽量自然、简单。在水流湍急的地方，驳岸可以采用斜坡状以减少冲击，防洪堤不可滥用，对洪流应以疏导为主，强制拦洪会导致难以预料的后果，严格防止污染的水体和有毒性的物质进入水体，若必须排入，在排入前必须进行净化处理。防洪技术依据至少要以50年一遇为基础，同时慎重研究最高水位和最大风速时水流对驳岸的破坏程度和安全措施。研究最高水位与最低水位的浸湿地的生态保育和景观利用，尤其对于水位变化较大的大型水体，譬如发电站坝的上游库区，落差巨大的浸湿地会形成巨大的荒地或垃圾场，建议的解决办法之一是沿等高线和不同的水位水际线建分层的景观坝，形成分层的线状水域和生态保育面。

(三)水体的生态效应

水体与城市相接的边缘区是重要的生态敏感带。河滩地是城市生态的繁茂地,其物种群落的多样性可提高整个城市自然生态的稳定性。水体的边缘区与山地城市中生态廊道系统、生态嵌块系统,以及山顶绿地系统一起可以组成一个巨大的生态系统调节器,使整个城市在动植物培育、温度调节、城市河谷风调节、氧气供应等方面得到改善。

对整个城市而言,巨大的天然水体,在自净功能可以容许的范围内,可以比喻为一个天然生态处理工厂,它几乎可以接收全部的雨水以及一部分没有毒性的污水。

山地城市的建设对水文作用的影响主要表现在地表渗透性的改变。大量的硬质地面,不但给城市带来辐射热,同时影响城市地表的水分渗透性。地表径流几乎全部排入河道或人工排水系统,减少了地下水补给来源,使得地表水—地下水的循环变成了单向的地下水抽取利用。由于地层节理的作用,一般情况下,山高水也高,但是如果不注意地表水的补充,地下水也会逐渐枯竭,从而引起植被退化、溪水断流等。

(四)排洪与防洪的防灾效应

边坡城市附近的水体往往是城市的泄洪区。边坡有利于山地城市排洪。由于全球变暖、气候反常,近几年来,飓风以及由飓风带来的洪涝灾害频发。山地城市的自然边坡有利于快速地排除洪涝灾害,边坡成为城市天然的排洪系统。城市建设水域附近的工程选址通常依据洪水位线,但值得注意的是,城市建设工程的选址应与洪水位线保持足够的间距,一方面是洪涝灾害历年加剧的原因;另一方面是生态的需要,水域边缘是敏感的生态廊道,应留出足够的缓冲空间。同时,城市地势较高或远离泄洪区有利于城市的安全。"当发生大洪水时,那些处在泛洪区的城市就会面临巨大的灾难。1993 年密西西比和密苏里发生的洪水灾难就是明显的例子。其实,人们采用建堤坝、垒沙袋的方式控制洪水,只能使河水受到挤压而水位更加高涨。如果反过来,将城镇建在地势较高或远离泛洪区的地方,留出大面积的土地让洪水通过,就可以使洪水的水位下降。我们应该减少对土地利用生态足迹的影响,尽量保证供水和排水强度与周边自然生态系统的承载能力相平衡。"另外,地面径流对地表的冲刷作用也不容忽视。对大多数山地城市而言,坡地表面风化的浅薄土层是地表稀缺的土壤资源,一旦流失,将很难恢复,因此在城市建设中应倍加珍惜,采取适当的防坡地冲蚀措施。

八、坡地城市的轮廓线

城市轮廓线是城市景观体系中一道不可或缺的风景。具体到山地城市，因山地城市地理条件和视觉条件与平原城市相比，有许多不同之处，因而山地城市轮廓线有其独特的个性与内涵。

九、坡地城市的山地建筑

坡地城市由于独特而多样的坡地条件，形成了内容丰富多样的山地建筑。坡地地形对建筑的影响，主要包括等高线对山地建筑的影响、阳坡与阴坡对山地建筑的影响、坡度对山地建筑的影响、气候条件如降雨对山地建筑的影响等。

（一）坡度对山地建筑的影响

坡地城市的地形坡度是最重要的影响因素。坡地城市复杂的坡度构成形成了极其丰富的地形地貌，如岩、坡、坎、梯、坪、坝、冈、垭、十字、梁子等。山地建筑在构造艺术形式上，巧妙应用"错层、错位、吊层、吊脚、挑层、抬基、帖岩（坎）"等手法，形成独特的山地建筑艺术风格，同时结合山体坡度，形成层层叠叠、前后错落、丰富多彩、千变万化的造型，又有着统一风格的立面特征和空间透视特征。

（二）等高线对山地建筑的影响

等高线是根据地形的海拔变化，人为设定反映海拔上升或下降的以水平状态线条反映垂直高度变化的图视。等高线往往是建筑群体布置和选位的基础。按照一般规律，顺应等高线的建筑布置、道路选线、设施和活动场地布置，有利于形成适合地形、施工、排水、组织空间景观、通风、视线观赏的建筑群布局，从而使人工环境和自然环境相得益彰。从工程技术上讲，顺应等高线布置的场地，基础便于开挖且相对安全，分层的顺坡布置成台状，便于分片分区排水，便于结合地形组织道路交通和市政工程，因此顺其自然地形成了立面的城市轮廓线层次。结合等高线布置，成为坡地环境下建筑错落重叠、廊台悬挑、屋宇临空、柱脚下吊、道路盘旋、形态或隐或显的总体形态特征，并世代沿袭，成为山地建筑内涵的重要组成。

（三）阳坡与阴坡对山地建筑的影响

一般的生态学观点认为，迎接日照的阳坡是有益于健康的，"风水"说的择基观也同样认为，日照充足的阳坡为立宅的吉地。但是由于城市建设用地的紧张和土地资源的稀缺，阴坡和半阴坡地依然是坡地环境中重要的建设用地。为了改善阴坡的居住生态质量，背阴坡的山地建筑只有通过改善通风条件来平衡日照的不足，并以此改善环境，尤其是空气的卫生质量，主要手法包括：底层架空以减少潮湿，建筑顺应等高线布置或建筑群之间保留廊道空隙以改善通风条件，适当减小建筑密度，建筑群布置避免采取完全的围合形式，增加培育耐阴植物，在阴坡的上坡或坡顶保留自然生态公园，培育顺坡的山谷风，改善阴坡的排雨排污条件。

（四）气候条件对山地建筑的影响

我国的山地主要集中在西部，尤其是西南地区，西南高海拔地区气候湿润、多雨。如此的气候条件在山地建筑艺术上反映为：多斜坡顶、屋顶有挑檐、有较大的开窗通风面、台基或挑台明显、多立柱和吊柱脚、以木结构为主。出于采光和通风的需要，群体组合中会采用天窗，由于地形狭窄，建筑群内部空间紧凑、形态丰富。如此的结构形态，反映在建筑艺术上就表现为轻盈、灵透、轮廓变化丰富，成为山地建筑的形态特色之一。

（五）山地建筑的特点

不同的功能条件下，山地建筑的形态也各不相同，譬如一般民居形态比较简洁、官府建筑形态比较庄重、会馆建筑形态比较复杂等。但总体而言，山地建筑有以下特征：①有着浓重的本土文化特征，如傣族文化、藏文化、巴文化等。屋顶是最能体现建筑本土文化风格的地方，同时山墙、门柱、门头、屋檐、屋脊、脊兽等也是展现本土特色的部位。②总体布局更加灵活，不拘一格，轴线关系更加灵活，且不强求一律。③建筑群的主要入口尽量选择好的朝向，但更主要考虑的是地形和交通要求。④建筑群体结合地形、等高线布置，错落有致。⑤建筑的装饰如窗花、匾额、门头、山脊、檐口、梁柱、水池器具更加精美，且更多地反映地方文化，题材多样，历史传说、神话人物、戏剧、奇珍禽兽、花木鸟鱼等都可纳为题材，反映希冀、向往、祈福、认同、教化等文化内涵，反映较为生动多样的文化特点。⑥由于地形所限，建筑的内部空间利用更加节约，空间组合巧妙且善于相互借用。⑦由于多雨，空气湿度大，建筑多有出檐，保护墙壁和晾晒衣物。⑧由于多雾的潮湿天气和建筑内部空间的节约，内部采光更多地利用了天窗。⑨山区交通不便，建筑材料多本地化，就地取材，建筑造型轻巧、灵透。

十、坡地城市的灾害与灾害防治

（一）我国地质灾害防治概况

1990 年 2 月，国家地质矿产部、国家计划委员会、国家科学技术委员会联合向各省（区、市）和有关部门印发了地质矿产部组织编制的《全国地质灾害防治工作规划纲要》。规划纲要实施 20 多年来，我国地质灾害防治工作取得了重大进展。

2001 年，为适应我国社会发展和国民经济建设的需要，在基本完成原规划任务的基础上，国土资源部负责编制了《地质灾害防治工作规划纲要（2001—2015 年）》国土资发［2001］79 号。根据《地质灾害防治工作规划纲要（2001—2015 年）》中关于地质灾害的定义，地质灾害是指各种地质作用给人民生命财产和经济建设造成的危害。

根据纲要（2001~2015 年）中关于我国地质灾害现状的描述，我国地质灾害种类繁多，分布广泛，活动频繁，危害严重。崩塌、滑坡和泥石流的分布范围占国土面积的 44.8%，其中又以西南、西北地区最为严重，平均每年造成 1000 多人死亡，经济损失巨大。

地面塌陷（含岩溶塌陷和采空塌陷）主要分布在岩溶地区和矿区。岩溶塌陷分布广泛，自 1949 年以来，已在 24 个省（区、市）发生若干起，塌陷坑总数 3 万多个，其中尤以中南、西南地区最多。矿区（以采煤为主）采空塌陷十分严重，仅华北、华东地区的煤矿区采空塌陷每年就达 10.5 万亩。地面塌陷每年造成的直接经济损失几十亿元。

地面沉降主要发生在东部平原地区，全国已有上海、天津、苏州、无锡等 40 多个大中城市出现较为严重的地面沉降灾害。地面沉降虽不致直接造成人员伤亡，但由于它多出现在经济发达地区，所以造成的经济损失尤为严重。

地裂缝已在 17 个省（区、市）200 多个县（市）发现 400 多处，每年造成的直接经济损失均较为严重。

基于以上现状和我国地质环境条件与致灾地质作用分布特点，结合全国国土总体规划以及国民经济和社会发展规划，纲要（2001~2015 年）将我国灾害防治的工作重点放在东部平原地区、东南丘陵区、中西部山区和西部地区进行部署。

2003 年 9 月国家住房和城乡建设部在深圳召开"全国城乡规划标准规范工作会议"，会上提出"城市防地质灾害规划规范"的编制任务，鉴于中西部地区地质灾害的频繁多发，建议并决定由重庆大学主要负责该课题。

我国于 2003 年 12 月 22 日颁布了国务院行政法规《地质灾害防治条例》，《条例》第二条明确了地质灾害的内容："本条例所称地质灾害，包括自然因素或者人为活动引发的危害人民生命和财产安全的山体崩塌、滑坡、泥石流、地面塌陷、地裂缝、地面沉降等与地质作用有关的灾害。"

中西部与西部地区，多山多丘陵，地质条件复杂，水系纵横，地表植被比较发育。多年来由于人工建设与自然条件的综合原因，严重的边坡地质灾害不断发生。城市地质灾害防治研究有益于防止城市、城镇边坡地区地灾的频繁发生，有利于减少人民生命财产的损失，为城市选址、城市布局、建筑设计等提供城市防灾的经验和措施，同时也为城市管理提供城市防灾的参考依据。

复杂的地形地貌，以及降雨、汛期洪水和不当的人工开挖，往往造成许多边坡问题。这些边坡灾害主要包括山体崩塌、滑坡、泥石流、坡面冲刷和水土流失等。此外，还有斜坡变形体、地裂缝、地面塌陷等。灾害发生的时间多集中在强降水的5~9月。①崩塌、坍塌与滑坡：一般表现为局部或较大范围坡体失稳，并进一步滑移、坠落等导致的地质灾害。其成因主要是由于坡体周围水文条件的变化，如持续的降水、短时间内的强降水、江河水位的涨落或由于人为原因如修建人工构筑物产生的排水等，作用于不稳的斜坡体，使其内部应力结构发生变化，从而导致灾害发生。②泥石流。较厚松散层斜坡体在暴雨山洪发生时，由于强烈的地表水流(水量大、流速快、冲击力大)作用，大量地表松散的堆积物如泥、沙、石块等与洪水一起形成泥石流灾害。③洪涝灾害。洪涝灾害主要是由一定气候条件下的强降水引起，在地表疏导排水不畅的情况下，极容易形成洪涝灾害。④坡面冲刷与水土流失。坡面冲刷与水土流失一般是由两个方面的影响造成。一方面，一定气候条件下的强降水和持续降水，如重庆市地处暴雨区，日最大降雨量达385mm，再加上坡度增大了流速，极易形成冲击力较大的地表水流；另一方面，重庆市地形山高坡陡，如果不注意山体生态保育，滥砍滥伐，地表植被减少，再加上泥岩等软岩分布较广且较厚，风化的破碎岩体及松散层容易被流量流速较大的地表径流带走。

(二)坡地城市的地质灾害防治

归结起来，坡地城市的地质灾害主要包括：崩塌、坍塌与滑坡、泥石流、洪涝灾害、坡面冲刷与水土流失、地下采空区地面下沉、局部地下水过度开采、地面硬化造成的地下水补充匮乏。其中在中西部地区，崩塌、坍塌与滑坡、泥石流、洪涝灾害、坡面冲刷与水土流失是特别频繁的地质灾害。崩塌、坍塌与滑坡又分为深层破坏和浅层破坏。边坡的深层破坏主要是由于边坡失稳造成的滑坡、崩岩等地质灾害，后果往往十分严重，边坡的浅层破坏主要包括剥落、落石、崩塌、堆塌、表层溜坍、风化剥落、错落、坡面浅层滑坡等。

针对以上坡地城市地质灾害的主要类型，应对性工程防治措施主要包括两个部分，一部分是针对崩塌、坍塌与滑坡的防治措施；另一部分是针对坡地洪灾、坡面冲刷与水土流失的防治措施。

1. 针对崩塌、坍塌与滑坡的防治措施

(1)做好环境地质调查，形成完善的地质基础情况数据库。

(2)封山育林，保护山体生态环境，保护地表植被，做好河流水系流域的地表生态环境保护，从而改善坡体的地上地下水文条件，减少灾害发生。

(3)做好重点工程、重点区域的专项防灾规划。加强国土经济开发区和大江大河、交通干线等突发性致灾地质作用多发区段的地质灾害防治区划工作。

（4）编制地区地灾防治规划、地质灾害防治区划。做好工程选址前地质灾害的用地评价、建设用地的环境容量评价，保证城市用地、城镇用地、乡村居民点以及重要工程、大型设施的选址合理、开发方式与开发强度适中、治理和防治工程措施科学。

（5）矿山开发必须具备完善的专业工程安全技术，包括开挖安全技术措施、废水处理技术措施、废渣废料处理技术措施，尤其是废水量大的、涉及化工处理程序的矿产开发。由于山地矿产资源丰富，但生态敏感，矿山开发应有严格的审查制度、准入制度、检测制度，应确保生态环境不受破坏、确保工程安全，在"开发中保护"和在"保护中开发"。

（6）对于因长期矿产开挖导致的地面沉降地区，有必要进行专项沉降灾害评估，摸清影响范围，科学预测沉降年限和稳定期限，为合理的分期的城市建设选址和建设时序确定提供依据。如重庆万盛区，由于过去长期的采煤，出现了多范围的地面沉降，局部地方的建筑出现裂缝、道路发生倾斜或断裂，以及由此引起的滑坡时有发生。近年来，强制实行地灾评估，对防治和减少地灾发生极为有益。

（7）对不稳边坡和存在失稳隐患边坡的防治措施有如下方面。

①按照《建筑边坡工程技术规范》（GB50330—2002）的一般规定，边坡支护的常用型式包括：重力式挡墙、扶壁式挡墙、悬臂式支护、板肋式或格构式锚杆挡墙支护、排桩式锚杆挡墙支护、岩石锚喷支护、坡率法。

②按照《重庆主城区市政工程边坡园林景观系统研究》和《建筑边坡支护技术规范》（DB50/5018－2001），边坡灾害防治的技术措施（表9.5）如下。

A. 放缓坡度。

B. 支挡。主要是利用挡墙和抗滑桩对边坡进行支挡。

C. 加固。加固包括注浆加固、锚杆加固、土钉加固和预应力锚索加固。注浆加固即对内部裂隙比较发育的坡体，在压力作用下，使灌浆液顺着裂隙渗透，从而对破碎岩体起到粘结和加固作用；锚杆加固是一种中浅层加固手段，即对一定深度的破碎坡体或地层软弱的坡体，像进行螺栓加固一样，打入一定数量的锚杆进行加固；土钉加固是一种浅层加固手段，通过向软质边坡或土质边坡打入短而密的足够密度与数量的土钉进行加固；预应力锚索加固主要是针对边坡较高，坡体内部存在较深破裂面时的一种深层加固手段，施工时无须开挖放坡，且受力可靠，是较易被接受的一种加固技术。

D. 防护。边坡防护包括植物防护和工程防护。植物防护技术包括：挂三维网喷播植草绿化、挖沟植草绿化、土工（网）格栅植草绿化、土工格室植草绿化、垂直绿化法、钢筋砼骨架内填土反包植草绿化、钢筋砼骨架内加筋填土植草绿化、钢筋砼骨架内加土工格室植草绿化、有机基材喷播植草绿化、路基边坡植树绿化、以硬质岩填料为主的填方边坡植被护坡、贫瘠土及石混合边坡植香根草护坡、浆砌片石形成框格的植被护坡、锚索格子梁植被护坡、植草皮护坡等。工程防护的技术措施包括：砌体封闭防护、喷射素混凝土防护、挂网锚喷防护。

表 9.5　边坡设计的常用措施表

分类	亚类名称	说明
条石砌筑边坡	壁形石砌式	条石砌筑成 75°以上，状如壁墙的边坡
	梯形石砌式	条石分级砌筑，状如阶梯的边坡
	坡形石砌式	条石砌筑成 45°~75°石砌边坡
混凝土喷锚边坡	普通喷锚	在清理后的坡壁上进行水泥喷锚
	加筋喷锚	在坡壁上加钢网和锚杆后喷锚
垒石砌筑边坡	壁形垒砌式	垒石砌筑成 75°以上，状如壁墙的边坡
	梯形垒砌式	垒石分级砌筑，状如阶梯的边坡
	坡形垒砌式	垒石砌筑成 45°~75°石砌边坡
混凝土挡墙边坡	壁形挡墙边坡	状如石壁（>75°）的混凝土挡墙边坡（分一般形、锚杆肋板形和肋板形等）
	梯形挡墙边坡	状如梯状，分层浇筑的混凝土挡墙边坡（分一般形、锚杆肋板形和肋板形等）
	坡形挡墙边坡	混凝土挡墙浇筑成 45°~75°的边坡（分一般形、锚杆肋板形和肋板形等）
挡墙与喷锚结合类边坡	砌石挡墙与喷锚相结合边坡	下为条石或垒石砌筑挡墙，上为水泥喷锚边坡
	混凝土挡墙与喷锚相结合边坡	上为混凝土挡墙，下为水泥喷锚边坡
砼框架与植物治理结合边坡	砼框架中植草的边坡	在砼的框架中填土或植生袋，使草本植物生长（分方形、棱形、拱形等）
	砼框架中植草加灌木的边坡	在砼的框架中填土或植生袋，使草本和灌木植物生长
生物治理边坡	普通生物混凝土植草边坡	对坡度平缓的边坡，在平整后喷上带草种的生物混凝土使草生长，形成绿色边坡
	三维植被网边坡	在边坡上布上三维网，将带草种的营养土喷射在三维网上，使草种生长，形成绿色边坡
	土工格栅植草边坡	将边坡平整后安上土工格栅并打铆钉稳定，在土工格栅上填土植草，形成绿色边坡

（注：资料来源《重庆主城区市政工程边坡园林景观系统研究》2005）

　　E. 排水措施。排水包括坡面外排水、坡面内排水和坡体内排水。坡面外排水主要是设置截水沟，拦截周边水流。坡面内排水主要是在坡面上设置汇水排水沟，使降水或其他水流尽快排出坡区。坡体内排水是指将破碎岩质、岩土混合或地下岩石节理内的水分排出。降雨渗入对斜坡稳定性的影响程度取决于多项因素，包括地下水位的初始位置、降雨强度及历时、地下水集水区的前期降雨、地质、孔隙率、饱和度、地形、土地使用情况等。没有裂缝或喷射混凝土的地表护面一般能保护地面免受雨水直接渗入，但同时却降低了坡面的蒸发率。

　　排水可以降低地下水位，使接触或穿越地下水位的潜在滑动面的抗滑安全系数得以提高。这些排水措施主要包括水平排水管、排水廊道、排水竖井、截水槽、排水扶垛等。

地下排水的监测是非常重要的。施工前，安装测压计测定孔隙压力，可以观察排水的效果，在施工期间、施工结束后继续观察测压计。排水管流量从初始值逐步减小到稳态值，表示排水管没有失效。在低渗透性的岩土中，排水管中可能看不到流水，但排水管的排水作用在这种情况下仍是有效的，只因到达出口处的流水已被蒸发掉了。在岩体中，地下水流一般都限于节理内，因此，任何排水系统必须能连接这些节理。排水管置于地下水位以上时，当考虑设置不透水内衬，以使排水不对岩土造成回灌。无内衬的排水管通过非完全饱和区时所产生的渗漏情况，会减少附近的孔隙吸力而降低稳定性。为防回流，集水室的出水口应低于重力式排水管道的内底。

2. 针对洪灾、泥石流、坡面冲刷与水土流失的防治措施

(1)坡地地表的生物工程措施。即保护和恢复山地的植被，退耕还林还草，保持水土，减少地表径流系数。

(2)地表水系的人工防治措施。由于西部山区水系落差大，可以结合区域地形和区域城市结构，合理兴建水库、调节洪峰，同时可以集防洪、发电、景观观光、水上运输于一体。顺应自然规律和水力学原理，疏导水系、整治岸域，为使城镇区避让洪水，可以预留行洪通道，修建截洪沟、导流渠等；为减弱泥石流的冲击力，可以采取相应的消能措施，如在洪流经过的适当位置筑堤堰、橡皮坝等消能设施；为减少河流江水洪水主动线对河道凹处的冲刷作用，可以在弯道上游建挑流堤，同时保护河流弯道凹处的石壁或天然挡墙免遭人工建设性破坏。

(3)城镇建设中的规划与建筑措施。依据对用地地质灾害的综合评价和环境容量评价，科学选择城市建设用地和城市发展用地，合理确定用地性质和开发强度，合理避让洪水位线，并规划应急条件下的避难疏散场地，保障特殊条件下城市市政生命线工程的安全，规划疏散通道、避难场地，包括市民、水上船只和动物的避难，建立对外交通、对外通信、对外供电等的应急预案。建筑选址要避开危险的行洪区、淹没区以及坡体表面地质松散堆积且植被条件差的下坡地带。临江临河的水利工程，以及建筑的起始标高、结构、选型等都应有利于行洪。

十一、坡地城市特有的景观形态

坡地地形与用地的多功能叠合产生了多样的且持续变化的城市景观形态，如河岸边坡、山体边坡与高边坡、沟壑、山地建筑(吊脚楼等)、山顶效应(皇冠效应等)、底座效应、分层效应(轮廓线组合效应等)、城市阳台(挑台等)、半边街、水街、梯道台阶、桥涵缆索、夜景、鸟瞰图、城门码头等。坡地城市的坡地地形

是坡地城市景观形态有别于平原地形城市景观的最重要影响因素。复杂的地质结构自然育化了万千形态的地貌。前人归纳出诸如岩、坡、坎、梯、坪、坝、冈、垭、十字、梁子等特征，这些特征又因其在城市中所处位置和本身用地功能与设施的不同，进一步演化出更加多样的人工与自然相融合的景观形态。当这些地形资源与建筑相结合时，形成了内涵丰富的山地建筑形态的百花园；当这些地形资源与轮廓线相结合时，产生了舒缓、沉稳、急变、轻盈、水平、凹凸等千姿百态的轮廓线交响曲；当这些地形资源与交通方式相结合时，产生了半边街、水街、地下街、天街、隧道、大台阶、通天梯、缆车、索道、轻轨、码头等丰富的交通形态；当这些地形资源与旅游观赏设施相结合时，产生了仰视图（如沿江旅游船的观赏效果、一线天式山地小街、小盆地、大天坑等）、俯视图（如从自然山体顶部或建筑外视产生的鸟瞰图效果、夜景资源等）、侧视图和平视图（如滨江景观带、沿山路、半边街中产生的各种各样城市立面效果）；当这些地形资源与绿化种植相结合时，又会产生斜坡绿化、陡坡绿化、垂直绿化、悬挑种植、带状绿化（如长斜坡、山脚带、滨江带等）、线状绿化（如道路分割带等）、点状绿化、片区绿化等形态各异的绿化种植，这些绿色点缀在城市中，既是生态的需要，也是景观美的需要。绿化种植是城市景观的协调者，它可以协调城市中极为矛盾的人工景观构筑物造型，其原因在于，绿化种植在形态上是天然的中性的，也是美的，总能得到人的接受，因此也就影响和柔化了周围环境中对比因素的紧张关系，本书称之为绿化的协调效应。归根结底，坡地地形是坡地城市景观形态有别于平原地形城市景观的最重要影响因素，它使坡地城市拥有了有别于平原城市的诸多特色鲜明的景观形态。这样的景观形态如走珠串玉不计其数，更因雾天晴天、水涨水落、四季变换而变化多样。

（一）水岸边坡

水岸边坡是水域与城市或山体相接的边缘区，在形态上是典型的带状景观，因其特别明显的带状特征往往成为一个城市景观塑造的亮点，包括滨江景观带、滨河景观带、滨湖景观带、滨海湾景观带等。

（1）从土木工程角度分析，水岸边坡是天然的超长边坡，而且边坡的组成形态相当丰富，有岩质边坡、岩土混合边坡、土质边坡、高边坡、超高边坡等，同时内部地质条件和地质结构也相当复杂。因此，水岸边坡需要配合运用多种土木工程技术手段，以保证其稳定和安全。

（2）从生态角度分析。水岸边坡首先是滨水生态系统的重要组成，它和近水的弯、浸湿地、岛、矶、渚、缓坡、悬崖等一起形成一个近水边缘生态区。因此应特别重视水岸边坡的岸线线形（遵从水力学原理），加强植被绿化（综合考虑行洪要求），减少地质破坏，减少水土流失，防止污染物排放等。

（3）从文化角度分析。水岸边坡是重要的公共活动场所，同时也是文化活动场所，可以进行文化宣传、文化设施、科普宣传、人际交往、表演与演出等。临江的文化广场、观景长廊、庙宇道观、渔民码头等都具有丰富的文化内涵，因此水岸边坡也是文化长廊。

(4)从景观角度分析。根据前文关于台座原理解释，水岸边坡是重要的城市轮廓线——城市底脚线，其和水域一起构成了城市景观台座的底座。城市底座对整个城市的景观效果有组织、稳定、统一和衬托加强的作用。优美的城市底脚线构成了城市景观乐章的基调，水岸城市若没有形态优美和完整的城市底座，城市立面景观将散乱并难以组织。因此，水岸边坡底脚线是整个城市景观系统中的重要组成，其和天际轮廓线是城市的上下两条边，两者相辅相成，是一个整体。水岸边坡底脚线影响着天际轮廓线的观感，也影响着整个城市的立面景观。

(二)边坡与高边坡、沟壑

边坡与高边坡、沟壑是城市的地质复杂地带，也是灾害易发地段，相应地，边坡与高边坡、沟壑的治理是依赖土木工程技术的。边坡与高边坡、沟壑的绿化可以构成城市重要的生态廊道，其于城市的生态意义不言而喻。边坡与高边坡、沟壑的巨大立面构成了天然的屏幕，因而是天然的壁画、壁雕的画幕，所以边坡与高边坡、沟壑也是宣传人文题材、历史题材文化的绝好条件，中国四大文化窟窟的选址就是在这样的地形条件下。边坡与高边坡、沟壑同时也是城市重要的景观，有时甚至会变废为宝，变不利为有利，成为坡地城市的亮点，如重庆石板坡边坡立体绿化改造工程就是一个成功的案例。

(三)山地建筑(吊脚楼等)和小巷

山地建筑是坡地城市景观系统的重要特色之一，吊脚楼又是山地建筑系列形式中的重要特色。山地建筑除了吊脚楼形式外，还包括错层楼、错位楼、吊层楼、挑层楼、抬基楼、贴坎楼等形式。吊脚楼是建筑的局部悬空部分以吊柱支撑；错层楼是建筑内部地面根据地形高低变化而略有变化，表现为同层高度错开或多次错开；错位楼是建筑根据地形走向前后错开或左右错开，表现为前后或左右的错开、不对称或不连续；吊层楼是建筑的局部或整个一层下吊(即低于室外地坪)，一般下有吊柱相支撑；挑层楼是建筑的一层或多层短距离外挑，外挑部分下部临空；抬基楼是指建筑的基础地面被人工堡坎或其他支撑结构抬起，整个建筑建在抬起的地坪上；贴坎楼是建筑一侧完全背靠垂直堡坎或分台状堡坎，一侧对外采光。除此之外，还有"台、挑、吊、拖、坡、梭"的处理手法，其中"台"类似于"抬基"，"挑"类似于"挑层"，"吊"即"吊层""吊脚"，"拖"和"坡"类似于"错层""错位"，"梭"是坡顶下梭，以利于亮瓦采光。总体而言，山地建筑有如下一些特征：①有着浓重的本土文化特征；②总体布局更加灵活，不拘一格，且不强求一律，不强求对称；③建筑群的主要入口尽量选择好的朝向，但更主要考虑的是地形和交通要求；④建筑群体结合地形、等高线布置，错落有致；⑤建筑的装饰更加精美，且更多地反映地方文化，题材多样而丰富；⑥由于地形所限，建筑的内部空间利用更加节约，空间组合巧妙且善于相互借用；⑦由于多雨，空气湿度大，建筑多有出檐，保护墙壁和晾晒衣物；⑧由于多雾的潮湿天气和建筑内部空间的节约，内部采光更多地利用了天窗；⑨山区交通不便、建筑材料多本地化，就地取材，建筑造型轻巧、灵透。

　　小街与巷道景观是保存山城建筑风貌特色印象的重要内容之一。活生生的风貌其实就是鲜活的生活内涵，包括生活居住形式、生活活动特征、交往习俗、生活习惯、节奏等，其往往和现实生活结合在一起，而小街与巷道景观能真切地反映这些内容。特别地，以重庆较场口十八梯为例：自上而下，自下而上，往返走一下十八梯，对于"山城重庆"四个字会有更加真切的感受和领悟，而且这种领悟穿透了历史，能深深体会到城市跳动的脉搏和"旧重庆"生命的微弱呼吸。那曲折而自然天成的街道空间，超过了设计师绞尽脑汁的神来构想，因为那是许许多多人许多年代的集体创作。那近人的尺度，那腾挪躲闪之间创造的奇怪的平台、楼梯，那熙熙攘攘的氛围，那热闹中透出的人气、平静与祥和，是那些场所理论以及等等的高谈阔论最好的实践例证。她的形成没有专业设计师的介入，近乎是自然的。十八梯，"旧重庆"留下的一丝珍贵又平凡的血脉，依然在微弱地呼吸。建议在对其保护或维护中：特别不能用现代的所谓空间理论、设计理念、色彩概念，以及现行的法规、规定间距来要求之。时间赋予建筑的"陈旧"色彩是重要的历史信息，而且时间产生的色彩具有无声的无可争议的统一性，可以统一一切不协调的形态。所以，不要轻易在建筑立面上涂抹所谓的"传统色彩"，否则"旧重庆"的感触会被削弱很多，甚至会荡然无存，形成"保护性破坏"。建筑之间的间距和组合关系也是"旧重庆"形象的重要符号，所以不能为了消防或其他要求，按现在的间距规范来改造，将大错特错。街道曲折、台阶上下，那些支撑了几代几十代人踏磨的石阶是支撑旧重庆步行交通的明证，万不可丢弃，万不可换成规则的混凝土砌块或其他更加所谓"整洁"的石材。至于安全措施、卫生措施等完全可以因地因时制宜，通过改善其内部的支撑结构、消防供水条件、排水条件来变通地解决。

（四）山顶效应

　　从生态角度分析，山顶是坡地城市的生态敏感区。从景观角度分析，山顶是坡地城市的景观亮点。一个坡地城市的山顶系列，一方面统治了城市天际轮廓线，另一方面提供了无与伦比的自然大视域即开敞空间，包含了城市几乎大部分的俯视鸟瞰景观资源和美丽的夜景资源。所以，山顶是坡地城市的景观集中点和珍贵的景观亮点。前文所述之皇冠效应即在强调山顶的这一景观特征，如重庆的红心亭、峨岭、浮屠关、大金鹰、一棵树等基本涵括了重庆所有的俯视景观资源。虽然山顶的景观效果特别突出，景观容量特别大，但山顶的利用应立足尊重原有地形植被，在此基础上画龙点睛，妙笔生花，万不可大势开发、以泰山压顶的方式兴建人工设施。因为山顶一方面是整个城市生态调节器上部的重要生态斑块，另一方面也是重要的仰视景观的敏感点。

（五）底座效应

景观台座效应之台座包括三部分内容：底座、分层和顶冠。城市底座是一种形象的说法。在一般的认识视野中，更多关注的是城市的上部，譬如城市的肌理、立面、制高点、地标、天际线等，而城市的底部特征却被景观研究者忽略了。但恰恰十分重要的是，台座效应认为，在台座的三个组成部分中，底座是基础，是最重要的构成要素，底座的特征决定了台座效应的诸多表现内容。譬如底座土质抑或石质影响了建筑的风貌，底座的植被水系构成影响了城市的平面结构，底座的地质稳定性评估影响了建筑的高度和用地的性质确定，底座的坡度和坡度构成影响了城市的立面形态和建筑布局，底座水平展开形成的底座边线如山脚线、水际岸线等影响了城市的重要景观天际线，等等。

（六）分层效应

景观分层是台座效应的重要内容之一。分层的重要作用在于形成分层景观。分层景观可以形成城市的竖向节奏。城市天际线、城市肌理的横向延伸、横向节奏只是城市景观的一个方面，作为坡地城市，竖向景观显得尤其重要。因为竖向景观可以更多地展示和体现坡地城市的坡地和山地特征，所以有必要对竖向景观进行独立的研究。而分层正是竖向景观研究中不可缺少的内容。分层的研究内涵包括：分层的肌理构成、分层的功能构成、分层的层级线构成、分层的建筑高度控制、分层的交通构成、分层的颜色构成、分层中的竖向景观联系、分层中的城市阳台或城市凉台效应等。

（七）城市阳台（挑台等）

城市阳台或城市凉台效应是坡地城市景观分层效应的内容之一，主要研究坡地城市立面景观分层中的一种独特景观。分层景观中的局部城市公共空间，其交通位置适宜、视线开敞度较大、视野景观质量良好，且提供了自然或人工的、宽敞的、安全的观赏场地和观赏条件，这样的景观场所称为城市阳台。城市阳台的形式包括自然条状观景台、人工块状观景台，以及人工修筑的带状观景台、滨江的带状观景台等。为了便于观景和获得更加开敞的视野效果，坡地城市的城市阳台一方面需要结合地形条件，发挥地形得天独厚的优势，另一方面，经常需要进一步的构思改造地形的不足之处，其中挑台是重要的处理手法。挑台使阳台凌空欲飞，使观赏者若置身仙境，脱离尘世，一览无余。

(八)山城街道(半边街、建筑街、水街等)

坡地城市用地紧张,为了充分利用陡峭地形上的宝贵水平展开面或人工开挖面,于是形成了半边街的坡地特有景观。半边街的形式包括:①一侧靠崖建房或挖崖建洞,外侧修道路,是半边街常见的一种。②建筑临空修建(多为吊脚楼),在建筑与山崖之间是狭窄的街道,也是半边街常见的形式。当部分建筑连接山崖时,街道变成建筑的内部空间或灰色空间,形成过街楼的空间效果,于是也被称为建筑街。③在滨水地段,当季节性水位上涨时,外侧街道被淹没,或吊脚楼的下部街道被淹没,于是一般被称为水街。

(九)梯道台阶

梯道台阶是坡地城市解决竖向垂直步行交通联系的重要方式,同时也是坡地城市的一大特色景观。在坡度较陡的台地型城市,梯道台阶有时会演变为城市景观构图的主要内容之一。梯道台阶一般布置在上下两个坡度平缓的平面之间的陡坡上,是联系上下两个平缓面的步行通道,或布置在交通方式大量换乘的地方,如码头等。

(十)桥涵缆索、轻轨

坡地城市多壕多沟多水系,水平和垂直交通天然不畅。为了解决这些困难,于是遇河修桥、遇山挖洞,结合机械的缆车提升、索道牵引、翻山越岭的轻轨以改善交通问题。顺其自然地,这些交通方式如桥涵缆索、轻轨等也成了坡地城市重要的景观组成,以振奋的桥梁轮廓,优美的隧道线形,动态的缆索、轻轨,增添了坡地城市立体美景的内涵。

(十一)鸟瞰图

一般而言,获得鸟瞰图的方式有站在高楼顶部、借助飞行器和借自然峰顶或高坡处。经过对比,欣赏城市鸟瞰图最全面、最经济、最安全、最适合大众的方式,莫过于置身于峰顶或高坡处,在花香鸟语、丛林内翠绿间,慢慢浏览,尽情欣赏,看辽阔大地,鸟瞰如画。鸟瞰图分白昼效果和夜晚效果,对坡地城市而言,白日观城,山川壮美,入夜观灯,江山秀美,而尤以夜景给人以深刻印象。

(十二)夜景

夜景是坡地城市景观的重要资源之一。坡地城市,倚坡筑城,建筑层叠,道路盘旋,夜景往往独有个性。入夜的山城,以群山层峦为背景,以万家灯火为画笔,以流光溢彩为点睛,由近及远,高下错落,横平曲直。但见群山上,万顷灯光;河岸畔,车舟流光;江面上,波澄银树,水映金花,俯仰上下皆成画,顾盼左右全迷人。重庆夜景过去雅号"字水宵灯",为清乾隆年间"巴渝十二景"之一。因两江蜿蜒交汇,状如古篆书"巴"字,故得"字水"之喻。"宵灯"映"字水",美景绝天下。清人王尔鉴诗云:"高下渝州屋,参差傍石城。谁将万家炬,倒射一江明。浪卷光难掩,云流影自清。领看无尽意,天水共晶莹。"

(十三)城门码头

从城市的发展起源分析,坡地城市多临水而建。因为在生产力不发达的情况下,城市日常生活、对外联系、运输皆依赖于水系。坡地城市靠坡临水,充分利用了自然的优势,码头也就成了不少坡地城市的重要对外交通设施,而由此产生的码头文化、码头情节今天依然在持续地影响着城市的人文环境,从而影响着城市的风貌。对于大的坡地城市而言,依江而建的大小码头是城市景观风貌最生动最活跃的地方。那层层的大台阶、那磨成扁圆的石级、那弯腰的背夫、那跑上跑下的棒棒(挑夫)、那铿锵的嘿哟声、那热腾腾的老火锅、那林比的船帆、那灰白半湿的马甲、那林林总总的特色小店、那熙来攘往的人流、那南腔北调的吆喝与交流构成了一幅活的、跳动的城市风貌图。

码头景观以及由此孕育的码头文化,是重庆城市景观风貌中显态风貌与潜态风貌的两个重要组成。码头景观是水上进入重庆的第一印象,是城市意向中的城市之门。码头文化是重庆本土文化的一个重要侧面,是重庆风貌特色塑造的一个重要的文化型资源。从小农生产方式发展到大工业生产方式,码头文化会发生一些更新,但这一更新过程是极其缓慢的,其特质将继续影响着动的风貌形态和静的风貌形态。

十二、未来坡地城市景观风貌的建设图景

1. 建设体现坡地地形和气候特色的城市

坡地城市景观风貌的地形特征得以充分展现。自然的山脊、曲折的生态廊道、舒缓的岸线、多样的滨水等坡地资源被充分地保护和利用。

2. 建设体现坡地文化特色的城市

坡地城市景观风貌的文化特征得以充分展现。坡地环境是多民族居住的地方,地域的建筑文化、服饰文化、饮食文化、邻里文化、传统习俗、民间工艺、字号等得到尊重、挖掘、保护,并充分展现了地方的人文风采。城市从过去走向未来,其不但是静止的景观,同时也是连续的景观。因此,一个城市就是一个美丽的传说,就是一个延续的故事、一个向着未来脉动的向往。

3. 建设安全、具有集体记忆的坡地城市

市民精神文化素质不断提高，观念不断开放。社区有自己的文化馆，城市有自己的展览观、博物馆。人们以自己的社区和城市为家园，为骄傲。城市的历史、文化和记忆在延续，于是，城市的生命在延续。

4. 建设公共秩序与公共道德良好的坡地城市

公共的社会秩序良好，社会公共道德得到很大提高，阶层和谐，社会和谐。

5. 建设人和动物公平生存的坡地城市

城市是公平的，人和人之间是公平的，人和动物之间的生存也是公平的。人和动物相协趣，人和动物平等地存在、平等地享受阳光和拥有各自的生存空间。

6. 建设居住密度适宜的坡地城市

城市组团结合坡地建设，组团间有自然的坡地、沟谷、溪水、绿地、农田、果园、廊道等。组团的规模和距离受到合理的引导和控制。

7. 建设出行交通便捷的坡地城市

交通的主要方式是清洁能源的、方便快速的公共交通，配合以步行和非机动车交通。城市的交通方式是接近清洁的，交通形态是立体的。

8. 建设与自然环境相融合的坡地城市

坡地的地形地貌和多样的动植物资源为生态城市创造了条件。坡地城市的天空是湛蓝的，溪水被保留、水岸被保护，风中有花香，耳际有蝉鸣，推窗满绿意，放眼映山野。

9. 建设体现节能的坡地建筑和坡地城市

建筑的生态设计充分结合坡地复杂的地形和气候特点。建筑的生态设计除了结合地形，还应结合气候的特点，因为不同气候环境下的生态处理手法是迥然不同的。

10. 建设立体化开发的坡地城市

坡地的地形地貌条件得到充分展示。坡地城市的景观是立体的，城市的绿化种植也是立体的，为了节约土地资源，研究和提倡地下空间的综合开发。

11. 建设高效和信息化的坡地城市

方便的信息传播可以减少人们的出行，降低交通负荷。信息传播的方式更加

迅速，社会的公共服务更加周到，人们的信息沟通、信息查阅、信息传播等更加方便、效率更高。

12. 建设生态化的坡地城市

坡地城市的生态建设以可持续不断发展的更高要求为目的，高技术和现代新材料等得到合理的有限制的(可持续要求)运用。让我们从现在开始，充分尊重并利用好坡地一切生态资源的良好基础条件，从点滴做起，从保护和生态地利用每一处边坡开始，向着未来的图景进发。

参 考 文 献

车生泉. 2003. 城市绿地景观结构分析与生态规划：以上海市为例[M]. 南京：东南大学出版社.

陈玮. 2000. 适应的机理——山地城市空间建构理论研究[D]. 重庆：重庆大学.

中国科学院·水利部成都山地灾害与环境研究所. 1994. 山地城镇规划建设与环境生态[M]. 北京：科学出版社.

胡辉，徐晓林. 2004. 现代城市环境保护[M]. 北京：科学出版社.

黄求顺. 2003. 边坡工程[M]. 重庆：重庆大学出版社.

理查德·瑞吉斯特. 2002. 生态城市：建设与自然平衡的人居环境[M]. 王如松，胡聃，译. 北京：社会科学文献出版社。

理查德·瑞杰斯特，沈清基. 2005. 生态城市伯克利：为一个健康的未来建设城市[J]. 城市规划学刊，(4)：107.

刘福智. 2003. 景园规划与设计[M]. 北京：机械工业出版社.

刘芸. 1997. 山地城市坡地开发强度研究[D]. 中国科学院·水利部成都山地灾害与环境研究所.

卢升高. 2004. 环境生态学[M]. 杭州：浙江大学出版社.

马世骏，王如松. 1984. 社会－经济－自然复合生态系统[J]. 生态学报，4(1)：3-11.

任立. 1999. 冲突与转折[M]. 长沙：湖南人民出版社.

文海家，张永兴，张建华. 2000. 山地灾害对新重庆社会经济环境的重要影响[J]. 重庆环境科学，22(6)：22-25.

肖笃宁，李秀珍. 1995. 国外城市景观生态学发展的新动向[J]. 城市环境与城市生态，(3).

肖笃宁，钟林生. 1998. 景观分类与评价的生态原则[J]. 应用生态学报，(02)：217-221.

谢怀建. 2004. 重庆主城区市政工程边坡园林景观系统研究思考[J]. 重庆建筑，(03)：26-29.

邢忠. 2001. "边缘效应"与城市生态规划[J]. 城市规划，25(6)：44-49.

佚名. 1998. 山地人居宣言：1997 年 9 月 17 日中国重庆[J]. 时代建筑，(1)：69.

约翰. O. 西蒙兹. 2000. 景观设计学——场地规划与设计手册[M]. 3 版. 北京：建筑工业出版社.

赵永植. 1995. 重建人类社会[M]. 清平，姜日元，译. 北京：东方出版社.

中国科学院·武汉岩体土力学研究所. 1981. 岩质边坡稳定性的试验研究与计算方法[M]. 北京：科学出版社.

中华人民共和国建设部，国家质量监督检疫总局. 2002. GB50330—2002 建筑边坡工程技术规范[M]. 北京：中国建筑工业出版社.

重庆市城市总体规划修编办公室. 1997. 重庆市城市总体规划文本，1996—2020[M].

周德培，张俊云. 2003. 植被护坡工程技术[M]. 北京：人民交通出版社.

第十章 系统生态景观单元智慧演化
——以川西平原为例

系统生态景观是一定地域人地复杂系统做功的重要物质表现，既是人地复杂系统长期做功的结果，又是人地复杂系统正在进行的过程。系统生态景观的长期演化孕育并维持了不同地域人居环境的特点和智慧模式。中国地域整体上是一个系统生态景观单元；同时，不同层次的地域条件下，又形成丰富的小地域生态景观单元，以及与之对应的小地域人居智慧模式。在目前推动新型城镇化建设的过程中，中国人居环境的整体状况正在发生快速的变化，从局部地域到中国整体上的系统生态景观单元发展，正处在一个非常关键的阶段。建设行为的方式和措施选择对系统生态景观单元发展演化的影响，正处在一个高度敏感的关键时期。本章从人地复杂系统演化的角度，探讨川西平原作为地域性的系统生态景观单元，从一般阶段到关键阶段，特别是处于边际状态的关键演化阶段——系统升级环节时，推动和促使人居环境走向新的系统稳态和新的演化阶段——"元人居"阶段，所无法回避的敏感路径问题。

2014年8月，国家住房和城乡建设部、国家发展和改革委员会等七部委联合发布了全国最新重点镇名单。根据七部委相关通知，入选全国重点镇的条件包括：人口达到一定规模、区位优势明显、经济发展潜力大、服务功能较完善、规划管理水平较高、科技创新能力较强六项。四川省有277个镇入选，数量属全国最多，而四川省重点镇之大部分又多分布在四川天府的发源地——川西平原，因此可以说，川西平原是全国重点镇分布较为集中的区域，它的发展也必将为中国的新型城镇化发展做出贡献。目前，川西平原的发展正处在一个关键阶段，其发展的敏感路径研究已是当务之需。

第一节 系统生态景观单元和川西平原简介

一、系统生态景观单元的概念及其特点

(一)系统生态景观单元的概念

本节将系统生态景观单元的概念初步定义为"在具有高度的自然本底一致性和紧密的人文经济协同性的地域空间内，人地复杂动力系统演化发展过程中所涉

及的内部性和外部性的综合性生态景观内容"。系统生态景观单元从整体论思想的角度，运用广义的系统生态学理论对生态景观进行考察。这里的广义系统生态学理论是指从地球表层人-地动力系统的角度，综合考虑社会环境与自然环境整体发展的协同演化，对具有高度的自然本底一致性和紧密的人文经济协同性的地域，进行跨学科和跨行业综合研究与系统研究的学问。

（二）系统生态景观单元的特点

建立在广义系统生态学和复杂系统演化认识论基础上的系统生态景观单元，具有如下的特点和意义。

（1）真实性。从基于多学科的人地动力学视角，借助生态学＋地理学＋景观学＋气候学＋人类学＋经济学＋社会学等的不同角度和研究成果，对一定地域人地动力系统的综合性内容进行分析，系统生态景观单元的研究视野不再局限于某个特定的学科，尤其突破了自然科学的局限，将自然科学和社会科学结合起来进行研究。尊重事物存在和演化的真实状态，即不是以单学科的方式或单学科实验的方式演化，而是以多学科多行业交织的方式演化（受限于人类的认知能力，更多的潜在规律及其对应的学科并没有真正被发现，或者正在被发现和建立）。所以，综合性的研究方法，虽然不能解释真实存在的全部原真性内容及其隐含的全部规律，但这样的研究态度和对应的研究方法承认了人类认知能力的局限性和不断发展，因而更具真实性和说服力。

（2）功能性。系统生态景观单元首先是一个做功的单元，其做功的长期过程产生了巨大的生态价值、生产价值、文化价值和审美价值等。其次，系统生态景观单元是一个演化生长的单元，其演化生长的长期过程产生了从低级向高级的进化，当其面临边际态的内外部条件发生较大变化时，还将迎来系统升级的机会，即关键阶段的系统升级。再者，系统生态景观单元是一个半开放系统，它一方面维持着自身独特的整体性，另一方面又随着外部性的变化而变化。最后，系统生态景观单元是一个智慧的单元，其演化的长期过程表现出了由松耦合到紧耦合，并不断自组织增强的智慧特征。系统生态景观单元以上功能性的内容，将充实农村学、乡村学、城乡学、城镇学、城市学和人居学的研究内涵，构成人居学中鲜活的、生动的、核心的内容，并将推动农村学、乡村学、城乡学、城镇学、城市学和人居学的研究走向新的阶段和新的高度——走向元人居。

（3）复杂性。系统生态景观单元将"内部性和外部性的综合性生态景观内容"视为一个复杂系统，承认事物发展的复杂性和人类认识的有限性，承认非理性和理性、随机性和秩序性、整体和主体、规律和无序等的综合作用。研究川西平原系统生态景观单元过程中，尊重复杂系统演化的特点，在研究方法上，以解决问题为导向，通过包容的多元化策略，以创新性的合作和组织方式，逐渐动态地接近一个不断变化的目标，从而实现一个智慧的良性过程，而不是一个固定的物理目标；在实践方法上，以建立跨学科跨行业共同的准则为路径，而不是以某种管理的、单学科的专业方法为依据，如此，可以更好地接近和融入事物发展的本来状态和真实状态，从实事求是中发现更多的机会，并将涌现更多的创新性、生动性和实效性。

二、系统生态景观单元的认识方法

（一）多元化的认识方法

系统生态景观单元涉及自然科学和社会科学中的许多学科，因此适合采取多元化的研究方法。回顾科学研究的认识方法，大致经历了"归纳与演绎"—"实证主义（逻辑经验主义）"—"批判理性主义"—"作为结构的科学理论：科学范式"—"作为结构的科学理论：科学研究纲领（多范式）"—"科学多元主义"的过程，科学多元主义包括方法的多元论、理论的多元论和科学地位的多元论（蔡运龙，2007）。客观对象本身具有多个角度或维度，并且每个维度上都存在认知的独特判断，所以科学研究应容纳不同的见解和思想，因为任何思想都有加入知识体系中的潜力。面对系统生态景观单元的多维度特点，研究应当采取一种兼容并蓄的态度，正如弗耶阿本德（Feyerabend）所言，科学中唯一正确的法则就是"任何法则都会过时"，即东方智慧中的法无定法，道无常道。Moutafi（2013）对农村空间的解读和想象从农村实践参与者、利益相关者、理性决策者和社会身份相关者的角度进行了分析，并且认为"对自身发展路径的多种观点和关注，恰恰是社区利益的表达和实现"。同样地，Zhang 等（2012）通过对包含自然的和人为的，以及可再生和不可再生资源的农业系统进行量化研究，提出了农业系统对农村农业多元化发展的影响，以实现更大的可持续性。

（二）以问题为导向的认识方法

系统生态景观单元的演化是多维交叉中的动态综合演化，因此不适合采取以目标为导向的研究，而更适合选择以问题为导向的研究方法。目前，人地关系作为一种基础性的关系，其研究越来越趋向于复杂性策略，总体趋势正在从以前的"分析方法"走向"分析加综合和集成"的新方向。譬如，国际地圈生物圈计划第二阶段（International Geosphere-Biosphere Program Ⅱ，IGBP Ⅱ）的一个显著特征就是越来越强调地球系统各组成成分的综合（integration）与集成（synthesis），以便对全球环境功能建立一个更完整的图像。学科的综合和跨行业的合作显得越来越重要，因此带来了研究和工作方法的一大转折，即研究和工作的方法开始转向以问题为导向的合作模式，而不是以学科为导向的专业化模式。譬如，GAIM（Global Analysis，Interpretation and Modeling）的活动就代表了以问题为导向的研究和工作方式。GAIM 将全球性系统变化问题分为四类：分析性问题（analytic questions）、操作性问题（operational questions）、规范性问题（normative questions)、战略性问题(strategic questions)。IGBP将人地关系研究的综合性问题分为六项：①人类活动的空间规律及其生态环境效应；②人类扰动地理环境的范围和时限；③全球变化下最脆弱的区域；④突发事件和极端事件通过自然－社会相互作用的发生机制；⑤人地系统信息的采集、处理和集成；⑥综合自然科学和社会科学知识的最适当方法。

同时，IGBP将人地关系实证研究的核心问题分为四项：①人地系统的格局与过程，即空间尺度及格局、时间尺度及过程、时空耦合；②人地系统的结构、功能及其度量；③人地相互作用机理，即驱动力与适应；④人地系统的调控与优化。具体到川西平原系统生态景观单元的发展，其研究需要回答的问题很多，但本书限于篇幅，主要从基本问题的角度，探讨其发展处于怎样的阶段和应该选择怎样的敏感路径，以及必要的建议。

(三)复杂性认识方法

系统生态景观单元是一个综合了自然系统和社会系统、内部系统和外部系统的复杂性对象，因此适合运用复杂性研究方法。非理性思潮、混沌理论和复杂性认识是继西方理性主义的集大成者黑格尔和第二次世界大战之后，整个西方哲学反思和流变的一个重大转折。贝塔朗菲在20世纪40年代提出的系统论思想批判了传统的还原论，但系统论过分强调整体性的原则，却忽略了系统构成要素的积极作用。法国的埃德加·莫兰(Edgar Morin)于20世纪50~60年代，完整地提出了复杂性思考。他用有序性和无序性的统一来批判传统的机械决定论，用多样性统一的概念来纠正经典科学的还原论认识方法，用内部性和外部性的统一来反对和修正传统封闭系统中所获得的片面原则和规律。从埃德加·莫兰(20世纪50~60年代)、普利高津(20世纪60~70年代)，到圣塔菲研究所(成立于20世纪80年代中期前)，复杂性认识超越了系统论，并且越来越活跃，从而使当代科学研究和认识方法跨上第三个发展台阶。复杂性认识方法尤其适合解读技术发展与社会治理交织在一起的复杂性问题，而川西平原系统生态景观单元目前所面临的窘境和问题，正是属于这样的复杂性问题。

三、系统生态景观单元视角下的川西平原及其核心问题

广义上的川西平原位于四川盆地的西部，主要由北部的涪江冲积平原，中部的岷江、沱江冲积平原，南部的青衣江、大渡河冲积平原等组成，总面积22 900km²。狭义上的川西平原位于川西地区的中部，大致在东经102°54′~104°53′、北纬30°05′~31°26′，是一个相对独立和完整的地理单元，主要由岷江、沱江冲积平原(约7340km²)，以及西河、南河、斜江等冲积、洪积扇平原(约1700km²)组成，大致以成都为中心，总面积约9100km²(图10.1、图10.2)。

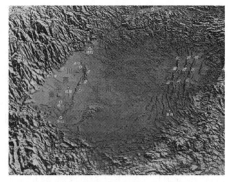

图 10.1 川西平原在四川省的区位   图 10.2 川西平原地貌图［引自方志戎(2012)改绘］

在漫长的演化过程中，川西平原沉淀了举世闻名的生态智慧，譬如：都江堰近自然水利工程与川西平原自然地理结构耦合的智慧模式；都江堰水利工程中的分水、导水、壅水、引水和泄洪排沙的近自然智慧模式；水利工程与防灾工程、生产工程、人居工程、水运工程、供水工程、环保工程和文化工程等，实现一致性复合的智慧模式；水利工程中独创的"笼石工程""杩槎工程""干砌卵石工程""桩工与羊圈工程""河方工程"等近自然工程技术，人居工程中近自然的林盘模式和析居模式；农业工程中灵活的"分佃""转佃"和"换工"模式；社会生活中的竹文化倾向、移民气质、近自然理想和仙道模式，等等。然而，这些智慧工程和智慧技术，以及与社会组织和社会文化形成的整体——人地系统生态景观单元中，隐含了怎样的智慧机理和智慧秩序？在川西平原发展的关键阶段，应汲取和继承那些智慧，提炼川西平原发展在关键阶段遭遇的基本问题，以分析问题为导向，从多维的不同侧面，预测复杂系统在关键阶段演变的路径和方向。目前，与宏观的人居环境发展形势相一致，川西平原系统生态景观单元的整体发展，同样面临着重要的选择，且已处在一个非常敏感的发展阶段。本节据此提出：一，建立基于不同空间层次上的地域性系统生态景观单元研究。川西平原作为一个相对完整的地域单元，经过千年演化和沉淀，适合作为系统生态景观单元智慧案例。二，归纳和筛选川西平原数千年演化中沉淀的智慧机理。三，川西平原演化目前所面临的基本问题。四，处于目前的发展阶段，川西平原系统生态景观单元应选择怎样的敏感发展路径，以及相关的建议。

第二节 川西平原数千年演化中沉淀的智慧机理

一、川西平原的智慧机理——对地理过渡带的响应

川西平原是地势由高山向盆地平原过渡的一个缩影，也是我国西高东低地势的一个"样方"，在这样一个人居智慧模式中，表现出鲜明的对宏观地理过渡带

的响应。①在中国整体的地形结构中，四川盆地大约 26 万 km²（约占四川省面积的 46%），位于中国东北西南走向大地理分界线和等降水量分界线的附近，属于地理变化的过渡区。同时因为周围山脉环抱，地理单元非常完整，可谓动中有静，形成了热带季风性湿润气候，但盆地大部分区域又类似于温带海洋性气候，因此形成了独特的地域性小气候，在这一点上，与北部隔秦巴相望的汉中盆地有诸多相似之处。进一步，盆地通过长江和长江支流，与东部的大海相连，形成中国最大的外流盆地，因此，静中又有动。归结起来，四川盆地大地理区位和结构形成的整体性生态格局特征是：动中有静，静中有动。②在四川省的地域结构中，四川盆地西依青藏高原和横断山脉，北近秦巴山脉，东接湘鄂西山地，南连云贵高原，形成了一个相对封闭和完整的地理结构。山区的岩石主要由紫红色砂岩和页岩组成，这两种岩石极易风化发育成紫色土。紫色土含有丰富的钙、磷、钾等营养元素，是中国最肥沃的自然土壤之一。四川盆地是全国紫色土分布最集中的地方，故也有"紫色盆地"之称。四川盆地底部面积约 16 万多平方千米，按其地理差异，又可分为盆西平原、盆中丘陵和盆东平行岭谷三部分。川西平原总面积约 9100km²，是西南地区最大的平原，平均海拔约 600m。③川西平原表现的智慧结晶不是偶然，是大地理过渡带的响应结果，具体而言，是过渡带动植物多样性和资源多样性＋地域独特的气候＋独特的土壤条件＋独特的水文条件＋中原生产方式影响＋中原文化影响＋六次社会移民工程等经历长期演化而综合响应的结果。

二、川西平原的智慧机理——人地系统做功机制

川西平原系统生态景观单元是自然资源复合人工改造的千年工程，是自然遗产和文化遗产的复合，是川西地域人地复杂系统长期做功的地表结晶。由大城市、中小城市、场镇、林盘、道路、江河渠塘水系、农田、田坝、林地和裸地等要素共同构成的川西平原系统生态景观网络，是一个半天然加半人工的网络式物理系统，加上这个物理系统所孕育和承载的人类社会结构、社会制度、社会风俗、社会习惯和信仰等，共同构成了川西平原系统生态景观的核心内容和核心生命。这一复杂的人地做功系统维持了 4500～5000 年来川西平原系统生态的平稳运行，并造就了"天府之国"的美誉。譬如川西平原大地上的都江堰工程，就是人地系统做功的杰作，并使其后 2500 多年川西平原大地上的自然物理效率和人类社会效率达到了近乎完美的统一，具有自组织、层次性、网络性、分形等诸多复杂性特征。绵延的河道、点缀的林盘、陆海绿岛、蜿蜒绕转的道路、随意分布的良田、丰富的地表植物群落、中心城镇-一般城镇-场镇-幺店子-中心林盘-普通林盘形成的人居景观网络等，丰富了川西平原地表覆盖的物理构成——边界的延长、星罗棋布的绿斑、生态飞地、动物踏脚石、旱涝适应性很强的"渠-塘-田"

弹性系统、多塘系统等，如此智慧的地表物理构成实践使地表的物理效率得以启动，即开始地表做功。在提高生产效率的同时，也改变了地表的辐射热环境和地表通风与空气干湿度，良好的地表生产性做功和改善地表自然环境质量的生态性做功又反馈到人类的活动中，促进社会效率和社会文化的不断提升和发展，人地系统启动做功并进入持续循环。因此，都江堰工程成为川西平原演化的重要生产工程、生态工程和文化工程，由都江堰水利工程长期修建而形成的水网、良田和林盘，织就了川西平原这颗"地里的明珠"。川西平原半人工、半天然的湿地生态系统，不但为人类提供了物质生产、生活与文化传承的空间，同时也为鸟类、鱼类和其他动植物提供了繁衍的栖息地和迁徙地条件(图10.3、图10.4)。

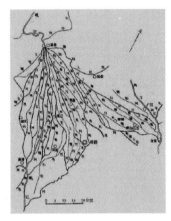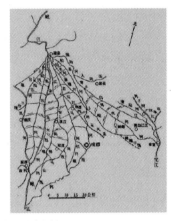

图 10.3　都江堰渠系示意图
左：旧渠系图　右：新渠系图[引自方志戎(2012)]

图 10.4　川西平原大地景观

三、川西平原的智慧机理——生动的隐秩序

（1）生态伦理隐秩序。川西平原千年演化中表现出"自然是母，时间是父"的深刻道理，以及尊重自然，敬畏大地，与自然协同而不是对立的生态伦理。对水的敬畏和利用，才有了都江堰工程和川西大地独一无二的水环境塑造；对大地的敬畏，才有了川西平原的林盘体系和陆海绿岛般的美景，才有了李白在《上皇西巡南京歌》称赞成都平原"水绿天青不起尘，风光和暖胜三秦"；对人性本真的敬畏，才有了"自古文人多入蜀"和仙道文化的发源与发扬。因此，川西平原生态伦理可以细分为"水伦理""动物多样性伦理""植物群落伦理""小气候伦理""社会伦理"等更丰富的内容。

（2）网络复合中的隐秩序。川西平原的地形网络、五级（干渠、支渠、斗渠、农渠、毛渠）自流灌溉水网网络、田塘廊道网络、道路网络、场镇网络、林盘网络、绿斑生态飞地网络、手工小商品场镇网络，构成了川西平原的复合网络体系，多层次网络的集成涌现出川西平原整体上独有的隐秩序——川西平原文化的内涵、神韵和特色。

（3）亚文化可识别性的隐秩序。移民、开荒、析产、异居、分田、小家庭、小作坊等，林盘体系演化中的这些内容，演化和催生了古蜀先民"师万物、法自然"，重道而不重儒，重人性自然而不重纲常秩序的文化特点。地理气候、社会更迭（如朝代变迁和移民社会等）的影响和对应的社会生活积淀孕育了川西平原集体性格中，善于变通、胸怀宽和、平等务实、虽离散别居却善于合作的性情。聚族而居的宗族关系相比中原的聚落文化虽有联系，又别具一格，即使与相邻的巴文化也稍有区别，古人以"巴出将，蜀出相"来概括巴、蜀两地的性情和人文特点。因此，川西平原孕育了具有鲜明可识别性的亚文化特征。这些亚文化可识别性包括：诗文气质（"自古文人多入蜀""蜀地诗文冠华夏"）、休闲文化（养生文化、慢节奏与慢文化）、互助文化（轮换工、明清会、乡约、家训）、宗族文化、析居文化、邻里文化（熟稔、宗族、互助）、生死文化（墓葬地和生活聚落同在林盘、生死观、宇宙观、世界观），等等。

四、川西平原的智慧机理——生物多样性与文化多样性的筛选机制

（一）生物多样性的筛选机制

川西平原气候温和、土壤肥沃、雨量充足，加上川西林盘体系近自然的复合系统特点，以及进一步的亚系统，如河塘或多塘系统、聚落院坝植物群落系统、四旁树（路旁、水旁、宅旁和村旁）系统、梯田系统、生态飞地和生态绿斑系统等，使得川西平原具有丰富的动植物多样性。并且，由于数千年人类生产和生活

的协同，动植物多样性表现出了"与人俱进"的智慧演化特征，以及对应的筛选演化机制。譬如，林盘体系不但承担着冷岛生态效应和生物踏脚板效应的作用，同时也为植物群落的适应性演化和筛选创造了条件。林盘中植物群落种类、乔-灌-草搭配、水平结构和垂直结构的长期演化中，人工筛选和植物自身的适应性筛选同时发生。"C. R. Traey 和 P. F. Brussard 认为植物的可塑性和结构因趋同适应而改变，通过生存空间搭配、生态位调整、系统资源分配的方式以一定的形态结构和营养结构组合成群落"（孙大江 等，2011）。此外，由于植物的文化象征意义，川西平原的文化特点也对植物提出了筛选要求，从而显示出生物多样性筛选与文化多样性筛选的动态一致性。

（二）文化多样性的筛选机制

川西平原曾经发生过六次大移民，历史上的诸多文人墨客也到四川任职或游历，并留下了许多文化积淀。但川西平原的文化类型，虽然也在发展变化，但始终保持了一种稳定的地域性特征，即川西平原的亚文化类型。其具有一种边缘性、开放性和一定程度的综合性，不倾向于某一种特定的秩序和理性，具有理性与非理性、复杂性和综合性的特点，兼容并蓄，筛选演化又复归简朴，是复归闲适的仙道智慧。这一智慧进一步发展，丰富出如治水文化、理水文化、道观文化、养生文化、慢文化、茶馆文化、西蜀园林文化、小食品文化、竹艺文化、变脸文化、川剧文化等多样化内容。

五、川西平原的智慧机理——遗传代谢与演化生长的机制和动力

（一）川西平原遗传代谢与演化生长的机制

先秦时期，距今 4500 年左右的川西平原出现了新石器时代晚期文化——宝墩文化。距今 3000～5000 年的广汉三星堆文化，其鼎盛期正值中国历史上的青铜文化时期，同期经历夏、商、西周、春秋及战国早期，延续时间 1600～2000年，三星堆遗址被称为 20 世纪人类最伟大的考古发现之一。至"公元前 550 多年，古蜀国开明王鳖灵擅长治水，他在岷江流经灌县的灌口处开一支流（蒲阳河）向东注入沱江，并疏通金堂峡，以泄外洪"（方志戎，2012）。至公元前 316 年，秦灭蜀，推广铁制等先进的生产工具，推行"废井田，开阡陌"的土地制度，使得川西平原的生产效率和社会经济与社会文化得以快速发展。秦昭襄王时，置蜀郡，蜀郡守李冰在前人的基础上重新整治都江堰工程，实现了整个川西平原系统生态景观单元在农耕文明时期的系统升级，都江堰工程成为此后 2300 多年川西平原农耕文明演化中重要的生产工程、生态工程和文化工程。秦至汉时期，由于生产力的提高，川西平原出现大量的庄园聚落形态，"以张若为蜀国首。戎伯尚强，乃移万民家实之。于是蜀人始通中国，言语颇与华同"，至"秦惠王、始皇

克定六国。辄徙其豪侠于蜀，资我丰土，家有盐铜之利，户专山川之材，居给人足。以富相尚"（屈小强，2009）。两汉时期，如出土画像砖所描绘，川西地区的庄园经济已非常发达。唐宋时期是整个社会发展的鼎盛时期，农业耕作技术以及农业副产品加工技术有所发展，川西平原是当时全国的"国之宝府"又"人福粮多"（陈子昂，唐）地区。至宋代，都江堰的岁修制度以律令固定了下来，川西地区的社会经济和社会文化也得到了较大发展。元明清时期，川西平原经历了三次社会生产和经济发展的起伏。明初由于许多土地持有者死于战乱，土地荒置严重，朱元璋下令，不论土地是否有原主，都归垦荒者所有，作为永业。《中国通史》中记载"当时地广人稀，实行均田，一般不感困难。行均田制的目的，就是要瓦解好强大户的势力。而扶助荫附自立门户，扩大土地垦殖，推动生产力前进"（周娟，2012）。特别是明末清初，长期的战乱使川西林盘体系毁坏严重，导致历史上最大规模的湖广再次填四川。清朝中期以后，川西平原得以重新发展，林盘体系得以重新发育。清朝晚期，土地制度和佃农经济发育，林盘体系更加成熟和细分。到民国时期，由于佃农经济的高度发育，林盘体系发展到极致细分的程度。中华人民共和国成立后，川西林盘体系总体上破坏不大，得以缓慢发展。改革开放后，经济发展形势不断加速，进入新世纪以后，川西平原的大地景观格局产生了较大变化，特别是川西平原大地景观的核心——林盘体系，正在发生急速的变化。

（二）川西平原遗传代谢与演化生长的动力

从以上可以看出，川西平原系统生态景观单元的历史是一个遗传生长和代谢演化的长期过程。以川西平原典型的人居聚落演化为例，"土地制度对聚落形态以及生产方式的影响也非常重要，因此结合土地制度纵向研究分析了聚落形态演变的规律，并在这个过程中了解到成都平原如今的聚落形态并不是一成不变的"（赵元欣，2011）。虽然都江堰工程产生了巨大的社会效益，但从一个更高的千年宏观角度审视整个川西平原的系统整体演化，川西平原的发展不能靠自身解决，必须依靠整个社会生产力的提高，从而推动景观系统和农村发展的革命性变革。川西平原历史上出现过六次大的移民，但是推动农业生产和改变社会生活质量的，依然是物质生产技术和方式的进步。社会制度和治理方式也是一种有效的影响因素，但这种影响是借助生产技术的改进和提高而实现的，即是在生产技术提高的背景下实现的，都江堰工程也是这样一个明证。

4500年前的先秦到目前持续的改革开放，从川西平原的生产生活和聚落方式的演变我们可以看出，地理的自然资源背景对地域系统生态景观单元的影响是第一位的，是最持久、最宏大、最稳固的影响因素，但却不是最活跃的影响因子；生产方式的技术进步以及对应的生活方式的进步是最持久和最活跃的影响因子，也是最持久的推动因素，是第二位的；在一定社会阶段上的社会治理方式，如人口制度和土地制度，也是非常重要的影响因素，其针对某一阶段的社会发展产生强烈和显著的影响，是最活跃和最具时效性的影响因子，效果常常立竿见影，但它不是持久的，具有即时性，而且是依据自然资源和技术资源为前提条件，才能发挥作用，否则就是巧妇难为无米之炊，其影响是第三位的。总结起来，地域的自然条件和生产方式对人居方式和生活方式起着根本性的决定作用，其次是社会制度背景，如历朝历代的土地制度和土地治理措施等。

六、川西平原的智慧机理——一般阶段和关键阶段的序替机制

从"川西平原的智慧机理——遗传代谢与演化生长的机制和动力"的分析可知，首先，川西平原系统生态景观单元的发展不但是演进的，而且是非常活跃的。例如，赵元欣（2011）对成都平原聚落演进进行研究，"在这个过程中梳理出了秦汉时期的庄园聚落形态、隋唐时期的大村落聚落形态、明清到民国时期的聚落离散化形态这几个聚落演进的关键点，从而总结出在当今城乡统筹土地整理的背景之下，居民居住集中化、聚落规模大型化与复杂化的趋势是不可逆的"。其次，川西平原系统生态景观单元的发展具有一般阶段和关键阶段序替的特征。都江堰工程最初发端于 2500 年前，实施系统整治是在 2300 年前，都江堰的岁修制度在宋代以律令固定下来，其孕育的川西平原林盘体系在清中期之后及民国时期达到高度细分和农耕文明下的高度集约。从更广阔的视野审视川西平原的整体演化，川西平原从新石器时代晚期的宝墩文化到三星堆文化以至明清和民国，自然资源和气候条件极其优越。但是在技术、交通和信息不甚发达的农耕时代，2300年前的都江堰系统整治工程是在铁制生产工具大量推广和秦朝强有力的治理背景下发生的一次重大结构调整工程，实现了整个川西平原系统生态景观单元的系统升级，是一个关键阶段的系统升级事件。

第三节　川西平原智慧演化关键阶段的相关策略和敏感路径

一、川西平原智慧演化关键阶段的相关策略

（一）建立共同体的策略

建立共同体的策略是指从社会生态学的角度分析，建立动态一致性的共同体模式 DC-ACAP，其依据在于将社会构成看成一个有生命的、随时间演化的对象。动态性一致性共同体的合作可以解决诸如"钉子户""老规矩""老腊肉"这样的棘手问题。所以，创建动态一致性的共同体，与其说是一种治理措施，不如

说是一种社会生态化的处理措施更为准确，它是一种促进紧耦合的措施。譬如：周娟(2012)在林盘保护的矛盾解决措施中提出"林盘社区"的概念，或称"林盘利益共同体"，不失为林盘保护的可行性措施之一。"林盘的保护除了政策保护以外，'公众参与'对于林盘生态环境保护非常重要。国外许多先进经验证明，用公众意识来保护环境是最为有效和持久的保育途径。林盘和'社区'一样，是生活在一定范围内的人们所组成的社会生活共同体，'林盘社区'享有共同的生活生产环境，是林盘地域范围内的利益共同体……'林盘社区'的营造同样需要政府的参与，但并不是自上而下的行政推动，而是强调居民的主动参与的同时，政府在这个过程中起支持和协助的作用。政府指导居民讨论制订'老规矩'，共同维护，以创造良好的生活环境作为大家共同的目标，建立共同的价值体系"(周娟，2012)。

(二)价值再生策略

价值再生策略是指挖掘传统价值，将传统遗产中蕴含的价值进行分类，如生态价值、文化价值、经济价值、产业价值等。不同类型的价值就像不同品类的种子，是时间容器中自然和人类共同孕育的种子，在人居环境领域，这样的种子，笔者统称为元人居价值。挖掘传统中的元人居价值，就是挖掘种子。种子可以生长出新的产业链，衍生出新的人居模式，这是一种可持续的、源自自身生长的发展模式。系统生态景观单元将生态价值、社会价值、文化价值、产业价值等视为一个复合的价值体系。通过系统生态景观单元的视角挖掘传统价值是一种在组织和融合中推动创新的过程，并将衍生出更多发展机会，不断打破原有的路径依赖，生长出更多更富活力和生机的发展路径。如周娟(2012)介绍的美浓民俗村打造实例，游客在"村"里面可参观纸伞的制作过程，另外民俗村内除了提供油纸伞彩绘制作研习外，也介绍客家文物、手工艺品、民俗技艺，还有东门窑陶艺创作坊现场拉坯、石桥窑茶陶工作室、佛教民俗文物古玩，及各项创意产品，让游客对客家文化有更加深入的了解，还可品尝到美浓当地的传统客家美食、美浓特产及客家乡土小吃美食。从"美浓民俗村"穿梭不息的人流里，我们可以感受到它的成功。

(三)系统生态景观单元演化中的类型细分策略

由于地域情况和城乡情况的千差万别，区位因素、人口规模、亚文化因素、历史资源、生态资源、产业类型、工业化程度等不同，导致新农村、城乡一体化、城镇化和城市化的过程丰富多彩，因此不可能采用某种固定的方式。Antrop (2004)提出，城市化、规模磁性导致的城镇和乡村的集化作用、交通易达性、信息及时性与便捷性、环境卫生和物理环境质量等是导致村镇聚落集聚变化的主要动力，这种综合动力的形式和动力指向是聚落形态集聚或分散的方向，并持续地推动各级聚落形态的长期变化。由于动力分布不均匀，不同区位的农村、不同发展水平的城镇城市、不同的产业结构，其演变的路径模式存在较大差异，不适合采用固化的模式。另外，赵元欣(2011)就城市边缘区与边远区城市化进程中的聚落形态演变，归结出几种演变模式：①自上而下的模式，如郫筒镇，其建设特点是距离中心城市较近、受中心城镇影响或相互协作关系较紧密、城市化过程政府主导、人为规划、一次性完成、城镇功能重新确定、道路重新规划、建成区形态几何规整。这种方式的优点是靠强大外力介入，可以在短时间内实现产业结构调整和转型，在短时间内改善基础设施和环境卫生质量并且产生立竿见影的经济效益，缺点是传统聚落被侵占或蚕食，传统的林盘人居聚落系统被移置更换。②自下而上的模式，如唐昌镇，其建设特点是从微观到宏观、自然生长式发展、强力的人为因素较少、整体形态更为有机、遗传了传统聚落的自组织和非几何特点。这种方式的优点是传统聚落形态保持相对完好，单个的林盘聚落形态因地制宜，演变过程中呈现出影响型、扩大型、灭失型这几种演变方式。其缺点是城市化进程相对缓慢，改进产业结构调整和人均收入水平的模式属于摸着石头过河型。③自上而下与自下而上相结合的模式，如熙玉村、吴塘村和正兴镇等，总的特点是：政府主导加重视居民沟通，应用现代技术，提取人居环境的有机性，挖掘内生活力，评估环境承载能力，合理确定产业类型和产业布局，在维持原有传统景观价值的同时，创造不断发展的活力和经济动力。

(四)从松耦合走向紧耦合的策略

川西平原系统生态景观单元数千年的演化是一个长期的松耦合过程，是农耕文明背景下一种低效和缓慢的演化过程。如果说过去演化的松耦合方式是旧的智慧，那么在复杂性思维启发下，采取主动关联的紧耦合策略则是一种新智慧。进一步分析，我们可以把巧借自然之力，让自然做功，称为第一做功，其产生的是第一功率；发挥社会治理能力，巧借社会之力，发挥个人和社团的力量做功，称为第二做功，其产生的是第二功率；主动关联，将自然资源的本底优势、社会文化的优势、生产技术发展的优势、社会治理文明发展的优势等紧密协同，如 DC-ACAP 模式、CSA 模式、第六产业模式等，巧借自然与社会各因素的关联，产生整体上的涌现价值，称为第三做功，其产生的是第三功率，或称为智慧功率。目前，根据社会发展的综合条件，这种主动关联的实现途径就是结构调整，换言之，紧耦合实现的途径就是系统升级。Rescia 等(2008)介绍了修复和关联社会-生态系统各种要素关系的重要性。他们对西班牙北部山区农村地区过去 45 年(2007 年以前)的土地空间结构、地方人口结构和人口发展趋势进行分析，以期清晰认识现状和社会-生态系统将要发生的演化，并采用访问以及问卷调查的方式，了解和确定当地居民对景观变化的想法和观点，从而建立关于本地区总体发展趋势的判断，涉及当地不同管理或治理视角下的历史、文化、技术、环境要素。他们观察到土地景观的空间配置和地区结构的修改都伴随了农村和农业的衰退，社会-生态系统内的各组成部分之间的关系变得越来越紧张。使这一系统得以修复和连续的最重要的管理或治理措施或方案，就是让居民参与到决策制定的程序中，通过在生物多样性、空间多样性和发展生产力之间找到一条可以接受的出路，实现保护持久性历史景观的目的。这种保有历史景观的多样性资源，反过来又维持了旅游的发展，以农村、自然和历史为主题的旅游，会形成当地经济的重要支柱之一。文章还分析了如何协调不同利益相关者的不同利益对象，如何使社会经济发展的主要成分与生态保护的各个选项之间建立积极的关系而不是冲突的关系。这涉及很多具体的内容，譬如地下水的保护、娱乐、审美价值、畜牧业等，如何使经济激励机制与景观保护、景观分析和土地评估的过程相结合并一致，如何实现一个群体参与的高度可持续的土地使用制度，如何在自然演化和人类活动之间保证和提供生物多样性，如何在我们获得生态服务的同时，实现对生态服务的保护和维护。另外，Stephen(2005)发现了社会与空间变化的高度一致性和关联性，以及环境急剧变化引起的发展模式升级转化。Marleen 等(2013)提出"弹性治理"概念，即通过引入一个 AES(agri-environment schemes)支付系统，使社会-生态系统的多样性因素发生关联。他们认为，生态环境系统和社会系统的一致性关系在自然状态下呈现松耦合关系，尤其在短时间内，其关联特征是不明显的，但在生产技术或其他外部性条件发生急剧变化时，维持原来的松耦合关系并不利于系统的健康和正常演化。所以，在复杂系统演化的关键阶段，人地复杂系统特别需要紧耦合模式的支撑，或称智慧效率的实现，需要人为的主动干预，需要巧妙设计和巧妙组织的主动关联，这完全符合复杂性的认识方法。

(五)三色平衡与三色非平衡的应对策略

"技术经济(红)-自然环境(绿)-社会文化(黄)"三者构成复杂的非平衡动力学模式。这一非平衡模式产生的动力成为推进系统生态景观单元向未来演化的持续力量，当三者处于相对均衡的状态时，复杂系统处于发展缓慢的一般阶段，当三者处于差别较大的非平衡状态时，复杂系统处于快速发展的关键阶段。

三色平衡的应对策略——一般阶段的策略。借用从系统生态景观角度解读城市景观风貌的三色原理，系统生态景观单元演化中的一般阶段所具有的三色平衡原理特点，内容与此大致一致。"景观风貌的三色原理认为，城市景观风貌研究与实践将致力于实现自然生态(绿色)、社会文化(黄色)和技术经济(红色)的多维叠合与良性循环。简言之，城市景观风貌研究与实践的目的在于实现三色协调，并使三色之间相互支持、互益循环、互惠共生"，所以"单纯追求文化特色或单纯追求某一方面的特色(如生态特色等)，都嵌含了一个危机，即三色能否协调的危机。城市特色必须，也只有在三色协调的基础上才能稳定、可持续，并具有更加宽阔的空间获得进一步的发展和灿烂。因此，多维叠合的三色，即稳定的绿色、丰富的黄色和清洁健康的红色是城市景观风貌维育的基础，也是城市特色内涵的不尽源泉，且三者之间的良性循环将有助于城市特色品质的不断提升。缺少其中任何一种颜色的追求或理想，都将使城市特色褪色，而协调、循环、多维叠合的三色将调配出一个多彩的美好未来图景"（张继刚，2007）。

三色非平衡的应对策略——关键阶段的策略。系统生态景观单元演化中的关键阶段，具有三色非平衡动力推动的特点。在"技术经济－自然环境－社会文化"三者中，自然环境是较为稳定的要素，社会文化是较为温和的要素，技术经济（物质生产方式的指代）是最为活跃的要素，是推动系统生态景观单元演化前进的最重要动力来源，是推动实现系统升级的主要动力来源。Li 等（2014）根据城市偏向理论（urban-bias theory），结合影响城乡发展的空间和时间差异，利用地理加权回归技术进行观察，从教育资源配置、金融资源配置的不同角度，分析了要素配置伴随着城市化对城乡收入差距的政策影响，最后从要素配置促进城市化和实施本地化策略两个方面进行总结：第一，城市化是影响城乡收入差距的重要桥梁，但由于要素配置在城乡之间的不均衡，导致在城市化过程中大大加剧了城乡收入的差距。在追求高城市化率的过程中，促进教育资源、固定资产投资、政府支出和财政资源在城乡要素中均衡配置，将是缩小城乡收入差距的有利条件。第二，由于空间差异在城乡收入差距与影响因素之间扮演着重要角色，因此，努力缩小城乡收入差距需要更多的本地化措施。目前，除了城市化，在所有省份中应特别重视的是，东部省份应该重视教育资源的公平分配，而中部和西部省份应该优先考虑在农村地区需要配置更多的固定资产投资和政府支出"。

二、川西平原智慧演化关键阶段的敏感路径

（一）目前发展阶段和发展任务——关键阶段与系统升级

从系统生态学的综合角度审视——乡村、城镇、城市和特大城市，存在内在的一致性，并整体上构成一个复杂系统——系统生态景观单元，其不是一成不变的。在一定环境条件下，当系统发展到自组织的极致状态时，在外部发生重大环境条件变化时，将推动系统进入关键发展阶段，川西平原曾经经历过这样的关键阶段。而目前，正处在一个新的关键阶段上。回顾历史上川西地区聚落的演变过程，聚落的形态和景观结构从千年视角审视，聚落景观格局是变化的，在一些发展的关键阶段，这种改变是非常巨大的。正如 Ruda（1998）所阐述的观点，在不可避免的农村工业化过程中，由于生产方式和技术的集约化，以及由此导致的人口、技术和资本的集中，必然导致大量的农村凋敝没落甚至消失，从而引起农村聚落布局与结构的深刻和重大改变。

川西平原气候温和而湿润，适合植物生长，且河道纵横，沟渠密布。川西平

原因水而沃，因水而灵，形成了以水网田，以田丰农，以农养居，以居植林，以林带商，以商兴林，以林护居和以林涵水的自循环、自组织模式，并且已经达到了高度的自适应、自循环稳态。川西平原地理结构和区域位置的特殊性使川西平原成为内部性和外部性、自组织和他组织统一的完整实验，其既与中原文化适当分离，总体上又受其干预和治理。历史上的六次大移民就是六次典型的他组织，大大影响了川西平原生产技术、人口和社会生活的演化进程。秦灭蜀，秦朝社会治理能力的显著增强和铁器技术的广泛推广，促成了都江堰工程的系统性建设，也促成了整个川西平原作为系统生态景观单元的第一次系统升级，惠及其后至今2300余年的松耦合过程，归结起来，是外部性的社会文化和生产技术使然。而目前，后工业化的物质生产方式文明和社会治理文明的巨大发展与生态环境面临的呼声，综合形成了推动川西平原实现系统升级的强大动力和无法绕开的机遇。整体上看，秦朝统一后的强盛和先进铁制生产工具的推广，是川西平原经由都江堰工程的改造而实现整体生态景观单元系统升级的重要因素。所以，都江堰工程只是一个标志，这种社会治理环境和生产技术条件改变推动系统升级的深刻影响是方方面面的，都江堰工程只是一个方面，是复杂系统演化中的一个关键的"冻结性事件"（圣塔菲研究所的学术领头人盖尔曼语，M. Gellmann）。

人类对自然环境的干扰，并不总是引起自然环境的退化。正确的干扰不但可以促进生物多样性、系统稳定性，还可以促进系统升级，从而在保证生物多样性的基础上，使系统释放更多的服务量并提高生态服务的质量。这样的人工干扰包括社会制度性的，如土地制度、环境制度、公众参与程序；有物质生产方式的，如技术革新、产业革命、产业结构调整等；也有习惯和习俗性的影响，如老规矩、老经验、老传统等的传统智慧。目前，由于社会生产方式的巨大进步和产业技术的快速变革，以及社会治理文明的进步，在继承和汲取传统智慧的同时，适应现代技术文明和社会治理文明的发展，川西平原系统生态景观单元的发展正处在一个非常关键的阶段；并且，正迎来千年一遇的机遇——系统向更高阶段的演化——系统升级。

（二）川西平原的敏感发展路径——走向元人居

系统生态景观单元的演化具有随机性和近智慧特征。系统生态景观单元不是一个物理的机械组合；而是一个近智慧的整体，是自组织和他组织统一的组合，是刺激和响应统一的组合；并同时接受和协同着重大事件"冻结"所给予的主导性影响。圣塔菲研究所的学术领头人盖尔曼（M. Gellmann）已经注意到偶然事件对复杂系统演化的重要意义。他指出："在研究任何复杂适应系统的进化时，最重要的是要分清这样三个问题：基本规则、被冻结的偶然事件以及对适应进行的选择。""被冻结的偶然事件"是指一些在物质世界发展的历史过程中，其后果被固定下来并演变为较高级层次上的特殊规律事件，如川西平原的都江堰工程事

件。盖尔曼认为，事物的有效复杂性只受基本规律少许影响，大部分影响来自
"冻结的偶然事件"。2014 年 8 月，国家住房和城乡建设部、发展和改革委员会
等七部委联合发布全国最新重点镇名单。四川省有 277 个镇入选，数量属全国最
多，而四川省重点镇之大部分又多分布在四川天府的发源地——川西平原，因此
可以说，川西平原是全国重点镇分布较为集中的区域，川西平原的发展也必将为
中国的新型城镇化发展做出贡献。目前，我国明确提出了推进新型城镇化建设、
推进产业结构调整、推进城乡统筹、新农村建设和城乡一体化的战略部署，结合
第三次技术革命的来临，综合起来，我国的城乡人居环境建设事业迎来了一次重
大的变革，这是我国人居环境演化中的重大事件，并将经由这一混沌且关键阶段
中的物质、能量、信息、文化的融合、调适、涌现，从而走向更高级的有序态。
从千年视角和复杂系统演化规律的角度审视这一事件，走向回归式的系统升级必
然成为影响今后长远发展的"冻结的偶然事件"，必将成为新时代的都江堰工程。
张继刚（2011）从社会发展的内部性和社会发展的外部性总结出："根据关于动态
一致性的宏观内外部性分析，我国的产业与社会发展正恰逢一个螺旋上升的飞跃
机遇，也因此，城市发展正面临着前所未有的全面挑战和跃升。历史的帷幕正在
徐徐拉开，需要有备而待，我们是否可以将之理解为，正逐渐面临了一个'元人
居'和'元城市化'的进程"。那么，什么是元人居？元人居与元城市化，本质
上，是一次回归式的系统升级，是基于新范式以创新模式的升级过程，是基于新
知识和新技术作为支撑的升级过程"。

三、元人居发展路径的特点

（一）元人居是回归式的系统升级

　　普利高津（Pregogine）于 20 世纪 60、70 年代创立的耗散结构理论认为：一个
远离平衡态的非线性的开放系统通过不断地与外界交换物质和能量，在系统内部
某个参量的变化达到一定的阈值时，通过涨落，系统可能发生突变即非平衡相
变，由原来的混沌无序状态转变为一种在时间上、空间上或功能上的有序状态。
这种在远离平衡的非线性区形成的新的稳定的宏观有序结构，由于需要不断与外
界交换物质或能量才能维持，因此称为"耗散结构"（dissipative structure）。从
原始狩猎文明到农耕文明，再演化到工业乃至后工业文明，川西平原目前已经处
于一个远离平衡的非线性区，有条件走向更高阶段的有序态。系统内部的主要参
量——物质生产文明和社会治理文明的巨大进步，必然推动人居模式在关键发展
阶段实现平稳的系统升级，这是一次回归式的系统升级，一次走向更高阶段有序
态的螺旋上升。川西平原千年演化沉淀的田园智慧，是成都打造世界级田园城市
的智慧之母，理论上看，是农村反哺城市的智慧——元人居智慧。传统的乡土大
地肌理是开放的、是多孔多边缘多联系的，因此符合自然生态；而且，聚落中村

民相互熟稔，重邻里关系，重互助互帮，具有归属感等，因此符合社会生态。现代的城市，虽然基础设施先进，信息与交通便达，但城市没有归属感、大气污染、没有动植物多样性、缺乏丰富的地域文化、缺乏健康的节奏、缺乏爱和互助（城市是"爱的器官"，芒福德语），所以农村也可以反哺城市。农村有农村的发展规律，城市有城市的发展规律，但总体上又具有动态一致性。农村和城市的相互反哺是人居环境发展的一次回归式系统升级，是一次元人居的升级过程。Murata（2002）提出了一种城乡工业化相互依存的模型。它显示了低成本的工业投入如何落入发展水平较低的发展陷阱，以及通过逃离经济陷阱而走向更迂回间接的高级农业生产方式及实现城市化。这一研究充分说明了在社会发展的关键阶段，避免落入低发展陷阱（也有称拉美陷阱），对推动系统升级具有重要的作用和长远的历史意义。

（二）元人居是一次多元共存和协同演进的机遇

一方面，复杂系统不是孤立存在的，它总是处于一定的层次中，作为更大复杂系统中的一个层次，甚至是一个侧面或片段。川西平原系统景观单元作为元人居的研究，不能脱离重庆、陕甘宁以及秦巴山区、青藏高原和云南贵州等外围区域的协同演化，不能脱离整个中国国情的发展阶段和发展背景，以及全球化的发展趋势。另一方面，元人居更具多元化的动态一致性价值追求，或简称多样统一，它是推动实现人的全面发展，推动个体和总体走向动态一致性发展，推动内部性和外部性走向动态一致性发展的一种多维叠合的人居模式。"多维叠合理念不承认单纯的经济决定论，不承认单因素决定论，影响事物发展变化的因素是多元、多层次的，且是变化的。任何单方面解决问题的努力和策略，都会导致偏执和异化，并以产生更多问题为代价"（张继刚，2007）。Midmore等（2000）提出修正传统的经济政策，从而在发展经济的同时促进农村的可持续发展。经济学经常受到指责的原因之一就是过于追求经济目的，而引起了环境和社会的退化。经济和技术本身并没有错，合理的政策应该在市场经济的条件下鼓励工业化、机械化和尽量少的耗费资源。作者设想了一个研究分层框架的经济系统的输入输出分析方法，这个系统是将经济系统及其相关的社会、文化和道德融合在一起的一个开放框架。另外，Siciliano（2012）提出了一个多层次的综合评价方法以讨论中国农村地区和城镇化的发展战略问题，将中国的城市化战略与农村的土地利用变化、对中国社区相关影响和农业生态系统联系起来，并从综合的角度，将能源、货币和人类的时间变量以及对环境的压力信息合并起来，用以比较不同类型的家庭和不同方式的土地利用的代谢。其结果表明，城市化战略旨在改变土地利用现状和取代本地人口，增加经济效益的同时，也增加了化石能源消耗和环境的压力，减少了地区的多功能属性。基于这些结果，该文章提出了一个关于中国农村发展政策的重点讨论，即农村地区的多功能性，应该被中国的政策制定者和规划者考虑为一种可行的策略，以实现农村发展的目标。

（三）元人居是一个自觉的新阶段

从复杂性角度审视，复杂系统演化是一个过去、现在和未来连续一体的动态一致性过程，也是一个过去、现在和未来有机联系的过程。从时间不对称的角度认识，过程是构成复杂系统的真正"物质"或"主体"，而不仅仅是现实的物质存在，现实的物质存在只是复杂系统的一个片段或一个侧面。随着过程中新结构和新物质的不断出现，不但主体本身和主体之间的关联状态处于不断变化的过程中，智慧型主体为自身设定的目标也处于不断的变化过程中。"随着现实物质条件的改变、环境条件的出乎意料、技术的进步、新矛盾的不断产生、理念的嬗变，城市的目标也永将处于阶段性的修正与调整中，有时，调整的强度是出乎意料的……因此，就城市的未来发展而言，一方面，城市发展存在着一定的扬弃序替规律，城市需要方向、目标和理想，另一方面，也必须清醒，城市发展其实是动态变化中的一致性过程，是一次永远也没有终点的人居旅行"（张继刚，2011）。所以，元人居不是终点，也不是目的，只是过程中顺其自然出现的一个新阶段。

（四）元人居是大自然之子

根据前文提出的三色平衡与非平衡原理，在系统生态景观单元的长期演化中，自然环境是最为稳定、持久和基础性的影响因素，所以自然环境决定着地域人居单元的最根本和最基础特点，决定着元人居最基本和最持久的属性，表现在元人居是地域性的人居，中国地域就应该对应有中国地域特色的元人居之路。结合系统生态学的人地协同演化分析，不同的地域孕育了不同地域的智慧模式和不同的智慧演化过程，每个地域智慧演化的过程都是一个连续的存在。中国地域孕育了中国地域智慧演化的模式和过程，顺其自然，也推演了中国地域未来元人居的路径和方向。元人居是地域性人地动力系统做功的呈现结果和过程，归根结底，元人居是地域之子，是大自然之子（图10.5）。

四、元人居的发展路径——以问题为导向，以组织维育过程

在一个持续涌现的世界里，环境条件的改善、重大事件的发生，都将促使复杂系统演化进入关键阶段，并呈现更多的机会和资源，从而实现系统发展演化的更高效益，以及路径选择产生的更高效益。复杂性系统的研究必将为系统生态景观单元的研究和人居学的研究开拓出崭新的视角和领域。

面对复杂性发展局面时，以发现问题为导向。Hoard等（2005）提出了一个以问题为导向的"what-if"工具，即应用系统动力学的系统方法，结合预测复杂的

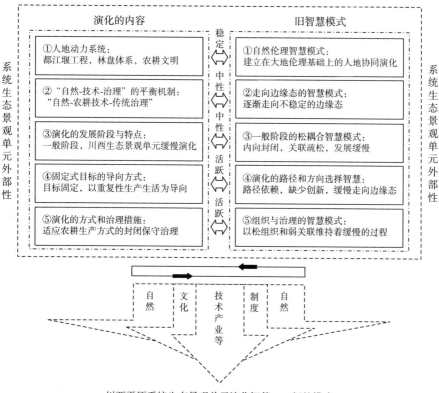

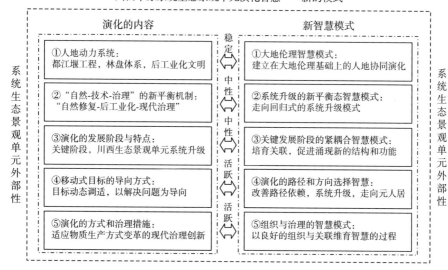

图 10.5 走向元人居解析图

社会系统，建立计算机仿真模型，这个数据模型的"what-if"工具在更多更广的范围内具有防灾作用。同样运用系统动力学，结合 GIS 数据和社会学数据，可以做出更多的以实际问题为导向的工具类使用模型。怀特海（Alfred North Whitehead）在《自然概念》中提出，过程而非物质才是构成世界的基本元素；欧阳莹之说："与其说涌现特性的出现显示了组合物的物质基础，不如说是显示了这些物质是如何被组织起来的"；张继刚（2011）提出了 DC-ACAP 模式，即动态一致性（dynamic consistency，DC）基础上的 ACAP 模式，以期对可持续发展在城市规划中的应用提供一个探讨的宏观视角。概括起来，元人居的发展路径，简言之，是一个以问题为导向，以组织维育过程的路径。

为便于对以上发展策略的理解，以下罗列一些相似的发现和研究，以期对元人居的发展路径，有更多的参考和启发。①Shen 等（2005）结合"苏南模式"的特点，分析了中国经济在由计划向市场转轨过程中的产权制度安排和制度设计。②Gu 等（2007）对新型城镇化过程中的农民工问题进行了分析，结合农民工集体行动水平低、边缘性的社会地位、不公平的待遇等，提出"应采取相应的措施来发展中小城市，整合城乡劳动力市场，提供必要的公共服务和社会保障，提供职业培训，引导农民工回归理性，并帮助新一代的生活与城市居民的和谐"。③Kilpatrick 等（2011）提出"移动的技术工人""农村社区""一体化进程"等概念，"从澳大利亚六个不同的农村社区和加拿大的一个农村社区审视了移动技术工人的特征属性。考查了移动技术工人参与农村社区的原因，整合的过程，以及他们为什么决定留下或离开。如果能更好地了解农村社区和移动技术工人的动机特征，将能够更好地利用自组织的潜力"。而且"社区的设置创新方式，如文化、基础设施和治理管理方式影响移动技术工人的一体化进程。一体化进程的有效性决定了社区移动技术工人的贡献程度和性质以及工人将被留驻在社区的可能性。农村社区，通过大部分移动技术工人提供的技能，可以增强企业的弹性和能力、新企业的识别性、自然资源的管理，增加社会关系和休闲的机会，以及提高本地服务的质量和范围"。④Bloom（2011）建议在公众利益相关者之间，植入一种制度安排，他认为一个有效的卫生部门依赖于用户、健康服务的提供者和资助者之间信任的关系，政府面临的主要挑战之一就是在这些关系中嵌入制度安排。⑤Wellbrock 等（2013）提出"集体代理"和"合作治理模式"，并提出提升集体代理是基于地区发展路径成功的关键。然而，现有的政策安排一直饱受批评，表明有必要提升合作治理模式。⑥Primdahl 等（2013）提出"政策整合"的概念，为农村的集约化发展方式提出了一个研究方向。⑦Rogge 等（2013）提出"从一个驾驭型政府到一个更有能力政府的转型并非自然而然的发生，官方常常缺乏充足的资源、职业技能和设备以胜任这一更有能力的角色。在合理政策发展的研究中，政策制定者常常面对一个需要超越的社会接入口。我们界定这一社会接入口作为一个在不同的生活世界、社会领域和社会组织水平之间的关键交叉点，基于价值观、利益、知识和能力差异上的社会交叉，可能位于这一点上……本文的目标就是调查这样一个接入口，如何以一个建设性合作，允许合理和广泛接受的农村发展政策的方式被组织。我们描述了比利时的三个案例……基于这些案例的比较分析，我们可以界定允许社会接入口组织的五个元素：界定共同目标，确定活动者，整合不同的知识体系，设计过程，捍卫过程的透明度、公平和程序正义"。⑧Pašakarnis等(2013)介绍了欧盟"农村发展政策"(rural development policy，RDP)旨在2007~2013年建立一个连贯的和可持续的欧洲农村地区未来发展的框架，涉及农村中的住房以及与居住条件改善密切相关的环境、基础设施、通信、就业机会和土地管理等。介绍的另一个措施是"预计土地整理"(land consolidation，LC)，LC过程不仅要解决农村土地的结构性问题，也要创造农村地区通过改善农村基本服务、基础设施和经济多样化的激励等可行性，在重要的土地整理方面，通过长久性和畅通性的沟通，实现私人利益和公共利益团体达到远期目标的一致。而实现的根本问题之一，是缺乏一个实施过程中涉及的主要当事人之间目标的一致性。一般地，私人土地所有者倾向于集中在短期收益，而公众代表更多倾向于集中在长期的基础设施发展。明确的进步取决于各方同意妥协并接受彼此有利的目标，然后建立各方共同长期追求的一致性目标。另一个非常重要的基本问题是，研究并确定受影响各方的知识和计划，通常由于相互各方之间并没有真正了解，所以往往直到事情解决之前，都很难设想出相互兼容的政策出现。如果能够提前加以了解和研究，将提供一个公共和私营部门之间可持续的收益流，如此，基于对公共和私营部门需求的了解，不但可以提供一个符合战略性公共意志"银行"的知识，也可以提供和传播最佳的实践信息和实践知识。⑨Michelini(2013)认为，一个好的制度设计应该有利于连接公共领域和私人领域之间的社会资本，或有利于在两者之间实现建设有限公司的激励机制和协调机制。

第四节　结语和进一步的讨论

传统的还原论认识方法以及与之对应的分科之学方法论，忽略了事物之间联系方式的多样性和复杂性，忽视了事物之间存在方式的多元性和协同性，同时也割裂了人和自然的一致性关系，这样的方法论正在把"地球整体生态系统"导入越来越麻烦的窘境。因此，必须在传统方法论的基础上，补充整体动态进化的思想，这一思想更多地强调交叉复杂性、信息开放性、动态一致性的整体性范式。

本章以川西平原为例，认为必须建立对川西平原系统生态景观演化规律的千年视角，即经过数千年的发展变化，川西平原"自然生态-生产经济-社会文化"在历经"松耦合－紧耦合"的长期弹性变动中不断地演化和进化。目前，迫在眉睫的首要任务是顺应实际发展需要，在继承系统生态长期一般阶段"松耦合"规律的基础上，立足关键阶段的具体特点，研究关键阶段"紧耦合"的"动态一致性"规律和机制，慎选路径，协助系统生态景观在关键阶段上，稳妥地实现系统升级的过程。

川西平原实现升级演化的实际过程会面临更多来自不同学科、不同行业的交叉性问题，问题的多样性可能会超出理论的设想。譬如：如何保持大地生态景观格局的连续性，如何在保留大地的文化机理和文化质感的前提下提高生活的卫生健康程度和物理环境质量，如何建立更加灵活与高效的伙伴合作关系，如何改变和引导原住民的生产生活方式，如何提高原住民的收入和他们对保护地方文化的兴趣，如何使得原住民更愿意参加到村落生态恢复的行动中来，如何改善当地的产业结构和增加当地的就业机会，如何解决旧房和市政维修资金的多渠道筹集和循环补偿机制，如何协助当地的管理者更多地获得原住民的支持理解以及获得更实效的政绩，如何使当地的聚落质感及道路系统结构和道路质感更符合文化景观的价值，如何通过规划手段为当地居民的就业技能和生活质量做出贡献，如何科学地将社会结构变化和社会文化趋向的时代特点反映到生态景观过程中，如何合理防止当地居民的减少和阴影景观的蔓延，如何使当地居民全面地认知传统自然景观和人工景观遗产的价值，并通过合理的方式，在保证不同时期的景观价值共存的前提下，使当地居民更多地受益，并实现本地的繁荣和发展，等等。回答这些问题需要新的智慧，它不但丰富着我们解决问题的思路和方式，而且将引导我们发现正确的发展机会，并汇聚成一个由"松耦合"走向"紧耦合"的新智慧模式，从而有助于引导一个更加健康和可持续的人居环境新阶段。目前，这个敏感阶段已经开启，我们需要建立一种更加开放、更加长远、更加务实和更加弹性的模式，采取继承＋生长＋进化的方式，迎接挑战并稳步推动生态景观实现系统升级，走向自觉与智慧演化的新阶段，走向可持续发展，走向元人居。

走向元人居，万事开头难。本章以研究川西平原在关键阶段的系统升级智慧为契机，提出以问题为导向，以组织维育过程的探索思路。进一步地，在更宏观的范围内，本章提出两个一般性问题，供研讨：①在过去的大致三十年，我国人居建设发展和研究的重点多集中在城市和城镇，但我国下一个三十年，即到21世纪中叶，我国人居建设和研究的重点是否在广大乡村和乡镇地区？如果是，我们下一个三十年发展和研究的基本策略应该是什么？城乡建设，特别是我国广大地区的城镇和乡村建设，应该从前一个三十年中，汲取怎样的经验和智慧？而总体上，我国未来三十年城乡发展的总态势是否是回归式的系统升级？是否是走向元人居？②我国过去城市建设的实践和研究多偏重物理空间和物理机理的工具性、科学性和经济效益，但我国下一个三十年，即到21世纪中叶之前，我国面临的城乡建设的重点是否将空间结构的物理分析和经济分析转向结合人类学、地域学和社会学的综合性和复杂性研究。那么，这将引起城乡研究的科学性评价、学科体系、研究方法、设计方法和实践治理等怎样的变化？

参 考 文 献

蔡运龙. 2007. 人地关系研究的科学范式[R]. 北京大学城市与环境学院资源环境与地理学系.

方志戎. 2012. 川西林盘文化要义[D]. 重庆：重庆大学.

屈小强. 2009. 巴蜀文化与移民入川[M]. 成都：巴蜀书社.

孙大江，陈其兵，胡庭兴，等. 2011. 川西林盘群落类型及其多样性[J]. 四川农业大学学报，29(1)：22-28.

张继刚. 2007. 城市规划与建设节约性研究中的多维叠合理念[J]. 规划师，(6)：5-10.

张继刚. 2007. 城市景观风貌的研究对象、体系结构与方法浅谈——兼谈城市风貌特色[J]. 规划师，23(8)：14-18.

张继刚. 2011. 城市规划中 DC-ACAP 模式的应用与创新——献给我国城市规划新世纪开端的第一个十年(二)[C]. 2011 中国城市规划年会：504-516.

张继刚. 2011. 可持续发展的潜在基础设施——献给我国城市规划新世纪开端的第一个十年(一)[C]. 2011 中国城市规划年会：495-503.

张继刚. 2011. 走向元人居与元城市化，推进中国特色城市规划理论和实践——献给我国城市规划新世纪开端的第一个十年(三)[C]. 2011 中国城市规划年会：517-526.

赵元欣. 2011. 形态学视野下成都平原传统聚落演进与更新研究[D]. 成都：西南交通大学.

周娟. 2012. 景观生态学视野下的川西林盘保护与发展研究[D]. 成都：西南交通大学.

Antrop M. 2004. Landscape change and the urbanization process in Europe[J]. Landscape and Urban Planning，67：9-26.

Bloom G. 2011. Building institutions for an effective health system：Lessons from China's experience with rural health reform[J]. Social Science and Medicine，72：1302-1309.

Gu S，Zheng L，Yi S. 2007. Problems of rural migrant workers and policies in the new period of urbanizatio[J]. China Population，Resources and Environment，17(1)：1-6.

Hoard M，Homer J，Manley W，et al. 2005. Systems modeling in support of evidence-based disaster planning for rural areas[J]. International Journal of Hygiene & Environmental Health，208(1-2)：117-125.

Kilpatrick S，Johns S. 2011. Mobile skilled workers：making the most of an untapped rural community resource[J]. Journal of Rural Studies，27(2)：181-190.

Li Y G，Wang X P，Zhu Q S，et al. 2014. Assessing the spatial and temporal differences in the impacts of factor allocation and urbanization on urban-rural income disparity in China，2004—2010[J]. Habitat International，42：76-82.

Marleen S，Paul O，Nico P，et al. 2013. Resilience-based governance in rural landscapes：Experiments with agri-environment schemes using a spatially explicit agent-based model[J]. Land Use Policy，30：934-943.

Michelini J J. 2013. Small farmers and social capital in development projects：Lessons from failures in Argentina's rural periphery[J]. Journal of Rural Studies，30：99-109.

Midmore P，Whittaker J. 2000. Economics for sustainable rural systems[J]. Ecological Economics，35：173-189.

Moutafi V G. 2013. Rural space (re)produced-Practices，performances and visions：A case study from an Aegean island[J]. Journal of Rural Studies，32：103-113.

Murata Y. 2002. Rural-urban interdependence and industrialization[J]. Journal of Development Economics，

68: 1-34.

Pašakarnis G, Morley D, Maliene V. 2013. Rural development and challenges establishing sustainable land use in Eastern European countries[J]. Land Use Policy, 30(1): 703-710.

Primdahl J, Kristensen L S, Swaffield S. 2013. Guiding rural landscape change: Current policy approaches and potentials of landscape strategy making as a policy integrating approach[J]. Applied Geography, 42 (8): 86-94.

Rescia A J, Pons A, Lomba I, et al. 2008. Reformulating the social-ecological system in a cultural rural mountain landscape in the Picos de Europa region (northern Spain) [J]. Landscape & Urban Planning, 88(1): 23-33.

Rogge E, Dessein J, Verhoeve A. 2013. The organisation of complexity: A set of five components to organize the social interface of rural policy making[J]. Land Use Policy, 35: 329-340.

Ruda G. 1998. Rural buildings and environment[J]. Landscape and Urban Planning, 41: 93-97.

Shen X, Ma L J C. 2005. Privatization of rural industry and de facto urbanization from below in southern Jiangsu, China[J]. Geoforum, 36(6): 761-777.

Siciliano G. 2012. Urbanization strategies, rural development and land use changes in China: A multiple-level integrated assessment[J]. Land Use Policy, 29(1): 165-178.

Stephen N. 2005. Monitoring rural travel behaviour: A longitudinal study in Northern Ireland 1979—2001 [J]. Journal of Transport Geography, 13: 247-263.

Wellbrock W, Roep D, Mahon M, et al. 2013. Arranging public support to unfold collaborative modes of governance in rural areas[J]. Journal of Rural Studies, 32(32): 420-429.

Zhang L X, Song B, Chen B. 2012. Emergy-based analysis of four farming systems: Insight into agricultural diversification in rural China[J]. Journal of Cleaner Production, 28: 33-44.

第十一章 川西林盘体系智慧演化

川西林盘是川西平原广大乡村地区分布最广泛的农村聚落单元,是川西平原乡村地区长期农耕文明沉淀的主要载体。在形态上表现为广阔田间散布的绿岛;在功能上,承担着生产、生活、生态、景观和精神家园的综合作用。本章从系统生态和复杂系统演化的视角,挖掘和整理川西平原数千年演化过程中所呈现的智慧,结合目前农耕文明向现代文明演进的不可逆过程,探讨了川西林盘体系在面临系统升级的演化关键阶段时,应汲取的智慧和采取的对策。

第一节 引 言

中国川西平原的林盘,以及韩国的水口林(maeulsoop 或 bibosoop)、印度的圣林(sacred grove 或 grove),都具有大致相似的要素、结构和形态,但由于地域差异,功能略有不同。在印度,林盘研究倾向于宗教和人类学意义,这样的林盘或丛林称为圣林,大多和地域性的宗教信仰相结合。印度国家科学院和发展联盟2001 年编辑出版了 1981 年以后各种 grove 的研究成果,通过研究这种地域性近自然植被斑块,以表达对祖先圣灵和对宗教的信仰,对研究人类学和生态学具有极其重要的价值和意义(Kailash et al. ,2001)。

在韩国,由于地理气候的原因,林盘研究倾向于环境和生态意义。韩国的冬季和春季寒冷而干旱,而水口林盘的选址和分布则可改善地面蒸发和空气湿度等环境因素。Park 等(2006)通过研究认为 bibosoop 作为一种独特生境,不但提供了鸟类栖居需要的多项生态要素,而且明显提高了环境中物种多样性,同时筑巢的鸟类增加了不同土块之间的内部营养物质运移。另外,Koh 等(2010)针对韩国农村地区水口林盘的疏风降速、降低蒸发、提高空气湿度等方面进行了观察和数据分析。结果表明,在韩国干旱的春天,bibosoops 在降低山谷风速和地表蒸发量方面发挥着重要作用,并且有助于林盘周围农田水分涵养和保护,这对于北方干旱的春天,无疑是非常重要的。

在我国,由于川西平原林盘的发展与我国整体发展的大环境相一致,林盘研究更倾向于林盘未来的发展路径和发展对策。国内相关学者研究了成都平原的林盘在城乡一体化背景下的发展策略问题。笔者认为,作为一种宝贵的文化景观遗产,川西平原的林盘体系发展目前正处在一个敏感的关键阶段。本章从系统生态和复杂系统演化的视角,对川西林盘体系发展中蕴含的生态智慧进行梳理,挖掘川西平原林盘数千年演化过程中所呈现的智慧机理，结合目前农耕文明向后工业文明演进的不可逆过程，探讨了川西林盘体系在面临系统升级的演化关键阶段时，应汲取的智慧和采取的对策。

第二节　川西林盘体系概念与演化过程

一、川西林盘体系概念

　　周娟（2012）认为林盘是成都平原上半天然半人工湿地上的农耕聚落体系。单个的林盘我们可以定义为林盘单元，它是由宅、林、水、田基本要素构成的特色乡村景观。在一定区域内，若干相邻的或是具有某种联系的林盘单元形成的体系，则是一个林盘系统。方志戎（2012）定义林盘为，"川西平原农村住居及林木环境共同形成的盘状田间绿岛，称为集生活、生产、生态和景观为一体的复合型农村散居式聚落单元"，"众多的林盘与农田、水系、道路、山林等要素共同构成川西平原半天然半人工湿地上网络化的林盘体系，较好地维护了川西平原的生态环境，是川西平原农耕文明的主要物质载体"。黄远祥等（2013）认为"林盘由林木、宅院围合组成，宅院掩隐于高大的乔木、竹林和灌木丛中，林盘边缘以竹林为主，有水绕过，其外则是宽阔的农田。川西林盘是一个结合了都江堰水利灌溉系统、农业生产、家庭体系以及生活方式，并且整合了生活、生产与生态环境的具有文化象征和使用价值的空间结构和社会单元"，"川西林盘，从狭义上是指呈分散布局于川西坝子上的单个林盘或称川西林盘景观单元；从广义上是指成都平原范围内林盘聚落体系的整体——川西林盘聚落。川西林盘是集川西地域生产、生活和景观于一体，形成一种复合型居住模式，其生活形态和建筑形式在长期的历史积淀中，已根植于生活的深层结构，不仅是蜀地农耕文化的体现，同时更是传统农耕时代文明的结晶。这一生产生活模式历时悠久，与成都平原农耕条件、传统农耕方式和居住生活需要相互协调，并扮演着维护成都平原生态环境的重要角色"。

　　笔者认为：川西林盘是川西平原广大乡村地区分布最广泛的农村基本聚落单元，在形态上表现为广阔田间散布的绿岛；在功能上，承担着生产、生活、生态、景观和精神家园的综合作用，是川西平原乡村地区长期农耕文明沉淀的主要载体。众多的林盘与周围的田野、塘池、道路、平坝、水系、幺店子等一起构成林盘体系，林盘体系在川西平原"特大城市-大城市-中小城市-场镇-乡村林盘"的人居聚落体系中，处于最基底，构成了川西平原乡土生态景观和乡土文化景观的基础性内容（图11.1和图11.2）。川西大地人居聚落是川西平原地域人地动力复杂系统4500多年长期演化的重要系统生态景观内容。林盘体系的出现有2300～2500年，是川西平原背景中地域自然条件与人类社会条件协同演化的结果。

图 11.1　成都市林盘分布　　　　　　　　图 11.2　新津县兴义镇林盘

　　林盘体系不是一个独立的存在，它是川西平原农耕时代地域文明的基础，构成了川西平原人居物质形态结构和人居文化精神资源的底蕴，随着社会的发展而演化，并整体上呈现出一般阶段和关键阶段交替的特点。从 2300～2500 年的整个演化阶段审视。目前，作为农耕文明的重要人居指示物、生态指示物和景观指示物，由于农耕文明向后工业文明的演进，以及第三次技术革命的冲击，正如川西平原曾经历过的采集与狩猎文明向农耕文明的升级过程一样，川西林盘体系再一次处于演化过程中的又一个关键阶段——系统升级阶段。

二、川西林盘体系的演化过程

　　从更广阔的视野审视川西平原，先秦时期，距今 4500 年左右的川西平原，出现了新石器时代晚期文化——宝墩文化。目前考古已发现 6 座史前宝墩文化古城址群——新津宝墩村、都江堰芒城、温江鱼凫城、崇州双河城、郫县（今郫都区）古城、崇州紫竹村。至 2500 年前，即公元前 550 多年，古蜀国开明王鳖灵擅长治水，在岷江流经灌县的灌口处开一支流（蒲阳河）向东注入沱江，并疏通金堂峡，以泄外洪（方志戎，2012）。至 2300 年前，即公元前 316 年，秦灭蜀，推广铁制等先进的生产工具，推行"废井田，开阡陌"的土地制度，使得川西平原的生产效率和社会经济与社会文化得以快速发展。秦昭襄王时，置蜀郡，蜀郡守李冰在前人的基础上重新整治都江堰工程，实现了整个川西平原系统生态景观单元在农耕文明时期的系统升级，都江堰工程成为此后 2300 多年川西平原农耕文明演化中重要的生产工程、生态工程和文化工程，由都江堰的水利工程长期修建而形成的水网、良田和林盘，织就了川西平原这颗"地里的明珠"。秦至汉时期，由于生产力的提高，川西平原出现了大量的庄园聚落形态，"以张若为蜀国首。戎伯尚强，乃移万民家实之。于是蜀人始通中国，言语颇与华同"，至"秦惠王、始皇克定六国。辄徙其豪侠于蜀，资我丰土。家有盐铜之利，户专山川之材，居给人足。以富相尚"（屈小强，2009）。两汉时期，如出土画像砖所描绘，川西地区的庄园经济已非常发达。唐宋时期，是整个社会发展的鼎盛时期，农业耕作技术以及农业副产品加工技术有所发展，川西平原是当时全国的"国之宝府"。至宋代，都江堰的岁修制度以律令固定下来，川西地区的社会经济和社会文化也得到了较大发展。元明清时期，伴随宋—元—明—清的朝代更迭，川西平原经历了三次社会生产和经济发展的起伏。明初由于许多土地持有者死于战乱，土地荒置严重，朱元璋下令，不论土地是否有原主，都归垦荒者所有，作为永业；行均田制，扶助荫附自立门户，扩大土地垦殖，推动生产力前进(周娟，2012)。明末清初，长期战乱，川西林盘体系毁坏严重，导致历史上最大规模的大移民，即湖广填四川。清朝中期以后，川西平原得以重新发展，林盘体系得以重新发育。清朝晚期，土地制度和佃农经济发育，林盘体系更加成熟和细分。到民国时期，由于佃农经济的高度发育，林盘体系发展到极致细分的程度。中华人民共和国成立后初期，川西林盘体系总体上破坏不大，发展缓慢。

数千年演化中的川西平原呈现出典型的边际态特点，如系统不稳定(移民)、文化边缘性、地域完整性和一定程度的末梢效应(天下未乱蜀先乱，天下已定蜀后定)。川西平原上的人居聚落形态，也随之处于跌宕起伏的持续变化中。赵元欣(2011)对成都平原聚落演进进行研究，在这个过程中梳理出秦汉时期的庄园聚落形态、隋唐时期的大村落聚落形态、明清到民国时期的聚落离散化形态这几个聚落演进的关键点。改革开放后，随着经济发展形势的不断加速，进入21世纪以来，川西平原的大地景观格局产生了较大变化，特别是川西平原大地景观的普遍性内容——林盘体系，正在发生急速的变化。目前，何去何从，林盘体系的处境，已被历史地置于一个关键且敏感的发展阶段。

第三节　川西林盘体系数千年演化中的智慧机理和目前的现实问题

一、川西林盘体系数千年演化中的智慧机理

(一)川西林盘体系演化中的大地景观智慧——地表做功机理

川西林盘体系形成的地表形态，具有自组织、层次性、分形等诸多复杂性特征。蜿蜒的河道、形态丰富的陆海绿岛—林盘、山绕水转的道路、随意分布的良田、乔灌木地表植被和农作物形成的丰富植物群落、中心城镇—一般城镇-场镇-幺店子-中心林盘-普通林盘形成的人居网络等(图11.3)，丰富了川西平原基本地表覆盖的物理构成，如不同介质相接边界的延长、星罗棋布的绿斑或动物迁徙踏脚石、旱涝适应性很强的"渠-塘-田"弹性水系等。如此地表物理构成的自组织形态和实践中的不断完善，使得地表的物理做功能力得以启动，在提高生产效率的

同时，也改变了地表的辐射热环境和地表通风、空气干湿度。良好的地表生产做功和改善地表环境质量的环境做功，又反馈到人类的社会活动中，促进社会经济和社会文化的不断提升和发展。

图 11.3　林盘群落鸟瞰图

(二)川西林盘体系演化中的多系统松耦合智慧——复合空间做功机理

在川西林盘体系中，多系统松耦合主要表现为地表的水系网络(图 11.4)与场镇、村落和田间交通网络分支系统松耦合，水系网络密度与耕作半径和林盘分布平均间距的松耦合，弹性的"渠-塘-田"生产灌溉、养殖与防洪柔性复合系统与地形结构和林盘分布的松耦合，场镇分布均匀度和林盘分布均匀度与封建社会地域性自给自足商业模式的松耦合。多网络的长期松耦合达到了功能的高度一致，整体上涌现出川西林盘体系生产、生活和文化的样式。川西林盘体系的多维松耦合做功机理表现在以下几个方面。

图 11.4　地表存留的水系网络景观(摄于成都郊区　2014.07)

(1)川西林盘体系的多层次环境调节智慧。林盘体系具有疏风、夏天降温、冬天增湿等很强的环境调节功能。林盘体系的建筑多就地取材；同时，从田野到林盘外围林木，到屋檐出挑空间，到以院落为中心的建筑群布置，到可以呼吸的建筑外墙，到室内空间的组织，形成一个空间不断过渡的环境层次。

(2)川西林盘体系环境空间的热工动力学智慧。院落和院坝既是川西地区家庭手工业、聚谈喝茶交往的场所，还具有改善空气暖通条件的功能。川西平原气候多潮湿，改善通风非常重要。林盘中的院落和院坝增加了地表覆盖的多样和对比，引起地表辐射和温度分布的差异，成为地表院落、侧院和室内之间空气流动的动力之一。

(3)川西林盘体系中蕴含的生态景观智慧。川西林盘体系蕴含了四个层次的半人工景观结构。在林盘体系中，景观格局或曰人居场所的营造通过这四层近乎完美的结构来完成，从外向内依次为：水网与农田复合构成最稳固的第一层景观格局——人居场所的基础设施；林盘群与广阔田野复合构成第二层景观格局——生产活动的做功"机器"；风水林(如家族墓葬区、林地等)与建筑群落复合构成第三道景观格局——传统风水格局的简约提炼和意向性象征，背山(风水林象征山)面水(稻田象征陆海，象征水)；建筑组合以及与宗祠、院坝复合构成第四层景观格局——以生活性内容为主，兼顾农副产品生产的场所，既是生活内容的核心容器又兼具副业生产的职能。以上四层景观结构的复合，创造和积淀形成了川西林盘独有的生产模式和生活模式，并整体上孕育了川西文化的魂。

(三)川西林盘体系演化中对植物群落适应性进化巧妙运用的智慧——植物群落做功机理

川西林盘体系的植物群落是数千年演化的结果，并在演化中不断地适应人类聚落的需要，表现了植物群落生存和适应的智慧。传统林盘内物种构成都有自己的功能性，如枫杨、桤木可以作为木材，杜仲、黄柏可作药材。研究显示林盘植物的垂直结构"高度大于15m的顶层空间是林盘的特征层；8～15m的上层空间集中了林盘大部分的围护植物；2～8m是林盘生产性植物各种果树和装饰性植物竹丛、桂花、白玉兰等集中的区域；2m以下主要是灌木和一些幼苗的集中区域"(卢昶儒，2012)。川西林盘体系的植物群落是数千年自然选择和人类选择共同筛选的结果。统计表明，林盘植物中的竹类以慈竹最多，在乔木中以桤木最多，其原因是因为桤木可用来打水桩，搭窝棚，制农具；慈竹笋可食用，笋壳可用来制作生活用具，竹篾可用来编制生产生活用具等。川西林盘体系的植物群落表现出了与农耕文明协同的巨大植物生产力。

(四)川西林盘体系演化中的系统生态智慧——自然、生产和生活的复杂性做功机理

川西林盘体系在农耕文明漫长的发展过程中，经过复杂系统长期的松耦合，使得"社会文化—自然生态—技术经济"三者之间达到了相对的动态平衡，主要表现为自然生态的物理效率、生产方式发展的技术经济效益和社会文化的自完整性三者达到了农耕文明背景下高度的统一。从系统生态学的角度分析，在长期的演变过程中，川西林盘体系的系统性、整体性和自组织性不断提高，显示了川西林盘体系的系统生态智慧，主要表现在：①在自然生态资源保护与利用方面。形

成了具有减防灾效应的多塘智慧模式、弹性调节洪涝的塘渠智慧模式、具有生物多样性效应的林盘生境模式、具有疏风-调节空气干湿度-调节水分蒸发-动物迁徙踏脚石效应的林盘体系模式，以及林盘与环境共同产生的基质-斑块-廊道效应、岛屿生态效应、大林盘和林盘群的物种源与库功能，等等。②在生产与经济方面。长期的农耕文明发展并沉淀了林木轮伐与农田生产工具更新循环的智慧模式、农闲时光利用林木业发展副业和手工业的经济补偿智慧模式、农忙时的换工互助模式、家族规模与耕地之间动态平衡的"析居"调节智慧模式、佃农经济高度发育的"分佃""转佃"筛选智慧模式等。③在生活与文化方面。川西林盘体系的系统生态智慧主要表现为川西人居习俗中的竹文化模式、盘式聚落模式、适度的宗族聚居模式、生于斯葬于斯"安土重迁""慎终追远"的阴阳共居模式、兼容并蓄的移民气质、崇尚自然的仙道意蕴、安适闲逸的生活追求、不走极端和开明随性的智慧文化特点，等等。以上三个方面，在长期农耕文明的发展过程中，交叉互补又相互耦合在一起，构成了一个"生态-生产-生活"高度积效并高度自组织的自循环与自反馈整体，形成了具有鲜明地域特色的地域性系统生态景观。这一以林盘体系为主要载体的生态景观长期演化的过程，沉淀和凝聚了农耕文明时代高度发达的川西平原地域性系统生态智慧。

二、林盘体系在目前发展中暴露出的现实问题和不足之处

（一）土地利用问题突出，地表水网体系急需合理修缮保育

林盘体系目前的突出问题之一是人地矛盾。要解决人地矛盾，就必然整理农村土地，以实现土地的集约和有效利用。但土地整理必然会涉及林盘格局。农村土地整理中通过"拆院并院"，以建立新的农民聚居新村，从而腾出土地。但这种做法有利有弊：一方面有利于农村基础设施、配套设施和居住环境的快速改善；另一方面，对林盘体系也构成了较大的干扰，并对地表水网体系产生影响。此外，由于生产耕作技术的变化对地表水网的依赖减弱，大地水网体系急需合理修缮保育(图 11.5)。

图 11.5　废弃的道边毛渠、被挤占的支渠、欠维护的干渠(摄于成都坝子 2014.06)

（二）缺乏整体统筹，技术和产业落后

林盘体系整体上呈散点布局，不利于社会化服务功能的公共基础设施建设；林盘植物群落没有科学配置，或停留在风水意向的浅表层面，缺乏科学的景观分析，景观郁闭度相对较高。农田植物杂种，不符合现代农业要求，也不符合旅游观光的景观要求，不利于机械和现代化的耕作方式；林盘体系中商业模式仅仅是农业与家庭小商业复合，没有条件出现第一、第二和第三产业的产业延伸和融合发展。

（三）基础设施缺乏和公共配套设施较差

路面质量较差，交通不便；绝大部分林盘靠抽取地下水，饮水安全性差，缺乏污水处理和垃圾处置设施。基础设施、公共服务设施的配套形式、内容和服务水平、卫生水平，以及审美的要求等远不能适应现代人居的要求（图 11.6）。

图 11.6　荒芜的林盘环境（摄于成都坝子 2014.08）

（四）人口外流严重，缺乏内生活力

Bryant 等（2011）曾提出"阴影景观"的概念，即在政治生态中表现为人口规模减小甚至荒芜，并且逐渐濒临文化的边缘。由于林盘人口流失非常严重，多数林盘中人影荒疏，院落空旷，宅居凋敝，鸡犬不见，林木缺乏剪修，围墙残垣断壁，林盘附近水系多荒废为污水沟。由于生活外出（迁居）或工作外出（打工），空心林盘的数量越来越多，林盘体系大多退化为大地上真正的"阴影景观"（图 11.7）。

图 11.7　阴影景观——人去楼空的林盘（摄于成都坝子 2014.08）

第四节　川西林盘体系演化的发展阶段分析

一、川西林盘体系演化所处的发展阶段分析

从系统生态学的角度，将整个川西平原的林盘体系视为演化中的一个景观单元，它不仅是世界级的文化景观遗产，而且是数千年来活的复杂生命系统。在川西林盘体系的人地动力系统(二元动力系统)中，人类的技术进步已经发生巨大变化。同样，在川西林盘体系"社会文化(黄色)＋自然生态(绿色)＋技术经济(红色)"的三元动力系统中，社会文化和技术经济正在发生快速变化。由于新型城镇化过程中流动性的增加，以及产业结构调整引起的关联网络和规则的改变，川西林盘体系正处在一个系统升级的关键阶段。

二、川西林盘体系演化关键阶段的发展对策——实现回归式的系统升级

目前的新型城镇化和产业结构调整，以及第四次技术革命的重大事件，将对林盘体系的发展路径发生较大影响。川西林盘体系中各个组成要素的关联模式、耦合方式、结构层次、结构形式、内外流动性、内外一致性、整体性与规模效应，正在发生显著的变化，从而推动系统实现回归式的系统升级。川西平原经过数千年的演化，在原有的环境条件下，已经发展到极致的边际态，即农耕文明在一定地域高度繁荣和集约的极致，如果受到外在强大的干扰时，必然向新的稳态演化，即回归式的系统升级。在系统升级的关键阶段，通过关键阶段的对应策略，顺应和适应复杂系统的演化机理，从松耦合走向紧耦合，经由结构性调整，林盘体系将走向新的发展阶段和新的稳态(图11.8)。

广大的乡村地区是中国大地自然遗产和文化景观遗产的重要承载。结合新型城镇化发展的形势，充分发挥农村的优势资源，将农村的第一产业向第二和第三产业延伸和融合，借助乡村旅游，以及乡村型工业和乡村资产的发展，我国乡村旅游和乡村工业化、乡村产业升级、乡村系统生态升级的阶段正在到来，并且在未来5~10年，这一趋势还将加强，这是我国人居建设的一次全面改造和回归式系统升级，其意义甚至不亚于我国过去三十年的发展成就。未来的三十多年，即在21世纪中叶之前，是我国广大乡村地区实现回归式系统升级的历史机遇和最好时机。因此，需要汲取近三十年城市建设高潮的成功经验和教训，在此基础上，稳步走向乡村的系统升级，走向生态的、本地化的、回归式的系统升级，通过内涵式发展，实现质的突破。这一系统升级的工程，是未来三十年建设真正意义上美丽中国的一个基础性的大地景观生态工程。从这一角度审视，作为川西平原人居聚落体系中的基础性内容，林盘体系的演化升级研究是一件有意义的工作。

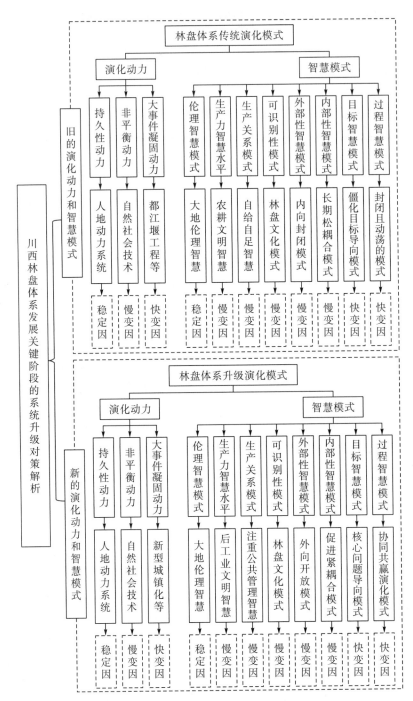

图11.8　林盘体系升级发展解析图

第五节　川西林盘体系在系统升级阶段的探讨性建议

一、川西林盘体系在关键发展阶段的优化升级——要素、结构和功能

（一）川西林盘体系的要素保育与演化

构成系统的要素对系统的持续演化和升级具有基础性的潜在作用。川西林盘体系的构成要素，可以按人工要素和自然要素进行分类，也可以按社会文化要素、技术经济要素和物理环境要素进行分类，还可以按对于系统升级带来的不利要素、有利要素和不明显相干要素进行分类。本节根据分析，结合系统生态观点和复杂性理论，从有利于分析系统优化升级的角度，建议按稳变因要素、慢变因要素和快变因要素进行分类。

根据上节的"林盘体系升级发展解析图"可知，稳变因提供系统生态演化的长期和持久动力，此类要素应以保育为主，涉及稳变因的要素如经纬度要素、土壤要素、大气要素、水资源要素、民族要素、地域人类学要素、地域文化要素、民风民俗要素等；慢变因提供系统生态演化的非平衡动力，主要指一定自然地理范围内象征物质生产和消费水平的技术经济要素，此类要素应以主动创新和主动引导为主，涉及慢变因的要素如生产资料要素、生产技术要素、生活资料要素、生活水平要素等；快变因提供系统生态演化的凝固性动力，如大事件产生的强大演化推动力量，此类要素应以积极响应、顺应优化为主，涉及快变因的要素如社会大事件要素、管治要素、政策要素、法规要素等。

（二）川西林盘体系的结构演化与升级

总体上，川西林盘体系的结构可以划分为宏观结构、中观结构和微观结构。宏观结构可分为三生结构（生产＋生活＋生态），或三色结构（环境——绿色、社会——黄色、经济——红色）。中观结构是宏观结构的进一步细分，譬如，环境结构又可以进一步细分为土地覆被结构、地域水系结构、地域近地表大气结构、地域动物系统结构、地域植物系统结构、地域微生物系统结构等。微观结构是中观结构的进一步细化。系统生态学结合微观生态学的发展，实现了农村生态系统按生态学规律的自觉发展。林文雄等（2012）提出"从微观层次上讲，现代农业生态学正进入农业分子生态学时代，它借助现代生物学的发展成就，运用系统生物学的理论与技术，深入研究农业生态系统结构与功能的关系及其分子生态学机制。特别是随着现代生物技术的不断完善，环境（宏）基因组学、蛋白组学技术的问世，极大地推进了人们对未知生物世界的认知，尤其是对生物多样性和基因多

样性的深层次剖析，使得农业生态学能从分子水平上深入研究系统演化的过程与机制，促进从定性半定量描述向定量和机理性研究推进。"

（三）川西林盘体系的功能演化与升级

不同时代和历史背景下，川西林盘体系的系统输出，或者说担负的功能是持续演化的。目前，川西林盘体系的系统输出或者说担负的功能发生了怎样的变化，该如何应对这一变化？处在目前新型城镇化和第四次技术革命前夜的关键阶段，川西林盘体系担负的功能，已不仅仅是小农时代对第一产业生产方式和生活方式的支撑，而是物质生产方式和对应生活方式、生态方式由第一产业向第一和第三产业协同发展的跨越和系统升级，川西林盘体系无可避免地要面临这一任务，并承担这一功能。川西林盘体系实现这一功能升级优化的途径和方式，需要参照川西林盘体系两千五百多年演化中所沉淀的生态学规律和生态智慧。譬如，①"地域文化对应生物多样性规律"。一般而言，有信仰、有传统、有宗族的地域文化，有利于生态环境的稳定和生物多样性的保护，相对地，没有信仰、没有宗教的地域，生态环境和生物多样性更容易遭到破坏。②"近自然演化的植物群落规律"。自然演化产生的植物群落符合生态学机理，相对地，人工种植的植物群落，植物相互之间没有生态联系，而且与当地动物如鸟类等的觅食繁殖栖息之间也没有联系，而动物的觅食和繁殖对环境的选择是比较谨慎的，甚至是苛刻的，所以人工种植的植物群落，没有经过自然的选择，不是严格意义上的植物群落。人工植物群落往往有绿无鸟，有绿无虫，被称为"绿色沙漠"，固然有一定的形状和外表，但功能上有较大的缺陷。川西林盘体系当中的植物群落经过数千年演化，具有生产、生活和生态的系统生态学机理和功能。③"有机生长与中度干扰假说规律"。川西林盘体系在关键阶段的系统升级，是一种有机生长，因此对林盘体系的干扰和改造，应该按照生态学规律引导，采取适宜的强度和符合生态的方式。Connel 在 1979 年提出了一个中度干扰假说，即中度干扰可以导致和维持最高的生物多样性，相对地，不干扰和高强度干扰都有可能导致一种均一化景观和景观的衰败。

二、川西林盘体系演化过程的社会环境营造——创造良好的合作

川西林盘体系作为一个演进中的复杂系统，其发展没有一个最好的物理式解决方案，但可以创造一个良好的演化过程。本书建议建立以问题为导向的合作方式或合作准则，依靠良好的合作方式推动一个良好的演化过程。

在目前《中华人民共和国城乡规划法》的框架下，农村治理基本还在沿用城市的管理模式，容易导致广大乡村地区具有历史文化价值的遗存得不到切实保护，农村的社会组织、社会构成以及复杂的宗族关系、宅基地和家产世袭等得不

到重视。农村的发展涉及新兴的农村"中产阶级"、农村型工业、六次产业、农村资本、田园资本，涉及传统的分家、析居等不同地方风俗，涉及农村发展中的城乡合作和城乡新移民等问题，涉及拆村并村和社会性公共服务设施共享以及新型逆城市化等诸多问题。目前的《中华人民共和国城乡规划法》还没有真正地和广大农村的实际发展与快速发展状况接轨，由于实践本身的复杂性变化，问题不断地涌现。然而解决这些农村发展问题的办法，正如以上的复杂性分析，在于结合宏观背景的时代要求和发展要求，具体问题具体分析，重视农民的利益，重视小生产者的利益，并进一步创造良好的合作。目前，广大农村地区的建设，如不加以系统研究和科学引导，日后也许会形成这个时期规模最大、分布最广的浪费和遗憾。

三、川西林盘体系演化的未来——维育一个智慧和可持续的过程

Rodrigues 等(2010)在农业综合发展中提出五个可持续维度：①景观生态；②环境质量(大气、水和土壤)；③社会文化价值；④经济价值；⑤管理与行政。在荷兰新农村的庄园或房产建设中，Berg 等(2000)提出一种以景观智慧为核心的发展方式，通过景观智慧(landscape-wise)的策略，结合不断出现的问题，将纷繁的供给和需求内容统一在一起，介绍了一种被称为"新农村生活方式家园"(new rural lifestyle estates)的规划概念和试验。其中涉及的探讨性问题非常细致，如每年都要开发吗？开发多大规模？定位是什么？开发什么？创意是什么？谁来开发？收益相关者有哪些？如何开发？等等。川西林盘体系究竟应该如何演化和发展？系统生态和复杂性理论也许会为川西林盘体系的演化开启新的视角。根据这样的分析，川西林盘体系的演化，需要维育一个动态一致性的系统关联和系统耦合的生态模式，而不是保持一个与社会发展相独立的林盘空间体系；需要不断提出问题和以问题为导向的合作行动，而不是追求一个没有问题的完美答案。总之，可以应用复杂性智慧和生态学智慧，培育一个符合系统生态演化规律的智慧和可持续的过程。

第六节 结 语

川西林盘体系作为川西平原大地景观的主要内容，作为演化中的地域性系统生态景观，未来千年以后，将呈现怎样的图景？处在目前系统升级的关键阶段，本书主张以千年演化积淀的地域性系统生态智慧为启发，以不断涌现的问题为导向，通过创造良好的合作，维育一个符合系统生态演化规律的可持续过程，在回归式的系统升级中，实现多元协同演化，从而走向更高级的动态一致性，走向新阶段和更高级的发展稳态，供探讨。

参 考 文 献

方志戎. 2012. 川西林盘文化要义[D]. 重庆：重庆大学.

黄远祥，王丽娜，李明才，等. 2013. 川西林盘对成都建设"田园城市"景观意境的影响[J]. 中国园艺文摘，(9)：103-105.

林文雄，陈婷，周明明. 2012. 农业生态学的新视野[J]. 中国生态农业学报，20(3)：253-264.

卢昶儒. 2012. 川西林盘植物群落景观特征研究[D]. 成都：西南交通大学.

屈小强. 2009. 巴蜀文化与移民入川[M]. 成都：巴蜀书社.

赵元欣. 2011. 形态学视野下成都平原传统聚落演进与更新研究[D]. 成都：西南交通大学.

周娟. 2012. 景观生态学视野下的川西林盘保护与发展研究[D]. 成都：西南交通大学.

Berg L V D, Wintjes A, Berg L V D, et al. 2000. New "rural lifestyle estates" in the Netherlands[J]. Landscape & Urban Planning, 48(3-4)：169-176.

Bryant R L, Paniagua A, Kizos T. 2011. Conceptualising "shadow landscape" in political ecology and rural studies[J]. Land Use Policy, 28(3)：460-471.

Kailash C, Malhotra K C, Yogesh G, et al. 2001. Cover image：A sacred grove from Kerala[J]. Indian National Science Academy and Development Alliance.

Koh I, Kim S, Lee D. 2010. Effects of bibosoop plantation on wind speed, humidity, and evaporation in a traditional agricultural landscape of Korea：Field measurements and modeling [J]. Agriculture, Ecosystems and Environment, 135(4)：294-303.

Park C, Shin J, Lee D. 2006. Bibosoop：A unique Korean biotope for cavity nesting birds[J]. Journal of Ecology and Field Biology, 29(2), 75-84.

Rodrigues G S, Rodrigues I A, Barros I D. 2010. Integrated farm sustainability assessment for the environmental management of rural activities[J]. Environmental Impact Assessment Review, 30(4)：229-239.

Yang Q, Li B, Li K. 2011. The rural landscape research in Chengdu's urban-rural intergration development[J]. Procedia Engineering, 21：780-788.

附录　走向元人居——会议报告

走向元人居
Towards the NeO（Original）Humansettlement

"生态智慧与城乡生态实践"同济－西建大论坛(2017)

原始社会，协作狩猎，食物共有，通过仪式加强团体的凝聚力

原始社会，分工协作，生产力逐渐发展，生产和生活水平逐渐提高

"生态智慧与城乡生态实践" 同济-西建大论坛（2017）

狩猎与采集业社会时期	农业社会时期	工业社会时期	后工业社会时期	绿色产业社会时期
产业文明方式： 第一次产业的准备——狩猎与采集业文明	产业文明方式： 第一次产业——农耕文明	产业文明方式： 第二次产业——大机房生产文明	产业文明方式： 第三次产业——信息与服务业文明	产业文明方式： 六次产业文明

（注：协助绘制 李璠）

下一步怎么走? yes, well being! but, where to go?

"生态智慧与城乡生态实践" 同济-西建大论坛（2017）

根据世界综合发展的现实背景，结合世界历史发展的阶段性规律可知：

全球化的各个侧面和不同层面都面临着全球性结构变革，面临着回归式前进的蓄势待发和螺旋式上升的门槛。

中国新型城镇化牵涉国民经济各领域

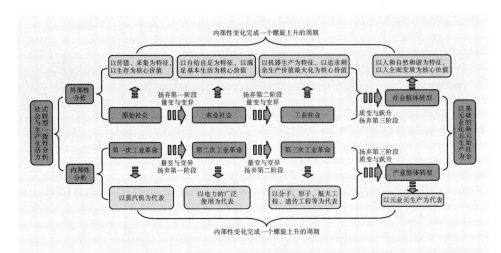

走向元始新社会与元业化生产方式分析图　作者绘

DC-ACAP分析示意图

可持续发展潜在基础设施 DC-ACAP 分析图　作者绘

可持续发展潜在基础设施 DC-ACAP

① 第一阶段：动态一致性协议（DC-A）；
Agreement of Dynamic Consistency

② 第二阶段：动态一致性共同体（DC-C）；
Community of Dynamic Consistency

③ 第三阶段：动态一致性的行动/调整（DC-A）；
Action/Adjustment of Dynamic Consistency

④ 第四阶段：动态一致性的实践/过程（DC-P）；
Practice/Process of Dynamic Consistency

即基于生产关系调整和生产力调整的
DC（动态一致性）-ACAP模式，旨在
实现总体上的动态一致性。

一般来说，随着这种调整，生产能力
和生产关系有望得到相互支持和补充，
形成城乡可持续发展唯一持续可靠的
潜在基础设施：DC-ACAP模式。

DC-ACAP的意义：（上述第1项至第4项）：通过"动态一致性协议"的灵活协商、
"动态一致性共同体"的共同创新，"动态一致性的行动/调整"的调整行动和"动
态一致性的实践/过程"的动态实践过程，DC-ACAP有助于实现新的发展模式，以减
轻任何城市、城镇和城乡发展中从微观到宏观不同层次的内部不平衡和外部不确定性。

■ 走向元人居，走向回归式的系统升级

元人居——概念与内涵

目前，一方面，**从产业革命发展的内部性而言，已经过了两次变异**（即第一次由蒸汽机过渡到电力的使用，第二次由电力过渡到分子、原子、航天和遗传技术等）。另一方面，从产业革命发展的外部性而言，同样，也经过了两次人类生存方式的变异（第一次从采集和狩猎业到农业，第二次从农业到工业）。根据辩证唯物主义关于扬弃的一般规律，**扬弃在第三次变异时，也必将面临着一次回归式的前进和跃升，也是扬弃规律中最艰难的一次再生。**

所以，目前人类生产生活的方式和社会方式，也必然面临着一次回归式的跃升，即**与自然融合的更高级的生产生活方式，称其为"元业"**（"Original-Industry" or "Odustry"）的生产生活方式和与之相对应的新**"元始社会"**（NeO，"Original-Society"或"Ociety"。original"原始的、原本的"，具有"本来、正本、原本、原著、新颖、超脱"的含义，即人类社会本应该具有的状态，以区别于"原始社会""Primitive Society"，Primitive为"原始人、原始"）。

■ 走向元人居的发展端倪

- **收缩城市**（指的是城市人口流失、失去活力的现象）
- **非建设用地**（保障城市健康、可持续发展的生态用地）
- **生态基础设施**（自然景观和腹地对城市能够保持持久支持的地表格局）
- **都市农业**（将都市农业融入城乡发展，国内主要以环郊高科技农业园和休闲观光农业等形式为主，城市建成区都市农业以自发开展的零星种植和屋顶种植为主）
- **设施农业**（包括设施养殖业和设施种植业，以最大限度地发挥动植物的遗传功能）
- **空中牧场**（多层或高层的农业建筑，高层即"垂直农场"或称"空中牧场"，多采用生态性绿色建筑技术）
- **可持续植人**（将城市农业作为功能组件嵌入城市基础设施系统）
- **农业城市主义**（将食物生产融入城市各结构的层面）
- **六次产业**（推进农村一二三产业融合发展）

▦ 国外发展的端倪

1999 年，美国哥伦比亚大学教授**戴斯博米尔**（Dickson Despommier）首次提出"**垂直农场**"，对都市农业结合建筑空间理论进行了探索。2005 年，**卡特琳·波尔**（K.Bohn）和**安德烈·维翁**（A.Viljoen）编著的《连续生产性城市景观》，将农业作为连续性生产景观融入城市空间，第一次提出了整合农业与城市设计的完整方法。同年，荷兰瓦赫宁根大学建筑系的**提莫伦**和建筑师**洛灵**提出"**可持续植入**"理论，**将城市农业作为功能组件嵌入城市基础设施系统**。2009 年，新城市主义代表人物**杜安尼**提出"**农业城市主义**"的思想，将食物生产融入城市结构的各个层面。同年，美国**瓦格纳**等提出"**食物城市主义**"概念，结合城市交通空间进行食物系统布局，将农业空间和城市空间相融合。2011 年，澳大利亚**维多利亚生态创新实验室**提出了"**食物敏感型规划与城市设计**"，从食物循环过程的角度重新审视城市空间。

城市垂直农场将在韩国首尔兴建。这个农场由数百层轻质平台构成，形成了一个自给自足的系统：利用风力涡轮机以及4036m²的太阳能电池板供电，还拥有水循环设施。

▦ 国外发展的端倪

为了应对**新加坡**人口老龄化和粮食短缺问题，建筑师推出了**概念型家庭农场**，把住房与城市农业相结合，整合为垂直水培耕作、屋顶土壤种植和高密度住宅设计，为老年人提供理想的园林环境和退休再就业机会。家庭农场采用简单的水培系统应用在建筑立面上，一层设有易于接近的农耕设施，而住宅位于上方的悬挑阶梯结构中。老人的工作包括种植、收割、分拣、包装、运输、现场销售、交付和清洗等。建筑只采用经济型构造，使用简单材料和模块化部件，提供多元化的利益，包括经济、食品安全质量、社会参与、健康、可持续发展、建筑建造和医疗保健。

新加坡设计家庭农场

■ 国内发展的端倪

中国科学院地理科学与资源研究所是国际都市农业网络资源合作机构之一，搭建起了国内与国际都市农业交流的桥梁

1981~1982年黄光宇先生主持的丽江总体规划

1985~1986年黄光宇先生主持的乐山绿心规划

2004年黄光宇先生、王如松先生、欧阳志云教授、蔡云楠教授、闫水玉教授等，共同完成的广州生态廊道与番禺生态廊道建设指引

蔡建明提出的都市农业融入城市规划

张玉坤教授提出的生态节地策略

赵继龙对于城市农业规划设计的思想渊源以及西方城市农业与空间整合的研究

孙艺冰对都市农业在建筑和规划中应用的案例研究

此外，《北京城市总体规划(2004~2020年)》中也将农业纳入其中

张凤荣教授基于北京市总体规划的思路，首次提出耕地具有多重功能，将基本农田纳入城市空间布局

限于篇幅，不再——列举。

■ 设计及实践探索探索

2002年**俞孔坚教授**设计的沈阳建筑大学稻田校园景观，将农业作为城市景观融入校园空间；

2007年**林纯正**的深圳光明"智能城市"，将城市与农业并存共生；

2009年的北京褐石阳台花园，农业利用阳台空间；

2009年万通集团提出的"立体城市"，体现了结合农业，集约利用土地；

2011年底建筑师**刘洋、罗轶**设计完成了"摩天轮农场"，体现了农业可以存在于城市任何地方的思想；

2011年，建筑师**华黎**的"街亩城市"，将农业引入城市立体空间；廊坊万庄农业生态城规划设计2025年将接纳33万居住人口，该方案将农业生产和城市空间混合；

2013年城市立体农场国际大学生建筑设计竞赛倡导将农业引入城市、引入高层建筑；

2013年中国国际太阳能十项全能竞赛中的"绿色凹宅"将建筑一半设计为模块化的有机农场（Modular Organic Farmland），旨在提供一种绿色、健康、休闲的城市生活。

沈阳建筑大学稻田校园景观

▓ 走向元人居——以新津为例，生态智慧视角下人工智能在城市规划实践中的应用与响应

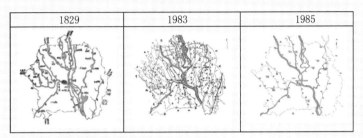

新津县河流结构演化示意 注：教学课程专题，协助绘制瞿颖

历史上新津曾多次更改县制，但城址未有迁移。由1829年新津县江河图与1983、1985年的新津县江河图对比可以看出，一百多年以来，新津县总体水网结构未发生较大的变化，但细小的支流却逐渐减少。

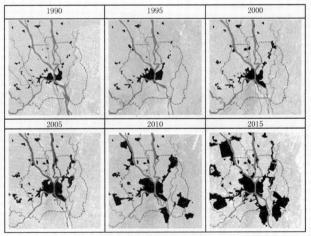

1990~2015年新津县水系与城市建设用地关系演变
注：城市地理学课程—城镇演化的地理分析专题协助绘制瞿颖

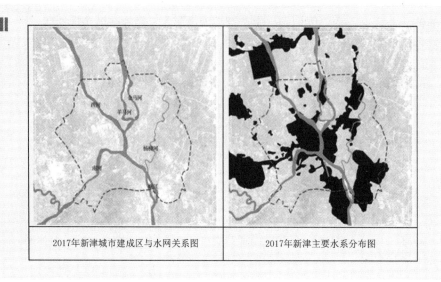

| 2017年新津城市建成区与水网关系图 | 2017年新津主要水系分布图 |

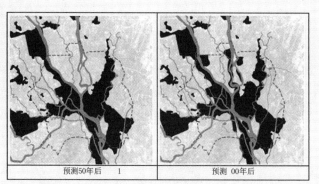

预测50年后　　1　　　　　　　　　　预测 00年后

新津县水系与城市结构发展预测图
注：城市地理学课程—城镇演化的地理分析专题协助绘制瞿颖

　　预测50年后，水网结构层次不断完善，逐渐恢复在二十世纪末期因为城市快速发展而消失的水系，人居环境得到提升。

　　预测100年后，新津县中心城区主要人口分布逐渐疏解，呈现明显的适度集中形态。水网体系进一步完善，环境质量不断优化。

"生态智慧与城乡生态实践" 同济-西建大论坛（2017）

进 一 步 的 思 考 ？？？

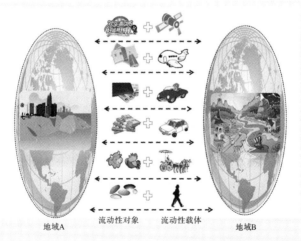

地域A　　流动性对象　流动性载体　　地域B

物质生产方式和技术经济条件的发展，推动人类的地球生存方式迎来了
实现回归式系统升级的历史机遇（注：协助绘制李璠）

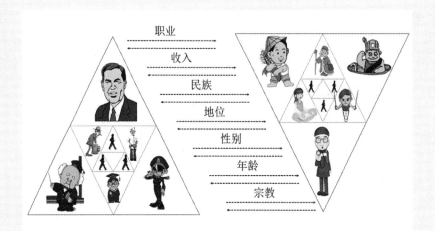

　　不同职业、不同收入、不同民族、不同阶层、不同国家、不同地区……如何实现回归式的系统升级？动态一致性的**平衡非平衡动力机制**——**"DC-ACAP模式"**（注：协助绘制李璠）

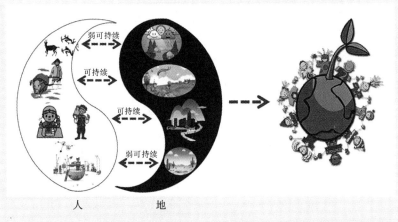

　　推动人类人居环境走向经过回归式系统升级的新阶段，这个阶段不是回到原始状态，也不是走向纯粹高技术状态，而是回归并升级到更高阶段的人与自然互生互适的中间状态（注：协助绘制　李璠）

■ **"生态智慧与城乡生态实践"** 同济-西建大论坛（2017）
　　走向元人居——千年机遇 任重道远

· 从上下五千年的视野审视，我们目前的发展状态是否已
　经进入一个关键发展阶段？

· 未来五十年和一百年之后，我们的生态生存方式可以包
　容怎样的或哪些发展模式？应该或适宜于怎样的well being状态？

· 我们目前应该怎样面对或应该怎样选择？

■ **"生态智慧与城乡生态实践"** 同济-西建大论坛（2017）
　　走向元人居——千年机遇 任重道远

· 按照东方文化关于健康发展的系统生态视角，事物的新陈
代谢需要外气（风寒暑湿燥火）、宗气（呼吸饮食或光合作
用）和先天遗传之气，三者相化育而生产元气。

· 中国人居环境实践的创新发展，同样需要不断地化育元气，
通过推进"走向元人居"的过程，持续地发掘潜力并增进动力。

走向元人居——千年机遇　任重道远

中国的"城市规划原理"一定可以走到一个转折点，从被国外文献支撑，转变为作为全世界城市规划学科的支撑，从而为世界城市规划理论做出贡献。

——吴志强，2007

走向元人居——千年机遇　任重道远

规划建设山地城市就应该按照山地城市的自然生态、人文生态特点、发展规律办事，否则将带来无穷的后患。

——黄光宇，1997

保护好祖国的山山水水，建设好中华大地的城镇和村庄，是每一个炎黄子孙的神圣责任。

——黄光宇，2002

走向元人居——千年机遇　任重道远

　　一方面要变，我们要应变，另一方面同样重要的，还要看到不变的另一面，这就是城市规划基本目标、科学原则、基本规律是不变的。

　　我们也有理由相信就像半个世纪以前或更早时期发达国家一样，伴随着城市建设的光辉成就，我们的规划科学水平必将有卓越的创造。

——吴良镛，1994

摘自《迎接新世纪的来临——论中国城市规划的学术发展》

走向元人居——千年机遇　任重道远

　　凡事预则立，不预则废，这是城市可持续发展的真谛（Success out of preparedness, or failure without it —— the truth of sustainable development of cities）。如果我们的城市规划工作冲破一切藩篱，真正做到"预为思考，预为规划"（Thinking ahead, planning ahead），那么可以预见：被称为"城市世纪"（century of the cities）的21世纪，将是一个充满希望的世纪，我们的城市发展将大有作为。

——吴良镛，1998

摘自《世纪之交——论中国城市规划发展》

"生态智慧与城乡生态实践"同济-西建大论坛（2017）

参考文献

[1] Zhang J, Deng M, Zhou B, et al. Potential infrastructure of dynamic consistency for sustainable development of urban and rural-strategic path of urban and rural planning with Chinese characteristics[C]// International Conference on Politics, Economics and Law, 2016.

[2] 张继刚. 走向元人居与元城市化，推进中国特色城市规划理论和实践——献给我国城市规划新世纪开端的第一个十年（三）[C]// 2011 中国城市规划年会, 2011.

[3] 张继刚. 城市规划中DC-ACAP模式的应用与创新——献给我国城市规划新世纪开端的第一个十年（二）[C]// 2011中国城市规划年会, 2011.

[4] 王晓静, 张玉坤. 都市农业融入城市空间之国内外发展[J]. 建筑与文化, 2016, (2):137-139.

[5] 蔡建明, 杨振山. 国际都市农业发展的经验及其借鉴[J]. 地理研究, 2008, 27(2):362-374.

[6] http://blog.sina.com.cn/s/blog_90677e680102vjg0.html.

[7] http://xw.feedss.com/show/index?newsid=211503.

[8] http://www.10333.com/details/2015/31829.shtml.

[9] http://www.92to.com/xuexi/2016/11-11/12961481.html.